作者与博士导师吴征镒教授合影

作者与硕士导师张宏达教授合影

作者在云南热带雨林考察

作者在金沙江河谷考察

热带北缘群落交错区的云南热带季节性雨林

龙脑香热带季节性雨林生态外貌

热带季节性雨林的林下特征，显示散生巨树四数木的大板根

热带季节性雨林的结构

热带季节性雨林主要群系：番龙眼+千果榄仁林

热带季节性雨林主要群系：箭毒木+龙果林

石灰岩热带季节性雨林

石灰岩热带季节性雨林：榕属植物的支柱根

谨以此书献给我的导师
著名植物学家吴征镒院士和张宏达教授

中国科学院"百人计划"支持项目
国家自然科学基金（41471051，31970223） 资助
中国科学院东南亚生物多样性研究中心

云南热带雨林的群落生态学与生物地理学研究

朱 华 著

科学出版社

北 京

内 容 简 介

热带雨林是世界上生物多样性最丰富的生态系统，备受国际关注。中国的热带雨林主要分布在西藏东南部，云南、广西、台湾的南部和海南岛。我国具有最大面积的热带低地雨林的地区主要是在云南。本书对云南热带雨林的基本特征，包括云南热带雨林的植被类型、分类与分布、物种组成、生态外貌特征、物种多样性、植物区系地理、与东南亚热带雨林和与中国南部其他相近类型植被的比较、生物地理分异，以及它们的起源与演化进行研讨。

本书可为相关研究人员及林业、环保等领域的科研工作者提供资料，也可为中国其他热带地区森林植被的研究提供参考。

图书在版编目（CIP）数据

云南热带雨林的群落生态学与生物地理学研究/朱华著 . —北京：科学出版社，2023.6
　ISBN 978-7-03-074261-2

　Ⅰ.①云… Ⅱ.①朱… Ⅲ.①热带雨林–群落生态学–研究–云南②热带雨林–生物地理学–研究–云南 Ⅳ.① S718.54

中国版本图书馆 CIP 数据核字（2022）第 239196 号

责任编辑：罗　静　付丽娜/责任校对：郑金红
责任印制：吴兆东/封面设计：无极书装

科学出版社 出版
北京东黄城根北街 16 号
邮政编码：100717
http://www.sciencep.com
北京建宏印刷有限公司 印刷
科学出版社发行　各地新华书店经销
*
2023 年 6 月第 一 版　开本：720×1000　1/16
2023 年 6 月第一次印刷　印张：17 1/4　插页：3
字数：348 000
定价：238.00 元
（如有印装质量问题，我社负责调换）

Funded by

"Hundred Talents Program" of the Chinese Academy of Sciences

National Natural Science Foundation of China (41471051, 31970223)

Southeast Asia Biodiversity Research Institute, Chinese Academy of Sciences (SEABRI, CAS)

STUDIES ON COMMUNITY ECOLOGY AND BIOGEOGRAPHY OF THE TROPICAL RAIN FOREST IN YUNNAN

Zhu Hua

序

  我国的热带雨林主要分布在西藏东南部，以及云南、广西、台湾的南部和海南岛，具有最大面积的热带低地雨林的地区则主要是在云南南部。热带雨林生态系统复杂，生物多样性极其丰富，为学者和社会所瞩目。至今我国未见在国家和省层面系统研究热带雨林的专著。云南的热带雨林分布在西南部到东南部的边境热带地区，它具有与东南亚热带低地雨林类似的群落结构、生态外貌特征、物种多样性和接近的植物区系组成，是亚洲热带雨林的一个类型，也可称为热带季节性雨林。由于它位于季风热带北缘，在纬度和海拔极限条件地区，人为活动和气候变化都会对它的存在产生重大影响。我有幸拜读了朱华先生著的《云南热带雨林的群落生态学与生物地理学研究》，该书基于作者近40年来对云南热带雨林的调查和研究，系统整理了热带雨林的群落生态学和区系地理学。该书不仅是系统研究云南热带雨林的成果，对读者深入了解我国其他地区的热带雨林也具有重要参考价值。

  朱华先生于1982年大学毕业后去云南西双版纳工作，后来师从张宏达和吴征镒两位教授，他的兴趣和知识面较广，从研究热带雨林物种的分类开始，进入研究热带雨林植物区系地理学和群落生态学方向。在该著作中，他对群落生态学与区系地理学进行综合研究，参考云南地区的地质历史、季风气候形成等方面的文献，深入分析云南热带雨林物种的组成、特征，西南部、南部与东南部热带雨林的生态与生物地理关系，以及云南的热带雨林与我国其他雨林和东南亚热带雨林的联系及区别，进一步探讨云南热带雨林的起源与演化问题。

  我相信，朱华先生的这一著作，是研究我国热带雨林的重要参考书，而且对生态学、植物分类学和地理学等专业的研究者都是很有价值的参考文献。为此我欣然写了这一短短的序言，把该书推荐给读者。

洪德元

中国科学院院士

发展中国家科学院院士

前　言

中国的热带地区主要分布在西藏东南部，以及云南、广西、台湾的南部和海南岛，这些地区均属于热带亚洲的北部边缘，具有我国最大面积的热带低地雨林的地区主要是在云南南部（朱华，2017；Zhu，2017a，2017b）。

云南南部是一个位于大陆东南亚热带北缘、横断山系末端的山地区，其热带气候区域通常为海拔 900m 以下，以及 21°01′～25°N 的低山、盆地和沟谷。在这些区域，特别是沟谷和低山，具有东南亚类型的热带雨林发育。

云南的热带雨林分布在西南部、南部和东南部边境热带地区。它具有与东南亚热带低地雨林类似的群落结构、生态外貌特征和物种多样性，是亚洲热带雨林的一个类型。由于分布在季风热带北缘热带雨林分布的纬度和海拔的极限条件下，云南的热带雨林受到季节性干旱和热量不足的影响，在其林冠层中有一定比例的落叶树种存在，大高位芽植物和附生植物较逊色，而藤本植物和在叶级谱上的小叶植物更丰富，这些特征又有别于赤道低地的湿润热带雨林。在植物区系组成上，云南热带雨林有 90% 的属和多于 80% 的种为热带成分，其中约 40% 的属和 70% 的种为热带亚洲分布成分。云南的热带雨林不但与东南亚的热带雨林有接近的植物区系组成，而且含属种较多的优势科和重要值较大的科的组成及其在群落中的地位相似，证明了云南的热带雨林及其植物区系均为东南亚热带雨林和植物区系的一部分，是其热带北缘类型。云南西南部、南部与东南部的热带雨林在群落结构和生态外貌上类似，但有明显的植物区系分异。云南东南部的热带雨林含有相对多的亚热带、温带分布科属的物种，而云南南部的热带雨林则具有更多的热带亚洲属种，主要因为云南南部与东南部在地质历史上隶属于不同的地质板块，它们有着不同的起源背景和演化历程。云南的热带雨林在很大程度上由西南季风维持。喜马拉雅隆升导致西南季风气候形成和加强，在云南热带地区产生了湿润气候，发育了在结构和生态外貌特征上与亚洲热带雨林类似的热带雨林植被。

云南的热带森林植被自 1939 年王启无有所提及（Wang，1939），20 世纪 50～60 年代以来中国科学院、云南大学等做了大量调查研究工作，已发表了很多研究论文，较为综合性的论述已在《云南植被》（吴征镒，1987）中发表，金振洲等也初步描述了云南热带雨林和季雨林植被的特征（金振洲，1983），并发表了关于云南西双版纳的热带雨林植被群落类型多样性的文章（金振洲和欧晓昆，1997）。随着对云南热带雨林深入研究的广泛开展，很多论著也陆续发表（朱华，1992，1993a，1993b，1993c，1994，2011a，2018a；朱华等，1998a，1998b，2000a，2000b；朱华和周虹霞，2002；Zhu，1992，1994，1997，2004，2006，2008a，2008b，

2017a；Zhu & Roos，2004；Zhu et al.，2003，2004，2005，2006a，2006b；Cao et al.，1996；Cao & Zhang，1997；Lan et al.，2009，2011），明确了在云南具有热带亚洲植物区系亲缘的印度、马来西亚类型的热带雨林的存在。然而，与世界主要的热带雨林分布地区相比，云南的热带地区由于纬度偏北和海拔偏高，本身又是山原地貌，有相对较低的年平均温度（21～22℃）和年降雨量（平均1500～2000mm），长期以来在云南是否有真正的热带雨林仍有争论。一些生态学家习惯性地认为如果云南有热带雨林，它可能是申佩尔定义的经典热带雨林与季风林之间的一种类型（Schimper，1903），或是理查兹早期所认为的在很多方面与真正热带雨林有区别的一种亚热带雨林类型（Richards，1952）。早期的研究初步肯定了云南南部具有生物地理意义上的真正热带雨林（Fedorov，1958）和热带植物区系（Fedorov，1957），但仍旧认为它们是一种与印度、马来西亚的热带雨林不同的类型。直到1974年，龙脑香科植物望天树（*Parashorea chinensis*）在云南勐腊县被发现，其成果于1977年正式发表（望天树协作组，1977），云南具有东南亚类型的热带雨林这一事实才被国际上普遍接受（Whitmore，1982，1984，1990）。由于云南的热带雨林是一种在水分和热量上均达到极限条件的热带雨林类型，在热带雨林中具有一定比例的落叶树种存在，所以中国学者命名为热带季节性雨林或季节雨林（吴征镒，1987），以区别于亚洲赤道低地的常绿雨林。

除研究论文外，涉及云南热带雨林分布区域的一些自然保护区科学考察报告中也有相关对热带雨林植被与植物群落类型的描述（许建初，2002，2003；杨宇明和杜凡，2004，2006）。

按Richards（1996）的分类，云南热带雨林分布地区的气候应介于热带湿润气候和热带半湿润气候之间，其地带性植被理论上是半常绿季节林和落叶季节林。然而，由于这些地区的特殊地形地貌，干季具有浓雾及局部地形下的湿润小生境在一定程度上弥补了降水的不足，在局部仍能形成较地区性气候更为湿润的小气候，这些局部生境的半常绿季节林的落叶成分相对较少，雨林特征发育，成为热带低地雨林的一个类型——热带季节性雨林（Zhu，1992，1997，2004，2006；Zhu et al.，2006a）。云南的热带季节性雨林，显然已是处在热带北缘低地雨林与低山常绿阔叶林（Zhu et al.，2005）的群落交错区（Ashton & Zhu，2020；朱华和Ashton，2021），是东南亚热带雨林的北部边缘类型，但也应是云南南部的水平地带性植被（朱华，2011a）。在《云南植被》中，热带季节性雨林被归类为热带雨林植被型下的一个植被亚型。

由于《云南植被》中所用资料主要源自20世纪80年代以前（大部分是20世纪60年代的调查资料），当时因条件限制，对云南热带森林的研究不深入，加之可供参考的周边东南亚热带森林植被的研究资料不多，故在对云南热带雨林植被的分类、类型的命名及其解释上也不尽相同，特别是易于把热带雨林植被与热带季雨林植被相混淆（朱华，2005，2011a）。热带季雨林或称季风林是一类在强烈的季风气候影响下形成的热带落叶或半落叶森林（Schimper，1903），它在植被分类上是一个独立于热带雨林的不同的植被型。云南是世界生物多样性保护的热点和关键地区（即东喜马拉雅和印-缅生物多样性热点和关键地区的一部分），备受国际学术界的关注。随着对云南热带雨林植被研究的不断深化及国际学术交流和合作研究的深入开展，有关植被类型的划分和名称术语的释义均有了新的发展，有必要进一步总结研究资料，参考东南亚热带雨林的研究成果，对云南热带雨林植被的研究进行整理归纳。

目前对云南的热带雨林已有较多文献从群落生态学、植物区系组成、物种多样性、物种空间分布格局、生物地理、片断化及引发的生物多样性和生态变化等方面进行了研究和阐明，但对云南热带雨林的起源与演化，则很少有研究。喜马拉雅山隆升、季风气候形成以及相伴随的各种地质事件，如印度支那地质板块向东南亚"逃逸"、兰坪-思茅地质板块发生顺时针旋转等（Sato et al.，2001，2007；Zhu，2015），明显影响了云南热带雨林的起源与演化。我们认为云南南部随着喜马拉雅山隆升、季风气候的形成与加强，并随着印度支那地质板块向东南亚的逃逸，热带亚洲成分渗入，演化成以热带亚洲成分为主的热带植物区系和热带雨林植被（Zhu，2012，2013；Liu et al.，2017；朱华，2018b）。最近古植物学研究的发现为阐明云南植被的起源与演化、来龙去脉提供了重要依据和线索（Zhu，2019a；Zhu et al.，2020，2021）。依据积累的资料和各方面的研究成果，对云南热带雨林的起源与演化进行探讨，也是本书的一项重要内容。

除云南分布有热带雨林外，在广西西南及南部、海南岛、西藏东南部和台湾南部也有热带雨林分布。胡舜士和王献溥（1980）、王献溥和胡舜士（1982）、王献溥等（2014）、苏宗明等（2014）均已发表了涉及广西热带雨林群落学研究的论文和著作，在苏宗明等（2014）的著作中，记录了37个热带季节雨林群系，其中包括在石灰岩生境的15个群系。对海南热带雨林的研究开始时间较早，较系统的植被类型描述见《广东植被》（广东植物研究所，1976），随后不少学者也发表了大量具体植物群落的研究论文，特别是针对各自然保护区的考察报告，但在对植被类型的名称和运用上各有不同。对海南的热带雨林较全面的研究见胡玉佳和李玉杏（1992）及Hu（1997）；而对海南植被较全面的分类见王伯荪和张炜银（2002）。杨小波等（2021）对海南的植被类型进行了梳理并制作了植被分布图。对西藏东南部和台湾南部热带雨林的研究，发表的文献不多。值得称赞的是，目前在中国主要的热带雨林分布地区，均建立了热带雨林的永久定位监测样地，对热带雨林生态学开展了全方位的研究（兰国玉等，2008；Wu et al.，2011；王斌等，2014；许涵等，2015；施国杉等，2021）。

本书是对近40年来云南热带雨林研究工作的整理，文中的样方表从不同时期、不同人员调查的资料整理而来。在整合这些资料时，样方调查方法、样方表格式、内容的规范性等，不能完全统一。本书在撰写过程中以《中国植物志》英文修订版采用的拉丁学名和中名校准，个别种类的中名或拉丁学名则仍保留云南常用的名字，对个别在《中国植物志》英文修订版中没有收录的种类，仍保持其在原始资料和文献中的名字。

目前在云南省划定的生态保护红线中，热带雨林因具有最大的生物多样性被作为最重要的生态红线保护对象。本书的出版将为相关研究者，以及林业、环保等领域的工作者提供资料，也将为中国其他热带地区森林植被的研究提供参考。

朱　华

2023 年 2 月 1 日

目　　录

第1章 云南热带雨林植被类型、植被分类与分布

1.1 云南热带雨林植被类型

热带雨林是指热带湿润地区的一类常绿高大的森林植被（Schimper，1903）。热带雨林具有独特的外貌和结构特征，与世界上其他森林类型有明显的区别。热带雨林物种组成极其丰富，是世界上生物多样性最丰富的生态系统。由于热带湿润地区生境优越，热带雨林生长成为一种高大且具多层结构的森林植被，其乔木有3～4个树层，第一层高度一般在30m以上。热带雨林中的大乔木通常具有板根，一些中小乔木具有由不定根或气生根生长而形成的支柱根。热带雨林中木质藤本植物和附生植物十分丰富，林下草本植物多具有大型叶子。

"热带雨林"这一名称的范畴和运用并不一致。在热带亚洲，热带山地垂直带上各植被类型都被归类为广义的热带雨林植被型并作为不同亚类（Whitmore，1990）。中国学者大多采用与亚洲热带雨林一致的分类，将云南的热带雨林作为一个植被型，划分为湿润雨林、季节雨林（季节性雨林）和山地雨林三个植被亚型，前两者相当于东南亚的低地雨林或狭义的热带雨林，山地雨林为热带雨林的一个山地变型（吴征镒，1987）。由于发生在季风热带北缘，这类湿润雨林和季节性雨林在其林冠层中有部分落叶树种存在，都是季风气候条件下发育的热带雨林类型。它们在生态外貌和结构特征上很类似，在植物区系的地理成分上差异也不大，在植被分类上，处理为同一植被亚型比较符合实际，它们均属于热带季节性雨林（tropical seasonal rain forest）（朱华，2018a）。云南的热带季节性雨林，在季风气候条件下发育，类似于东南亚广义热带雨林植被型下的热带低地半常绿雨林（tropical lowland semi-evergreen rain forest）（Whitmore，1984，1990；Blasco et al.，1996）或热带北缘季节性雨林（Corlett，2005；Ashton，2014）。所谓的"湿润雨林"，在热带亚洲是指在非季节性气候地区的低地常绿雨林，它主要分布在马来西亚和印度尼西亚地区及在缅甸、泰国、越南的南部潮湿低地（Blasco et al.，1996；朱华，2018a；Zhu，2019b），在季风影响强烈的云南热带地区应是不存在的。

1.2 云南热带雨林植被分类

本书采用《云南植被》（吴征镒，1987）的分类原则和依据，即将群落的生态外貌与结构、种类组成和生境特征相结合作为植被分类的原则和依据，认为能

够较为客观地反映云南热带雨林植物群落的内在生态关系和外在生态表现，提供较清晰的识别特征（Zhu et al.，2006a；Zhu，2006；朱华，2007；朱华等，2015）。这既与传统的英美学派以群落的生态外貌为主要依据的生态学分类原则（Warming，1909）有区别，也与法瑞学派以种类组成特征为主要依据的植物区系学分类原则（Braun-Blanquet，1932）和以生境及动态演替为主要依据的群落分类（Clements，1916；Tansley，1920）有一定差别。例如，群落的高级分类单位——植被型（包括植被亚型），以生态外貌（结构）特征为主要分类依据；群落的中级分类单位——群系，则以种类组成特征为主要分类依据。这样，把热带雨林作为一个植被型，在植被型下设立了植被亚型和群系。植被亚型是根据在植被型内由地形、海拔等生境差异而引起的群落优势层片（体现在生态外貌特征上）的差异而划分的亚型。根据植被分类的一般原则和依据及其特征，云南的热带雨林植被型包括热带季节性雨林和其山地变型——热带山地雨林两个植被亚型。

由于热带雨林物种组成的多样性，Aubréville（1938）认为在雨林群落的局部地段，上层乔木的种类组成在时间和空间上是连续改变的，这就是所谓的更新镶嵌或循环理论（mosaic or cyclical theory of regeneration）。后来这一理论发展为林窗更新理论，即热带雨林被认为是由处于林窗期、建群期和成熟期三个生长阶段的森林片断组成的镶嵌体，它的林冠总是处在一个连续的植物区系组成的浮动状态（Whitmore，1989，1990）。也就是说，在混交性的热带雨林群落（非单优种群落）中，上层乔木的植物区系组成是变化的，正如 Richards（1952）所论述的，在一大片混交雨林，没有真正的群丛（群系）能被认识，整片混交林必须被认为是一个在区系组成上浮动的单个群丛（群系）。故对热带雨林群落的分类十分困难，没有公认的标准。云南热带雨林群落的分类及对群落类型的认识亦是各种各样。根据我们多年的调查研究，在植被高级分类单位（植被型、植被亚型）及中级分类单位（群系）上进行尝试，尽可能做到对于所划分的各个群系都能有清楚及相对稳定的识别特征。依据调查和资料记录，云南的热带雨林包括一个植被型、两个亚型，曾记录到具有一定面积和标志树种、能够较清楚识别的群系 35 个，其中的热带季节性雨林植被亚型包括 23 个群系，热带山地雨林植被亚型包括 12 个群系（朱华，2018a）。云南热带雨林植被的群系识别，包括热带季节性雨林的群系和热带山地雨林的群系，既有上述的热带雨林自身在区系组成上呈浮动状态的特性，又因目前对它们分布区域的样方调查不均衡和不足够（云南南部的样方调查相对较充分，云南西南部地区的样方调查仍较缺乏），目前仍不能获得一个覆盖全面的云南热带雨林植被的群系的完整系统，这仍任重道远。

（1）热带季节性雨林（植被亚型）

云南的热带季节性雨林具有如下特点。

植物种类组成丰富。在 2500m² 取样面积内有维管植物 150～200 种，其中，胸径（DBH）在 5cm 以上的乔木有 44～63 种（如果包括幼树、幼苗，则乔木种数有 80～90 种），藤本植物 30～40 种，灌木 15～20 种，草本植物 15～25 种，附生植物 5～20 种。

层次结构复杂。在一个发育较好的林地，可以划分出 5 个基本层，其中乔木有 3 层，即上层、中层和下层，另外两个是幼树-灌木层和草本层。层次过渡不明显（上层除外）。

上层乔木树干高大，挺拔，分枝很高，树皮色浅而较光滑。一般高达 30～60m，高高伸出于中层林冠之上，成为散生巨树。乔木中层覆盖度最大，构成林冠层。

群落季相变化明显。乔木上层中含有 1/4～1/3 的落叶树种，它们主要在干季落叶，乔木中层和下层终年常绿。

生活型组成以常绿大、中高位芽植物为主，以单叶、革质、全缘、中型叶植物占优势。

灌木层以乔木的幼树占优势，灌木种类不多，并且灌木常长成小树状，缺乏真正的从基部分枝的灌木。

上层乔木普遍具有板状根，中下层乔木有老茎生花，下层植物中常有滴水叶尖现象。

林内附生植物丰富。附生植物主要有兰科（Orchidaceae）、天南星科（Araceae）、苦苣苔科（Gesneriaceae）、萝藦科（Asclepiadaceae）及蕨类植物，有叶面附生苔藓植物。木质藤本亦十分丰富，也有绞杀植物。

植物区系组成以热带东南亚成分为主，上、中层乔木大多与中南半岛的热带雨林共同具有。云南的热带雨林按种数以大戟科（Euphorbiaceae）、樟科（Lauraceae）、楝科（Meliaceae）、桑科（Moraceae）、无患子科（Sapindaceae）、使君子科（Combretaceae）、番荔枝科（Annonaceae）为优势科，按在群落中的重要值，则以龙脑香科（Dipterocarpaceae）、大戟科、樟科、桑科、无患子科、榆科（Ulmaceae）、番荔枝科、楝科、漆树科（Anacardiaceae）为主。

在植物地理成分上，云南的热带季节性雨林群落中，约 80% 的科、85% 以上的属和多于 80% 的种为热带成分，其中 30%～40% 的属和多于 70% 的种为热带亚洲分布成分，它是东南亚热带雨林的一个类型。

云南热带季节性雨林植被亚型目前记录到的具有一定面积和标志树种、能够较清楚识别的群系如下。

番龙眼-中国无忧花林（Form. *Pometia pinnata-Saraca dives*）①

该群系主要分布在滇东南李仙江流域，以番龙眼（*Pometia pinnata*）为乔木上层优势种，中国无忧花（*Saraca dives*）为乔木中层优势种，缅桐（*Sumbaviopsis albicans*）为乔木下层优势种，其他常见种有木奶果（*Baccaurea ramiflora*）、大叶木兰（*Magnolia henryi*）、大叶风吹楠（*Horsfieldia kingii*）、版纳柿（*Diospyros xishuangbannaensis*）等。

望天树+番龙眼林（Form. *Parashorea chinensis+Pometia pinnata*）②

该群系主要分布在马关县古林箐和河口瑶族自治县（以下简称河口县）南溪河的低山沟谷，望天树（*Parashorea chinensis*）作为上层乔木散生巨树，乔木上层以番龙眼（*Pometia pinnata*）为优势种；乔木中层以傣柿（*Diospyros kerrii*）为优势种，网脉核果木（*Drypetes perreticulata*）占亚优势；乔木下层以长棒柄花（*Cleidion spiciflorum*）占优势，其他常见种有长梗三宝木（*Trigonostemon thyrsoideus*）、桄榔（*Arenga pinnata*）等。

仪花+金丝李林（Form. *Lysidice rhodostegia+Garcinia paucinervis*）

该群系主要分布在滇东南马关县和河口县的石灰岩山地，以仪花（*Lysidice rhodostegia*）、金丝李（*Garcinia paucinervis*）为乔木上层优势种；乔木中层常见种有剑叶暗罗（*Polyalthia lancilimba*）、小叶红光树（*Knema globularia*）等；桄榔（*Arenga pinnata*）为乔木下层优势种。

蚬木+肥牛树林（Form. *Excentrodendron tonkinense+Cephalomappa sinensis*）

该群系主要分布在河口县南溪河石灰岩河岸地区，乔木层以椴树科植物蚬木（*Excentrodendron tonkinense*）及大戟科植物肥牛树（*Cephalomappa sinensis*）为优势种；乔木中层优势种为网脉核果木（*Drypetes perreticulata*），下层以树火麻（*Dendrocnide urentissima*）较占优势。

云南龙脑香+大叶白颜树林（Form. *Dipterocarpus retusus+Gironniera subaequalis*）

该群系分布在金平苗族瑶族傣族自治县（以下简称金平县）勐拉翁当村及其附近，乔木上层以云南龙脑香（*Dipterocarpus retusus*）、大叶白颜树（*Gironniera subaequalis*）和橄榄（*Canarium album*）为标识物种，乔木中层以梭果玉蕊（*Barringtonia macrostachya*）占优势，下层有镰叶山龙眼（*Helicia falcata*）、谷木（*Memecylon ligustrifolium*）、大参（*Macropanax dispermus*）、粗丝木（*Gomphandra tetrandra*）等。

---

① "-"表示不同乔木亚层的优势树种，前一名称为乔木上层优势种，后一名称为乔木中层或下层优势种

② "+"表示树种在同一乔木亚层，为共同优势或优势（前）与亚优势（后）种

云南龙脑香+隐翼林（Form. *Dipterocarpus retusus*+*Crypteronia paniculata*）

该群系主要分布在大围山腹地深切割的幽深峡谷地形中，上层乔木主要有云南龙脑香（*Dipterocarpus retusus*）、隐翼（*Crypteronia paniculata*）、番龙眼（*Pometia pinnata*）等；中层、下层乔木主要树种有吴茱萸（*Tetradium ruticarpum*）、细子龙（*Amesiodendron chinense*）、银钩花（*Mitrephora tomentosa*）、金钩花（*Pseuduvaria indochinensis*）等。

云南龙脑香+阿丁枫林（Form. *Dipterocarpus retusus* +*Altingia excelsa*）

该群系主要分布在金平分水岭自然保护区海拔 800～1000m 山地，上层乔木以云南龙脑香（*Dipterocarpus retusus*）、阿丁枫（*Altingia excelsa*）为特征树种，其他常见种有千果榄仁（*Terminalia myriocarpa*）、梭果玉蕊（*Barringtonia macrostachya*）、大叶藤黄（*Garcinia xanthochymus*）等（许建初，2002）。该群系分布海拔偏高，有向热带山地雨林过渡的特征。

云南龙脑香林（Form. *Dipterocarpus retusus*）

该群系分布在云南省江城哈尼族彝族自治县（江城县）南部的牛洛河自然保护区海拔 900～1100m 以下的沟箐和低坡，上层乔木以云南龙脑香（*Dipterocarpus retusus*）具有最大重要值，其他乔木主要有毛叶油丹（*Alseodaphne andersonii*）、长柄油丹（*Alseodaphne petiolaris*）、红光树（*Knema furfuracea*）、小叶藤黄（*Garcinia cowa*）、木奶果（*Baccaurea ramiflora*）等（肖明昆等，2019）。

箭毒木+龙果林（Form. *Antiaris toxicaria*+*Pouteria grandifolia*）

该群系主要分布在西双版纳海拔 800m 以下的酸性土山低山、丘陵、台地上，如村寨附近保存的龙山林基本都是该类森林。上层乔木以箭毒木（见血封喉）（*Antiaris toxicaria*）占优势，龙果（*Pouteria grandifolia*）占亚优势。四数木（*Tetrameles nudiflora*）、橄榄（*Canarium album*）等在部分群落中或局部地段上也会占优势，番龙眼则出现在沟谷地段上；中层乔木以梭果玉蕊（*Barringtonia macrostachya*）、小叶藤黄（*Garcinia cowa*）、红光树（*Knema furfuracea*）具有较大优势；下层乔木以木奶果（*Baccaurea ramiflora*）有最大存在度。

轮叶戟+油朴林（Form. *Lasiococca comberi* var. *pseudoverticillata*+*Celtis philippensis*）

该群系为云南南部石灰岩山地的季节性雨林类型，群落以轮叶戟（*Lasiococca comberi* var. *pseudoverticillata*）和油朴（*Celtis philippensis*）为共优势种，其他常见种为缅桐（*Sumbaviopsis albicans*）、长棒柄花（*Cleidion spiciflorum*）、毛叶藤春（*Alphonsea mollis*）等。乔木层中有一定比例的落叶树种，如毛麻楝（*Chukrasia tabularis* var. *velutina*）、羽叶白头树（*Garuga pinnata*）、四数木（*Tetrameles nudiflora*）等。

番龙眼+千果榄仁林（Form. *Pometia pinnata*+*Terminalia myriocarpa*）

该群系主要沿沟谷分布在云南南部海拔 550～900m 的酸性土山狭谷坡脚，以 600～700m 的沟谷最为集中。番龙眼（*Pometia pinnata*）为乔木上层优势种，千果榄仁（*Terminalia myriocarpa*）为亚优势种或在局部地段上成为优势或标志种；中层以小叶藤黄（*Garcinia cowa*）和红光树（*Knema furfuracea*）具有最大存在度；下层以琴叶风吹楠（*Horsfieldia pandurifolia*）、阔叶蒲桃（*Syzygium megacarpum*）的存在度较大，以木奶果（*Baccaurea ramiflora*）、棒柄花（*Cleidion brevipetiolatum*）等较占优势。

番龙眼-梭果玉蕊林（Form. *Pometia pinnata*-*Barringtonia macrostachya*）

该群系主要分布在海拔 550～900m 的酸性土山沟谷坡脚，以 600～700m 的沟谷最为集中。上层乔木以番龙眼（*Pometia pinnata*）的重要值最大，箭毒木（*Antiaris toxicaria*）次之；乔木中层以梭果玉蕊为优势种，其他有藤春（*Alphonsea monogyna*）、小叶红光树（*Knema globularia*）、红光树（*Knema furfuracea*）等；乔木下层以假海桐（*Pittosporopsis kerrii*）占优势，木奶果（*Baccaurea ramiflora*）占亚优势。

番龙眼+油朴林（Form. *Pometia pinnata* +*Celtis philippensis*）

该群系分布于云南南部最为湿润的石灰岩沟谷底部或山坡脚。群落以番龙眼（*Pometia pinnata*）为优势种，油朴（*Celtis philippensis*）、轮叶戟（*Lasiococca comberi* var. *pseudoverticillata*）、藤春（*Alphonsea monogyna*）在不同地段上均能成为亚优势或共同亚优势种。

顶果木+八宝树林（Form. *Acrocarpus fraxinifolius*+*Duabanga grandiflora*）

该群系主要分布在云南南部纳板河流域国家级自然保护区（过门山站）的陡坡沟谷。该群系是季节性雨林向季雨林的过渡类型。乔木上层中顶果木（*Acrocarpus fraxinifolius*）作为散生落叶巨树，八宝树（*Duabanga grandiflora*）是该层的常绿优势树种，在群落中具有最大重要值。乔木中层优势种为阔叶蒲桃（*Syzygium megacarpum*），下层常见种有木奶果（*Baccaurea ramiflora*）、粗丝木（*Gomphandra tetrandra*）等。

大果人面子+番龙眼林（Form. *Dracontomelon macrocarpum*+*Pometia pinnata*）

该群系主要分布在西双版纳尚勇子保护区的小南满河、龙门丫口箐、南木哈河和勐腊子保护区的曼旦水库、南蚌河等河谷的底部。乔木上层以大果人面子（*Dracontomelon macrocarpum*）和番龙眼（*Pometia pinnata*）为共同优势种，中层以蓝树（*Wrightia laevis*）和少花琼楠（*Beilschmiedia pauciflora*）为优势种，下层以木奶果（*Baccaurea ramiflora*）为优势种。

浆果乌桕+龙果林（Form. *Sapium baccatum+Pouteria grandifolia*）

该群系主要分布在西双版纳大勐龙地区海拔 1000m 以下的潮湿沟谷、山坡下部。乔木上层以浆果乌桕（*Sapium baccatum*）较占优势，龙果（*Pouteria grandifolia*）、番龙眼（*Pometia pinnata*）为亚优势种；乔木中层以越南割舌树（*Walsura pinnata*）为优势种，乔木下层以滇茜树（*Aidia yunnanensis*）、披针叶楠（*Phoebe lanceolata*）、木奶果（*Baccaurea ramiflora*）等为常见种。

望天树林（Form. *Parashorea chinensis*）

云南南部的望天树林仅分布在勐腊县补蚌村约 20km² 范围内，沿几条河流的支流及沟箐湿润处间断分布，其海拔主要在 700～950m，为以龙脑香科植物望天树（*Parashorea chinensis*）组成上层优势种的单优群落，即上层乔木以望天树占优势，以番龙眼为亚优势种；乔木中层以小叶藤黄（云树）（*Garcinia cowa*）、下层以木奶果（*Baccaurea ramiflora*）和假海桐（*Pittosporopsis kerrii*）为优势种。

青梅林（Form. *Vatica guangxiensis*）

青梅林主要分布在云南勐腊县海拔 800～1100m 的几条河流支流陡坡，但由于分布海拔偏高和生境特殊，表现为一种热带季节性雨林向山地雨林过渡的类型，同时也是热带北缘地区季节性雨林的海拔极限类型。乔木上层以龙脑香科植物散生巨树广西青梅（版纳青梅）（*Vatica guangxiensis*）占优势（俗称青梅林），臀果木（*Pygeum topengii*）和大叶白颜树占亚优势；中层常见种有野波罗蜜（*Artocarpus lakoocha*）、黄心树（*Machilus gamblei*）等；下层主要有竹节树（*Carallia brachiata*）、毛荔枝（*Nephelium lappaceum* var. *pallens*）、云南肉豆蔻（*Myristica yunnanensis*）等。

云南娑罗双-缅甸无忧花林（Form. *Shorea assamica-Saraca griffithiana*）

该群系主要分布于盈江县铜壁关自然保护区及羯羊河谷海拔 900m 以下的阴湿沟箐中及低坡上。群落高 35～40m，乔木上层以云南娑罗双（*Shorea assamica*）为标识种，常伴生有云南龙脑香（*Dipterocarpus retusus*）、大叶白颜树（*Gironniera subaequalis*）、四数木（*Tetrameles nudiflora*）、千果榄仁（*Terminalia myriocarpa*）；乔木中层常见种有红光树（*Knema furfuracea*）、大叶龙角（*Hydnocarpus annamensis*）等；乔木下层以缅甸无忧花（*Saraca griffithiana*）占优势，其他常见种有缅桐（*Sumbaviopsis albicans*）、木奶果（*Baccaurea ramiflora*）等。

云南龙脑香+千果榄仁林（Form. *Dipterocarpus retusus+Terminalia myriocarpa*）

云南龙脑香+千果榄仁林主要分布在盈江县拉邦坝海拔 500m 以下地区。云南龙脑香（*Dipterocarpus retusus*）为优势或代表树种，伴生有千果榄仁（*Terminalia myriocarpa*）、常绿臭椿（*Ailanthus fordii*）、八宝树（*Duabanga grandiflora*）、红光树（*Knema furfuracea*）等。

番龙眼+大叶龙角林（Form. *Pometia pinnata*+*Hydnocarpus annamensis*）

该群系只出现在沧源佤族自治县南滚河国家级自然保护区海拔 1000m 以下的沟箐内。群落以番龙眼（*Pometia pinnata*）和大叶龙角（*Hydnocarpus annamensis*）为共同优势种，其他乔木种类有钝叶桂（*Cinnamomum bejolghota*）、大叶风吹楠（*Horsfieldia kingii*）、阔叶蒲桃（*Syzygium megacarpum*）、假海桐（*Pittosporopsis kerrii*）等（杨宇明和杜凡，2004）。

番龙眼+四棱蒲桃林（Form. *Pometia pinnata*+*Syzygium tetragonum*）

该群系主要出现在沧源佤族自治县南滚河国家级自然保护区海拔 900m 以下的沟谷两侧山地。乔木层以番龙眼（*Pometia pinnata*）为标志树种，四棱蒲桃（*Syzygium tetragonum*）为优势种，其他树种有四数木（*Tetrameles nudiflora*）、千果榄仁（*Terminalia myriocarpa*）、大叶白颜树（*Gironniera subaequalis*）、大叶藤黄（*Garcinia xanthochymus*）等（杨宇明和杜凡，2004）。

多花白头树+番龙眼林（Form. *Garuga floribunda* var. *gamblei*+*Pometia pinnata*）

该群系主要分布在思茅菜阳河自然保护区海拔 1200m 以下的潮湿沟谷底部，沿沟谷分布。上层乔木以多花白头树（多花嘉榄）（*Garuga floribunda* var. *gamblei*）和番龙眼（*Pometia pinnata*）为优势种，亦有千果榄仁（*Terminalia myriocarpa*）等；乔木中层优势种为藤春（*Alphonsea monogyna*），伴生有小叶藤黄（*Garcinia cowa*）、钝叶桂（*Cinnamomum bejolghota*）等；乔木下层以长棒柄花（*Cleidion spiciflorum*）为优势种，常见种有木奶果（*Baccaurea ramiflora*）、叶轮木（*Ostodes paniculata*）、普文楠（*Phoebe puwenensis*）等。

（2）热带山地雨林（植被亚型）

热带山地雨林为热带雨林的山地变型，该类森林中热带季节性雨林的成分约占 60%，外貌和结构多具雨林特点，但缺乏散生巨树，板根和茎花现象少见，桫椤类植物丰富。云南的热带山地雨林主要分布在海拔 900～1200m 的湿润山地或受逆温影响的山地海拔 1300～1800m 的一些沟谷中。

以西双版纳的热带山地雨林为例，群落高 22～30（35）m，散生巨树不明显，乔木通常 2 层，在局部地段可以有 3 层，羽状复叶种类比例相对较低（与季节性雨林相比），木本植物优势叶级为中叶，板根和茎花现象少见，附生植物丰富。热带山地雨林在植物区系组成上以樟科（Lauraceae）、大戟科（Euphorbiaceae）、壳斗科（Fagaceae）、豆科（Fabaceae）、茜草科（Rubiaceae）、山茶科（Theaceae）等占优势，若按乔木重要值，则以樟科、木兰科（Magnoliaceae）、大戟科、壳斗科、单室茱萸科（Mastixiaceae）等为主。

根据对云南热带山地雨林的生态外貌特征和植物区系组成的深入研究，在以往发表的云南热带山地雨林研究文献中描述的一些海拔低于 900m 地区的山地雨林群落，几乎与热带季节性雨林分不开，一些在海拔 1000m 以上区域的群落，也常与所谓的季风常绿阔叶林混淆。在这里我们仍以《云南植被》对热带山地雨林的原始定义为准，对云南热带地区所谓的"山地雨林"的各群落进行了梳理，将与热带季节性雨林分不开的一些低海拔区域的群落归为热带季节性雨林的群落类型，将一些与季风常绿阔叶林有混淆的群落排除在外。

云南的热带山地雨林在生态外貌特征上与热带亚洲和美洲的低山雨林或亚山地雨林接近（Grubb et al.，1964），在植物区系组成上则与热带亚洲的低山雨林类似（Ashton，2003），它们在性质上应归属于热带亚洲的低山雨林。

云南热带山地雨林植被亚型中的 12 个主要群系简述如下。

狭叶坡垒-毛荔枝林（Form. *Hopea chinensis-Nephelium lappaceum* var. *pallens*）

该群系主要分布在云南东南部海拔 800～1100m 的沟谷中。群落高度 25～30m，乔木上层可形成大致连续的树冠层，主要由狭叶坡垒（*Hopea chinensis*）、大叶白颜树（*Gironniera subaequalis*）、木瓜红（*Rehderodendron macrocarpum*）等组成；中、下层有毛荔枝（*Nephelium lappaceum* var. *pallens*）、小叶藤黄（*Garcinia cowa*）、野荔枝（*Litchi chinensis*）、假桂皮树（*Cinnamomum tonkinense*）、钝叶桂（*Cinnamomum bejolghota*）等。

阿丁枫林（Form. *Altingia excelsa*）

该群系主要分布在大围山自然保护区海拔 800～1100m 的地带，由阿丁枫（*Altingia excelsa*）组成单优群落。其他乔木种类有马蹄荷（*Exbucklandia populnea*）、黄心树（*Machilus gamblei*）、苦梓含笑（*Michelia balansae*）、滇南桂（*Cinnamomum austroyunnanensis*）、红河鹅掌柴（*Schefflera hoi*）等。

滇木花生+云南蕈树林（Form. *Madhuca pasquieri+Altingia yunnanensis*）

该群系主要分布在大围山和黄连山海拔 1000m 以上地区。以滇木花生（*Madhuca pasquieri*）和云南蕈树（*Altingia yunnanensis*）为乔木上层优势种，其他常见种有百日青（*Podocarpus neriifolius*）、锈毛梭子果（*Eberhardtia aurata*）、壳菜果（*Mytilaria laosensis*）、小花红花荷（*Rhodoleia parvipetala*）等，乔木中、下层常见种有福建柏（*Fokienia hodginsii*）、假桂皮树（*Cinnamomum tonkinense*）、毛尖树（*Actinodaphne forrestii*）、屏边杜英（*Elaeocarpus subpetiolatus*）、锯叶竹节树

（*Carallia diplopetala*）、大果核果茶（*Pyrenaria spectabilis*）等，也常见桫椤类植物。

黄棉木-华夏蒲桃林（Form. *Metadina trichotoma-Syzygium cathayense*）

黄棉木-华夏蒲桃林主要分布在云南南部海拔 1000～1300m 山地。群落有 3 个相对明显的乔木层。乔木上层盖度达到 70%～80%，为群落主要的林冠层，主要树种有黄棉木（*Metadina trichotoma*）、橄榄（*Canarium album*）、滇南杜英（*Elaeocarpus austroyunnanensis*）、合果木（山桂花）（*Paramichelia baillonii*）等；乔木中层优势种为华夏蒲桃（*Syzygium cathayense*），其他有假广子（*Knema elegans*）、滇边蒲桃（*Syzygium forrestii*）、假鹊肾树（*Streblus indicus*）、小叶藤黄（*Garcinia cowa*）等；乔木下层优势树种主要有琼滇簕茜（*Benkara griffithii*）、滇银柴（*Aporosa yunnanensis*）等。

黄棉木-假海桐林（Form. *Metadina trichotoma-Pittosporopsis kerrii*）

该群系主要分布在云南南部海拔 1000～1300m 山地。乔木上层以黄棉木（*Metadina trichotoma*）、湄公栲（*Castanopsis mekongensis*）占优势；乔木中层优势种是普文楠（*Phoebe puwenensis*）、木奶果（*Baccaurea ramiflora*）、红光树（*Knema furfuracea*）等；乔木下层以假海桐（*Pittosporopsis kerrii*）占优势，其他有披针叶楠（*Phoebe lanceolata*）、滇边蒲桃（*Syzygium forrestii*）、滇银柴（*Aporosa yunnanensis*）等。

八蕊单室茱萸-大萼楠林（Form. *Mastixia euonymoides-Phoebe megacalyx*）

该群系主要分布在云南南部景洪勐宋地区，海拔 1500m 以上山地，群落沿沟谷分布。该群系也有 3 个相对明显的乔木层。乔木上层高达 35m，盖度达 80% 以上，为群落的主要林冠层，以八蕊单室茱萸（*Mastixia euonymoides*）、文山蓝果树（*Nyssa wenshanensis*）、中缅木莲（*Manglietia hookeri*）、长蕊木兰（*Alcimandra cathcartii*）等为常见树种；乔木中层较占优势的树种是大萼楠（*Phoebe megacalyx*）；乔木下层主要有碟腺棋子豆（*Archidendron kerrii*）、瘤果厚壳桂（*Cryptocarya rolletii*）、沧源木姜子（*Litsea cangyuanensis*）、轮叶木姜子（*Litsea verticillata*）等。

云南拟单性木兰-云南裸花林（Form. *Parakmeria yunnanensis-Gymnanthes remota*）

该群系主要分布在云南南部景洪勐宋地区，海拔 1500m 以上山地。乔木上层以云南拟单性木兰（*Parakmeria yunnanensis*）为优势种，其他有百日青（*Podocarpus neriifolius*）、金叶子（*Craibiodendron stellatum*）、红花木莲（*Manglietia insignis*）、长蕊木兰（*Alcimandra cathcartii*）等；乔木中、下层优势度较大的有云南裸花（*Gymnanthes remota*）、云南黄叶树（*Xanthophyllum yunnanense*）、云南胡桐（*Calophyllum polyanthum*）、钝叶桂（*Cinnamomum bejolghota*）等。

缅漆+云南胡桐林（Form. *Semecarpus reticulatus*+*Calophyllum polyanthum*）

该群系主要分布在云南南部海拔 1000～1500m 地区。群落高达 30m，上层乔木以缅漆（*Semecarpus reticulatus*）和云南胡桐（*Calophyllum polyanthum*）占优势，伴生有糖胶树（*Alstonia scholaris*）、钝叶桂（*Cinnamomum bejolghota*）、泰国梭罗树（*Reevesia siamensis*）等；乔木中、下层主要是滇楠（*Phoebe nanmu*）、小叶红光树（*Knema globularia*）、大叶藤黄（*Garcinia xanthochymus*）、粗壮琼楠（*Beilschmiedia robusta*）、山油柑（降真香）（*Acronychia pedunculata*）、大果山香圆（*Turpinia pomifera*）等。

肋果茶-耳叶柯林（Form. *Sladenia celastrifolia*+*Lithocarpus grandifolius*）

该群系主要分布在铜壁关自然保护区海拔 900m 以上地区。群落高 20～30m，乔木上层以肋果茶（*Sladenia celastrifolia*）和耳叶柯（*Lithocarpus grandifolius*）占优势，其他常见种有龙陵栲（*Castanopsis rockii*）、普文楠（*Phoebe puwenensis*）、深绿山龙眼（*Helicia nilagirica*）、云南胡桐（*Calophyllum polyanthum*）、西南木荷（*Schima wallichii*）等（杨宇明和杜凡，2006）。

阿丁枫+波罗蜜林（Form. *Altingia excelsa*+*Artocarpus pithecogallus*）

该群系主要分布在铜壁关自然保护区海拔 900m 以上地区。乔木上层以阿丁枫（*Altingia excelsa*）和波罗蜜（*Artocarpus pithecogallus*）占优势，其他常见种有粗壮琼楠（*Beilschmiedia robusta*）、云南厚壳桂（*Cryptocarya yunnanensis*）、截果石栎（截头石栎、截果柯）（*Lithocarpus truncatus*）、深绿山龙眼（*Helicia nilagirica*）、西南木荷（*Schima wallichii*）、南亚泡花树（*Meliosma arnottiana*）等（杨宇明和杜凡，2006）。

糖胶树+缅漆林（Form. *Alstonia scholaris*+*Semecarpus reticulatus*）

该群系在西双版纳和滇西南铜壁关自然保护区海拔 900m 以上地区都有分布。乔木上层以糖胶树（*Alstonia scholaris*）和缅漆（*Semecarpus reticulatus*）占优势，其他常见种有海南樫木（*Dysoxylum mollissimum*）、常绿臭椿（*Ailanthus fordii*）、耳叶柯（*Lithocarpus grandifolius*）、红光树（*Knema furfuracea*）、普文楠（*Phoebe puwenensis*）、粗壮琼楠（*Beilschmiedia robusta*）等（杨宇明和杜凡，2006）。

南洋木荷-普文楠林（Form. *Schima noronhae*-*Phoebe puwenensis*）

该群系主要存在于南滚河国家级自然保护区海拔 1200～1350m 山地。群落高达 30m，乔木优势种为南洋木荷（*Schima noronhae*），亚优势种为普文楠（*Phoebe puwenensis*），其他常见种为耳叶柯（粗穗石栎）（*Lithocarpus grandifolius*）、合果木（*Paramichelia baillonii*）、钝叶桂（*Cinnamomum bejolghota*）、小叶藤黄

（*Garcinia cowa*）、粗壮琼楠（*Beilschmiedia robusta*）、木莲（*Manglietia fordiana*）、云南翅子树（*Pterospermum yunnanense*）、毛瓣无患子（*Sapindus rarak*）、滇南溪杪（*Chisocheton siamensis*）、山木患（*Harpullia cupanioides*）等（杨宇明和杜凡，2004）。

1.3　云南热带雨林的分布

　　云南的热带雨林主要分布在云南西南部、南部和东南部边境热带湿润地区，这些地区的一般气候特征是：≥10℃年积温≥7500℃，最冷月平均温度≥15℃，年绝对最低气温多年平均值≥5℃，年降雨量≥1200mm（表1.1，表1.2）（朱华，2018a）。热带雨林在酸性土壤和石灰岩基质土壤上都有分布，虽然在群落的区系组成上有所差异，但它们的生态外貌特征都是类似的，在植被高级分类单位上，如热带季节性雨林，无论在酸性土壤还是石灰岩基质土壤上，均为同一类型。云南的热带雨林分布地区西南与缅甸接壤，南与老挝接壤，东南与越南接壤。该地区的气候随海拔的变化非常明显。热带季节性雨林主要分布在海拔900～1000m以下地区的局部湿润生境，通常呈不连续沿沟谷分布或分布在低丘上。在热带季节性雨林分布地带之上的局部地段可出现热带山地雨林。

　　表1.1　云南热带季节性雨林分布地区温度情况 [①]（云南省气象局，1983）

Table 1.1　Temperature indices at the local regions where the tropical seasonal rain forests occur in Yunnan (Yunnan Meteorological Bureau, 1983)

气象站 Weather station	纬度 Latitude	经度 Longitude	海拔 Altitude（m）	年均温 AMT（℃）	≥10℃年积温 ACT（℃）	最热月均温 HMT（℃）	最冷月均温 CMT（℃）
勐腊 Mengla	21°29′N	101°34′E	631.9	21.0	7653	24.7	15.3
勐养 Mengyang	22°10′N	100°51′E	740.0	20.8	7592	24.6	14.7
盈江 Yingjiang	24°42′N	97°57′E	826.7	19.4	6975	23.9	11.7
瑞丽 Ruili	24°01′N	97°51′E	775.6	20.1	7308	24.2	12.6
河口 Hekou	22°30′N	103°57′E	136.7	22.6	8246	37.7	15.2

　　注（Note）：年均温 AMT，Annual mean temperature；年积温 ACT，Annual accumulation of temperature；最热月均温 HMT，The hottest average monthly temperature；最冷月均温 CMT，The coldest average monthly temperature

---

　　① 热带雨林分布的地点缺乏精确的气候观测资料，此表为气象参考资料，不一定代表热带雨林分布地点的实际情况，仅供参考用，表1.2同

表 1.2 云南热带季节性雨林分布地区降水情况（云南省气象局，1983）

Table 1.2 Precipitation indices at the local regions where the tropical seasonal rain forests occur in Yunnan (Yunnan Meteorological Bureau, 1983)

气象站 Weather station	纬度 Latitude	经度 Longitude	海拔 Altitude（m）	年降雨量 AP（mm）	干季降雨量 DSR（mm）	雨季降雨量 RSR（mm）	相对湿度 RH（%）
勐腊 Mengla	21°29′N	101°34′E	631.9	1531.9	281.6	1250.3	86
勐养 Mengyang	22°10′N	100°51′E	740.0	1193.7	176.0	1250.3	—
盈江 Yingjiang	24°42′N	97°57′E	826.7	1459.8	167.4	1292.4	81
瑞丽 Ruili	24°01′N	97°51′E	775.6	1402.2	152	1250.2	80
河口 Hekou	22°30′N	103°57′E	136.7	1777.7	329	1448.7	85

注（Note）：相对湿度 RH，Relative humidity；年降雨量 AP，Annual precipitation；干季降雨量 DSR（11 月至次年 4 月），Dry season precipitation（Nov.-Apr. next year）；雨季降雨量 RSR（5～10 月），Rainy season precipitation（May-Oct.）

云南地形复杂，气候随地势、地貌和地形变化。从云南东南至西南部，热带季节性雨林在物种组成和生态外貌特征上有一定程度的变化，形成热带季节性雨林的不同群落类型，各类型群落在代表种上均有差异。

云南西南部和南部主要受印度洋季风影响，具有在物种组成上类似的热带雨林群系；云南东南部兼受东亚季风影响，气候偏湿，特别是在山地，年降水量较大，可达 2000mm 以上，存在与西南部和南部有一定差异的热带雨林群系。

云南东南部的热带雨林主要分布在河口、马关、屏边、金平、绿春和江城地区的南溪河、红河、藤条江、李仙江和小黑江等河流下游地区。云南东南部在河谷地区年均温为 22～23℃，年降雨量可达 1800mm。热带季节性雨林主要分布在海拔 900m 以下的沟谷，热带山地雨林分布在地形雨充沛、云雾多、湿度大的海拔 900m 以上山地。

云南南部的热带雨林主要分布在西双版纳傣族自治州和思茅地区的西南部，海拔 900～1100m 以下地区的沟谷，以及海拔 500～800m 的河谷盆地。在海拔 1000m 以上的一些山地湿润生境，分布有山地雨林。该区年均温为 20～22℃，年降雨量为 1200～1700mm，80% 集中在雨季，干湿季分明，但干季雾露浓重，全年平均相对湿度为 80% 左右。

云南西南部的热带雨林主要分布在与缅甸相接壤的地区，包括德宏傣族景颇族自治州（以下简称德宏州）的一些地区及临沧地区的西南部。全区处于横断山系怒山与高黎贡山向南伸展的末端，整个地势由东北向西南逐渐降低。山地大多在海拔 2000m 以下，河谷盆地在海拔 400～850m。该区气候受西南季风控制，年均温 19～21℃，年降雨量 1200～2000mm，90% 集中在雨季，干湿季分明。热带季节性雨林主要分布在海拔 900m 以下的沟箐及低坡上，但在瑞丽市的莫里，在沟谷发现有龙脑香林的片断，可到海拔 1100m 处。热带山地雨林主要分布在海拔 900m 以上的山地和沟谷地区。该地区的热带季节性雨林是云南分布最北的热带雨林类型，现今主要残存在南滚河国家级自然保护区、云南铜壁关自然保护区和瑞丽市局部地区。

云南东南部的热带季节性雨林以云南龙脑香+狭叶坡垒林、番龙眼-中国无忧花林、望天树+番龙眼林和仪花+金丝李林为主要群系；云南南部以箭毒木+龙果林、番龙眼+千果榄仁林和望天树林为主要群系；云南西南部则以八宝树+四瓣崖摩林和云南娑罗双林为主要群系。

云南的热带山地雨林在南部以八蕊单室茱萸-大萼楠林、云南拟单性木兰-云南裸花林、云南胡桐-滇楠林为主要群系；在东南部以滇木花生+云南蕈树林为主要群系；在西部以糖胶树+缅漆林为主要群系。

第2章 云南热带雨林的物种组成

2.1 云南热带季节性雨林的物种组成

云南的热带季节性雨林在树种组成上，按种数以大戟科（Euphorbiaceae）、樟科（Lauraceae）、楝科（Meliaceae）、桑科（Moraceae）、无患子科（Sapindaceae）、使君子科（Combretaceae）、番荔枝科（Annonaceae）为优势科，按在群落中的重要值，则以龙脑香科（Dipterocarpaceae）、大戟科、樟科、桑科、无患子科、橄榄科（Burseraceae）、杜英科（Elaeocarpaceae）、柿树科（Ebenaceae）、使君子科（Combretaceae）、榆科（Ulmaceae）、番荔枝科、楝科、四数木科（Tetramelaceae）、肉豆蔻科（Myristicaceae）、藤黄科（Clusiaceae）、粘木科（Ixonanthaceae）、山榄科（Sapotaceae）、漆树科（Anacardiaceae）为主。在属的组成上，按种数，上层乔木以樟属（*Cinnamomum*）、杜英属（*Elaeocarpus*）、栲属（*Castanopsis*）、石栎属（*Lithocarpus*）、暗罗属（*Polyalthia*）、崖摩属（*Amoora*）等种数较多；中、下层乔木以榕属（*Ficus*）、木姜子属（*Litsea*）、樫木属（*Dysoxylum*）、蒲桃属（*Syzygium*）、崖豆树属（*Millettia*）等种数较多；番龙眼属（*Pometia*）、榄仁属（*Terminalia*）、箭毒木属（*Antiaris*）、白颜树属（*Gironniera*）、龙果属（*Pouteria*）、翅子树属（*Pterospermum*）、四数木属（*Tetrameles*）等种数虽不多，但在森林上层乔木中有较大优势度或重要值。同样，轮叶戟属（*Lasiococca*）、藤黄属（*Garcinia*）、银钩花属（*Mitrephora*）、藤春属（*Alphonsea*）、棒柄花属（*Cleidion*）、缅桐属（*Sumbaviopsis*）、三宝木属（*Trigonostemon*）、假海桐属（*Pittosporopsis*）等在森林中、下层乔木中有较大优势度或重要值。

在物种组成上，从东南部到西南部，乔木层优势树种在不同群落中有差异，形成不同的群系，林下灌木、草本植物的共同性相对更高。

云南南部的热带季节性雨林因生境变化相对较大，包括分布在酸性土山和石灰岩山地的类型，根据群落结构、生态外貌、生境特点和植物区系组成的差异，我们支持在群系之上使用群系组这一辅级，作为较接近的各个群系的一个松散归类。这样，云南南部的热带季节性雨林可以识别出两个群系组，这两个群系组在区系组成和生态特征上大致等同于最初的所谓"湿性季节性雨林"和"干性季节性雨林"（曲仲湘，1960）。后来结合其地形和分布生境使用了"沟谷雨林"和"低丘雨林"来重新命名这两个群系组（金振洲，1983）。沟谷雨林主要分布在潮湿的沟谷或阴坡坡脚，落叶树在种类和重要值上都低于10%，该群系组以番龙眼或

（和）龙脑香科植物为标志树种。低丘雨林分布在生境湿度相对较小的低丘和坡地（通常为西北坡），落叶树在种类和重要值上均占10%～30%。在云南西南部和东南部，在文献中热带季节性雨林没有下分群系组。

下面分别对云南东南部到西南部存在的代表性群系进行论述。

2.1.1 云南东南部的热带季节性雨林

云南东南部的热带季节性雨林以云南龙脑香（*Dipterocarpus retusus*）、番龙眼（*Pometia pinnata*）、中国无忧花（*Saraca dives*）、望天树（*Parashorea chinensis*）、仪花（*Lysidice rhodostegia*）、金丝李（*Garcinia paucinervis*）、隐翼（*Crypteronia paniculata*）等为群落优势树种或标志树种，分别构成不同的群系。

（1）望天树+番龙眼林（Form. *Parashorea chinensis*+*Pometia pinnata*）

望天树+番龙眼林群系主要分布在云南东南部马关县古林箐海拔500～700m的石灰岩山地，乔木层中以国家Ⅰ级保护植物望天树为标志树种。

在马关县古林箐木材检查站附近对保存较好的望天树+番龙眼林群落设置了2个样地，编制了群落样地综合表（表2.1）。乔木层各树种的重要值按Curtis和McIntosh（1951）中的公式计算：重要值（IVI）=相对多度（RA）+相对显著度（RD）+相对频度（RF）。

表 2.1　望天树+番龙眼林样地综合表

Table 2.1　Synthetic plot table of *Parashorea chinensis*+*Pometia pinnata* forest

2.1a　乔木层重要值

2.1a　Tree layers with important value index of species

样地 Plot	古林箐（Gulinqing）Ⅰ	古林箐（Gulinqing）Ⅱ
样地面积 Sampling area	50m×30m	40m×25m
海拔 Altitude	570m	640m
坡向 Slope aspect	SW30°	NE50°
坡度 Slope degree	25°	30°
群落高度 Height of forest community	45m	35m
总盖度 Coverage of tree layers	＞95%	＞95%
种数 No. of species	40	38
株数 No. of individual	112	91

续表

种名 Species	古林箐（Gulinqing）I		古林箐（Gulinqing）II		平均重要值 Average IVI
	株数 Indiv.	重要值 IVI	株数 Indiv.	重要值 IVI	
番龙眼 *Pometia pinnata*	3	10.56	6	44.68	27.62
望天树 *Parashorea chinensis*	4	23.67	2	24.20	23.94
傣柿 *Diospyros kerrii*	3	6.77	22	38.15	22.46
长棒柄花 *Cleidion spiciflorum*	21	28.13	7	13.00	20.57
网脉核果木 *Drypetes perreticulata*	8	22.44	6	11.36	16.91
东京桐 *Deutzianthus tonkinensis*	7	18.92	0	0	9.46
三角榄 *Canarium bengalense*	0	0	4	16.38	8.19
棱果树 *Pavieasia yunnanensis*	0	0	3	15.03	7.52
剑叶暗罗 *Polyalthia lancilimba*	5	14.59	0	0	7.30
硬果沟瓣木 *Glyptopetalum sclerocarpum*	5	13.90	0	0	6.95
山蕉 *Mitrephora maingayi*	3	10.38	1	3.30	6.84
仪花 *Lysidice rhodostegia*	1	13.10	0	0	6.55
华溪桫 *Chisocheton cumingianus* subsp. *balansae*	1	3.92	2	6.99	5.46
绢毛波罗蜜 *Artocarpus petelotii*	2	6.05	2	4.54	5.30
长梗三宝木 *Trigonostemon thyrsoideus*	2	5.23	2	4.68	4.96
云南嘉赐树 *Casearia yunnanensis*	1	2.61	2	6.51	4.56
西南五月茶 *Antidesma acidum*	4	9.10	0	0	4.55
绵毛紫珠 *Callicarpa yunnanensis*	0	0	2	8.94	4.47
金丝李 *Garcinia paucinervis*	2	8.78	0	0	4.39
硬核 *Scleropylum wallichianum* var. *mekongense*	5	8.61	0	0	4.31
短药蒲桃 *Syzygium globiflorum*	2	8.48	0	0	4.24
毛叶藤春 *Alphonsea mollis*	0	0	3	7.90	3.95
绢冠茜 *Porterandia sericantha*	4	7.50	0	0	3.75
长柄桢桐 *Clerodendrum cyrtophyllum*	3	7.05	0	0	3.53
红脉梭罗树 *Reevesia rubronervia*	0	0	2	6.86	3.43
四瓣崖摩 *Amoora tetrapetala*	2	6.06	0	0	3.03
盘叶罗伞 *Brassaiopsis fatsioides*	1	2.41	1	3.50	2.96
橄榄 *Canarium album*	2	5.90	0	0	2.95
岭罗麦 *Tarennoidea wallichii*	2	5.81	0	0	2.91
树火麻 *Dendrocnide urentissima*	1	2.42	1	3.30	2.86

续表

种名 Species	古林箐（Gulinqing）I		古林箐（Gulinqing）II		平均重要值 Average IVI
	株数 Indiv.	重要值 IVI	株数 Indiv.	重要值 IVI	
野肉桂 Cinnamomum tonkinensis	2	5.52	0	0	2.76
河口油丹 Alseodaphne hokouensis	0	0	1	5.17	2.59
桄榔 Arenga pinnata	2	4.55	1	4.32	4.44
多花白头树 Garuga floribunda var. gamblei	0	0	2	4.84	2.42
稠琼楠 Beilschmiedia roxburghiana	0	0	2	4.55	2.28
大果楠木 Phoebe macrocarpa	0	0	1	4.32	2.16
大叶龙角 Hydnocarpus annamensis	0	0	1	4.32	2.16
岩生厚壳桂 Cryptocarya calcicola	0	0	1	4.32	2.16
版纳柿 Diospyros xishuangbannaensis	2	4.09	0	0	2.05
歪叶榕 Ficus cyrtophylla	0	0	1	3.98	1.99
樫木 Dysoxylum excelsum	0	0	1	3.87	1.94
狭叶坡垒 Hopea chinensis	0	0	1	3.62	1.81
网叶山胡椒 Lindera metcalfiana var. dictyophlla	0	0	1	3.62	1.81
黄棉木 Metadina trichotoma	0	0	1	3.58	1.79
蓝树 Wrightia laevis	0	0	1	3.50	1.75
星毛崖摩 Amoora stellata	0	0	1	3.50	1.75
细子龙 Amesiodendron chinense	1	3.46	0	0	1.73
滇南银钩花 Mitrephora wangii	0	0	1	3.40	1.70
大叶水榕 Ficus glaberrima	0	0	1	3.40	1.70
五桠果叶木姜子 Litsea dilleniifolia	1	3.38	0	0	1.69
滇龙眼 Dimocarpus yunnanensis	1	3.38	0	0	1.69
石山厚壳桂 Cryptocarya acutifolia	0	0	1	3.30	1.65
云南崖摩 Amoora yunnanensis	0	0	1	3.30	1.65
金钩花 Pseuduvaria indochinensis	0	0	1	3.27	1.64
银钩花 Mitrephora tomentosa	0	0	1	3.26	1.63
倒卵叶黄肉楠 Actinodaphne obovata	0	0	1	3.24	1.62
变叶翅子树 Pterospermum proteus	1	3.02	0	0	1.51
粉叶楠木 Phoebe glaucophylla	1	2.90	0	0	1.45
碧绿米仔兰 Aglaia perviridis	1	2.65	0	0	1.33
黑毛柿 Diospyros hasseltii	1	2.49	0	0	1.25

续表

种名 Species	古林箐（Gulinqing）Ⅰ		古林箐（Gulinqing）Ⅱ		平均重要值 Average IVI
	株数 Indiv.	重要值 IVI	株数 Indiv.	重要值 IVI	
大叶苎麻 Boehemeria macrophylla	1	2.46	0	0	1.23
牛纠树 Tetradium trichotomum	1	2.46	0	0	1.23
宽叶冬青 Ilex latifolia	1	2.42	0	0	1.21
水同木 Ficus fistulosa	1	2.41	0	0	1.21
硬果沟瓣木 Glyptopetalum sclerocarpum	1	2.40	0	0	1.20
合计（65 种）　Total（65 species）	112	300	91	300	300

注（Note）：株数 Indiv.，Individual；重要值 IVI，Importance value index；平均重要值 Average IVI，[样地 Ⅰ（Plot Ⅰ）+ 样地 Ⅱ（Plot Ⅱ）]/2。数据已归一化处理，下同 The data has been normalized, the same below

2.1b　幼树-灌木层种类

2.1b　Species in the sapling-shrub layer

样地 Plot	古林箐（Gulinqing）Ⅰ		古林箐（Gulinqing）Ⅱ		Ⅰ+Ⅱ
样地面积 Sampling area	12（3m×3m）		8（3m×3m）		
种名 Species	株数 Indiv.	频度 Freq.	株数 Indiv.	频度 Freq.	株数 Indiv.
幼树 Sapling					
金丝李 Garcinia paucinervis	13	75	1	12.5	14
傣柿 Diospyros kerrii	36	75	20	75	56
长棒柄花 Cleidion spiciflorum	18	75	13	62.5	31
番龙眼 Pometia pinnata	7	41.7	20	87.5	27
阔叶蒲桃 Syzygium megacarpum	6	25	10	75	16
剑叶暗罗 Polyalthia lancilimba	11	83	3	25	14
细子龙 Amesiodendron chinense	14	66.7			14
倒卵叶紫麻 Oreocnide obovata	1	8.3	12	75	13
版纳柿 Diospyros xishuangbannaensis	9	25	2	25	11
网脉核果木 Drypetes perreticulata	3	16.7	7	50	10
黑毛柿 Diospyros hasseltii	9	41.7			9
黄棉木 Metadina trichotoma	—	—	9	12.5	9
望天树 Parashorea chinensis	8	25			8
硬果沟瓣木 Glyptopetalum sclerocarpum	6	25	2	25	8
云南琼楠 Beilschmiedia yunnanensis	2	16.7	6	50	8

续表

样地 Plot	古林箐（Gulinqing）Ⅰ		古林箐（Gulinqing）Ⅱ		Ⅰ+Ⅱ
样地面积 Sampling area	12（3m×3m）		8（3m×3m）		
种名 Species	株数 Indiv.	频度 Freq.	株数 Indiv.	频度 Freq.	株数 Indiv.
滇南银钩花 *Mitrephora wangii*	—	—	7	50	7
留萼木 *Blachia pentzii*	7	8.3	—	—	7
绢毛波罗蜜 *Artocarpus petelotii*	6	16.7	—	—	6
鳞尾木 *Lepionurus sylvestris*	6	16.7	—	—	6
网脉沟瓣木 *Glyptopetalum reticulinerve*	6	16.7	—	—	6
碧绿米仔兰 *Aglaia perviridis*	5	16.7	—	—	5
华溪桫 *Chisocheton cumingianus* subsp. *balansae*	3	25	2	25	5
山地五月茶 *Antidesma montanum*	4	33.3	1	12.5	5
齿叶黄皮 *Clausena dunniana*	4	25	—	—	4
单穗鱼尾葵 *Caryota monostachya*	—	—	4	25	4
细叶黄皮 *Clausena anisum-olens*	4	16.7	—	—	4
短药蒲桃 *Syzygium globiflorum*	3	25	—	—	3
红脉梭罗树 *Reevesia rubronervia*	—	—	3	12.5	3
厚皮酒饼簕 *Atalantia dasycarpa*	—	—	3	12.5	3
假苹婆 *Sterculia lanceolata*	—	—	3	12.5	3
蚬木 *Excentrodendron tonkinense*	—	—	3	12.5	3
毛叶藤春 *Alphonsea mollis*	—	—	3	12.5	3
水同木 *Ficus fistulosa*	2	16.7	1	12.5	3
四瓣崖摩 *Amoora tetrapetala*	2	16.7	1	12.5	3
有梗木姜子 *Litsea lancifolia* var. *pedicellata*	2	16.7	1	12.5	3
滇龙眼 *Dimocarpus yunnanensis*	2	8.3	—	—	2
对叶榕 *Ficus hispida*	—	—	2	12.5	2
猴面石栎 *Lithocarpus balansae*	2	8.3	—	—	2
狭叶坡垒 *Hopea chinensis*	—	—	2	12.5	2
毛枝茶 *Camellia crassicolumna*	2	16.7	—	—	2
网叶山胡椒 *Lindera metcalfiana* var. *dictyophlla*	1	8.3	1	12.5	2
中国无忧花 *Saraca dives*	—	—	2	12.5	2
仪花 *Lysidice rhodostegia*	2	8.3	—	—	2
锥叶榕 *Ficus subulata*	1	8.3	1	12.5	2

续表

样地 Plot	古林箐（Gulinqing）Ⅰ		古林箐（Gulinqing）Ⅱ		Ⅰ+Ⅱ
样地面积 Sampling area	12（3m×3m）		8（3m×3m）		
种名 Species	株数 Indiv.	频度 Freq.	株数 Indiv.	频度 Freq.	株数 Indiv.
棱果树 *Pavieasia yunnanensis*	—	—	1	12.5	1
橄榄 *Canarium album*	1	8.3	—	—	1
大叶白颜树 *Gironniera subaequalis*	1	8.3	—	—	1
东京桐 *Deutzianthus tonkinensis*	1	8.3	—	—	1
盘叶罗伞 *Brassaiopsis fatsioides*	1	8.3	—	—	1
肥荚红豆 *Ormosia fordiana*	—	—	1	12.5	1
狗骨头 *Ardisia aberrans*	1	8.3	—	—	1
喙果皂帽花 *Dasymaschalon rostratum*	1	8.3	—	—	1
火烧花 *Mayodendron igneum*	—	—	1	12.5	1
假柿木姜子 *Litsea monopetala*	—	—	1	12.5	1
青藤公（尖尾榕）*Ficus langkokensis*	1	8.3	—	—	1
金叶子 *Chrysophyllum lanceolata*	1	8.3	—	—	1
宽叶冬青 *Ilex latifolia*	—	—	1	12.5	1
毛麻楝 *Chukrasia tabularis* var. *velutina*	—	—	1	12.5	1
毛叶油丹 *Alseodaphne andersonii*	1	8.3	—	—	1
檬果樟 *Caryodaphnopsis tonkinensis*	—	—	1	12.5	1
膜叶嘉赐树 *Casearia membranacea*	1	8.3	—	—	1
苹婆 *Sterculia nobilis*	—	—	1	12.5	1
屏边桂 *Cinnamomum pingbienensis*	1	8.3	—	—	1
长梗三宝木 *Trigonostemon thyrsoideus*	—	—	1	12.5	1
棱果玉蕊 *Barringtonia macrostachya*	1	8.3	—	—	1
土蜜树 *Bridelia tomentosa*	1	8.3	—	—	1
歪叶榕 *Ficus cyrtophylla*	1	8.3	1	12.5	2
尾球木 *Urobotrya latisquama*	1	8.3	—	—	1
岭罗麦 *Tarennoidea wallichii*	1	8.3	—	—	1
绒毛肉实树 *Sarcosperma kachinense*	—	—	1	12.5	1
小盘木 *Microdesmis casaariaefolia*	1	8.3	—	—	1
小芸木 *Micromelum integerrimum*	1	8.3	—	—	1
云桂暗罗 *Polyalthia petelotii*	—	—	1	12.5	1

续表

样地 Plot	古林箐 (Gulinqing) I		古林箐 (Gulinqing) II		I+II
样地面积 Sampling area	12 （3m×3m）		8 （3m×3m）		
种名 Species	株数 Indiv.	频度 Freq.	株数 Indiv.	频度 Freq.	株数 Indiv.
樟叶朴 *Celtis timorensis*	1	8.3	—	—	1
树火麻 *Dendrocnide urentissima*	4	16.7	—	—	4
灌木 Shrub					
长花腺萼木 *Mycetia longiflora*	2	8.3	6	37.5	8
双籽棕 *Arenga caudata*	3	25	4	25	7
西垂茉莉 *Clerodendron griffithianum*	—	—	2	12.5	2
香港大沙叶 *Pavetta hongkongensis*	2	16.7	—	—	2
越南密脉木 *Myrioneuron tonkinensis*	2	8.3	1	12.5	3
刺通草 *Trevesia palmata*	1	8.3	1	12.5	2
长柄异木患 *Allophylus longipes*	—	—	1	12.5	1
美仙丹花 *Ixora spectabilis*	1	8.3	—	—	1
小仙丹花 *Ixora henryi*	1	8.3	—	—	1
垂花密脉木 *Myrioneuron nutans*	—	—	1	12.5	1

* 频度 Freq., Frequency；—，在该样方中未发现 "—" in the table means that the species not found in the plot

2.1c 草本植物

2.1c Herbaceous plants

样地 Plot	古林箐 (Gulinqing) I		古林箐 (Gulinqing) II		I+II
样地面积 Sampling area	12 （3m×3m）		8 （3m×3m）		
种名 Species	株数 Indiv.	频度 Freq.	株数 Indiv.	频度 Freq.	株数 Indiv.
山壳骨 *Pseuderanthemum latifolium*	—	—	72	100	72
紫轴凤尾蕨 *Pteris aspericaulis*	53	91.7	13	37.5	66
沿阶草 *Ophiopogon revolutus*	35	50	17	25	52
球花马兰 *Strobilanthus pentstemonoides*	28	66.7	5	12.5	33
藤麻 *Procris crenata*	13	25	10	25	23
羽蕨 *Pleocnemia winitii*	21	50	51	100	72
长穗马兰 *Strobilanthes longespicatus*	12	8.3	—	—	12
钟花草 *Codonacanthus pauciflorus*	8	25	—	—	8
卵叶蜘蛛抱蛋 *Aspidistra typica*	8	41.7	—	—	8

续表

样地 Plot	古林箐 （Gulinqing）Ⅰ		古林箐 （Gulinqing）Ⅱ		Ⅰ+Ⅱ
样地面积 Sampling area	12（3m×3m）		8（3m×3m）		
种名 Species	株数 Indiv.	频度 Freq.	株数 Indiv.	频度 Freq.	株数 Indiv.
千年健 Homalomena occulta	—	—	6	37.5	6
黄花闭鞘姜 Costus tonkinensis	4	8.3	2	25	6
拟兰 Apostasia odorata	5	25	—	—	5
越南万年青 Aglaonema pierreanum	—	—	5	12.5	5
海芋 Alocasia odora	3	16.7	1	12.5	4
樟叶胡椒 Piper polysyphorum	—	—	4	25	4
柊叶 Phrynium rheedei	1	8.3	1	12.5	2
攀援孔药花 Poranda scandens	—	—	2	12.5	2
滇南赤车 Pellionia paucidentata	—	—	2	12.5	2
多花山壳骨 Pseuderanthemum polyanthum	2	16.7	—	—	2
粗喙秋海棠 Begonia crassirostris	—	—	1	12.5	1
老虎须 Tacca chantrieri	1	8.3	—	—	1
粗壮鼠尾黄 Rungia robusta	—	—	1	12.5	1
蒙自砂仁 Amomum mengtzense	1	8.3	—	—	1
脆果山姜 Alpinia globosa	—	—	1	12.5	1
歪叶秋海棠 Begonia augustinei	1	8.3	—	—	1
大叶仙茅 Curculigo capitulata	1	8.3	—	—	1
珠芽魔芋 Amorphophalus bubifer	—	—	1	12.5	1
越南柊叶 Phrynium tonkinensis	1	8.3	3	12.5	4

合计（28 种）Total（28 species）

注（Note）：—表示在该样方中未发现 "—" in the table means that the species not found in the plot

2.1d 藤本植物

2.1d Liana plants

样地 Plot	古林箐 （Gulinqing）Ⅰ	古林箐 （Gulinqing）Ⅱ
样地面积 Sampling area	50m×30m	40m×25m
种名 Species	德氏多度 Drude abundance*	德氏多度 Drude abundance
方茎马钱 Strychnos cathayensis	cop1	—
羽裂海金沙 Lygodium polystachyum	sol	—
大果崖爬藤 Tetrastigma jinghongense	sp	—

续表

样地 Plot	古林箐 （Gulinqing）Ⅰ	古林箐 （Gulinqing）Ⅱ
样地面积 Sampling area	50m×30m	40m×25m
种名 Species	德氏多度 Drude abundance*	德氏多度 Drude abundance
毛扁蒴藤 *Pristimera setulosa*	sp-cop1	—
北越钩藤 *Uncaria homomalla*	un	—
大叶藤 *Tinomiscium petiolare*	un	—
红花青藤 *Illigera rhodantha*	un	—
红叶藤 *Rourea minor*	un	—
假鹰爪 *Desmos chinensis*	un	—
柳叶五层龙 *Salacia cochinchinensis*	un	—
毛果翼核果 *Ventilago leiocarpa*	un	—
三叶乌蔹莓 *Cayratia trifolia*	un	—
毛拓藤 *Maclura pubescens*	un	—
象鼻藤 *Dalbergia mimosoides*	un	—
藤漆 *Pegia nitida*	un	—
河口五层龙 *Salacia obovatilimba*	—	sol
阔叶风车藤 *Combretum latifolium*	—	sol
单叶藤橘 *Paramignya confertifolia*	—	sol
翼核果 *Ventilago calyculata*	—	sol
全缘刺果藤 *Byttneria integrifolia*	—	sp
复瓣黄龙藤 *Schizandra plena*	—	sp
大叶瓜馥木 *Fissistigma latifolium*	—	sp
黄檀 *Dalbergia pinnata*	—	un
毛果枣 *Ziziphus attopensis*	—	un
深裂羊蹄甲 *Bauhinia erythropoda*	—	un
香港鹰爪花 *Artabotrys hongkongensis*	—	un
小省藤 *Calamus gracilis*	sp	un
东京银背藤 *Argyreia pierreana*	un	un
合计（28 种）Total（28 species）		

* 德氏多度系统 Drude's system of abundance：cop3 (copiosae 3)，很多；cop2 (copiosae 2)，多；cop1 (copiosae 1). 尚多；sp (sparse)，分散；sol (solitaries)，个别；un (unicum)，一个（下同 Same as below）

2.1e 附生植物
2.1e Epiphyte plants

样地 Plot	古林箐 （Gulinqing）Ⅰ	古林箐 （Gulinqing）Ⅱ
样地面积 Sampling area	50m×30m	40m×25m
种名 Species	德氏多度 Drude abundance	德氏多度 Drude abundance
巢蕨 Neottopteris nidus	sp	—
抱石莲 Lepidogrammitis drymoglossoides	sp	—
牛齿兰 Appendicula cornuta	sp	—
琴叶球兰 Hoya pandurata	sp	—
藤蕨 Stenochlaena palustris	sp	—
狮子尾 Rhaphidophora hongkongensis	sp-cop1	—
剑叶崖角藤 Rhaphidophora lancifolia	—	cop1
螳螂跌打 Pothos scandens	sp	cop1
毛兰 Eria pannea	—	sol
毛藤榕 Ficus sagittata	—	sol
短蒟 Piper mullesua	sol	sol
黄花胡椒 Piper flaviflorum	sp	sp
合计（12 种）Total（12 species）		

该望天树+番龙眼林群落高达 45m，总盖度＞95%。乔木层可以分为 3 层，乔木上层（A 层）高度 28～45m，层盖度 20%～40%。望天树作为乔木上层的散生巨树，高举于林冠之上，在望天树树冠之下，以番龙眼为优势种，伴生有三角榄、四瓣崖摩、橄榄、多花白头树、狭叶坡垒等。乔木中层（B 层）高 15～28m，层盖度 50%～70%，以傣柿占优势，网脉核果木占亚优势，另有东京桐、棱果树（云南檀栗）、剑叶暗罗、山蕉、仪花、华溪杪、绢毛波罗蜜、金丝李、毛叶藤春、版纳柿、岭罗麦等种类。乔木下层（C 层）高 5～15m，层盖度 40%～60%，以长棒柄花为优势种，其他有硬果沟瓣木、长梗三宝木、云南嘉赐树、西南五月茶、硬核、短药蒲桃、桄椰、盘叶罗伞等。

幼树-灌木层高约 5m，由幼树、灌木组成，以幼树在种类和数量上占优势。在两个样地合计 180m² 取样面积内共记录有幼树 76 种 460 株，灌木 10 种 28 株。其中幼树占该层总种数的 88.4%，占总株数的 94.5%，以金丝李、傣柿、长棒柄花、番龙眼多度较大；其他种有阔叶蒲桃、剑叶暗罗、细子龙、倒卵叶紫麻、版纳柿、黑毛柿、黄棉木等。望天树在幼树-灌木层中个体不多，在其林下的更新并不好。番龙眼在幼树-灌木层中多度和频度都较大，有较良好的更新。灌木以长花腺萼木和双籽棕多度最大，其他有西垂茉莉、香港大沙叶、越南密脉木、长柄异木患、美仙丹花、小仙丹花等。

草本层盖度20%～30%，在样地内记录有植物28种，以山壳骨、紫轴凤尾蕨、沿阶草、球花马兰、藤麻、羽蕨的多度较大，其他有长穗马兰、钟花草、卵叶蜘蛛抱蛋、千年健、黄花闭鞘姜、拟兰、越南万年青等。

在样地内记录有藤本植物28种，其中木质藤本18种，以方茎马钱、毛扁蒴藤、大果崖爬藤、全缘、大叶瓜馥木、复瓣黄龙藤等为多见。附生植物记录有12种，以剑叶崖角藤、螳螂跌打、狮子尾、巢蕨、抱石莲、藤蕨等多见。

该群系乔木上层有部分落叶成分（占15.4%），其他层次的植物几乎为常绿。林内板根和茎花现象普遍，大型木质藤本和维管附生植物丰富。从群落的外貌和结构上看，热带雨林特征明显，属于热带季节性雨林植被亚型。

（2）仪花+金丝李林（Form. *Lysidice rhodostegia*+*Garcinia paucinervis*）

该群系主要分布在滇东南马关县和河口县的石灰岩山地，我们在保存较好的马关县古林箐石灰岩山坡的沟箐，对仪花+金丝李林群落设置了一个2500m² 样地，资料整理于群落样地综合表（表2.2）。

表2.2　仪花+金丝李林样地综合表

Table 2.2　Synthetic plot table of *Lysidice rhodostegia*+*Garcinia paucinervis* forest

2.2a　乔木层重要值

2.2a　Tree layers with important value index of species

样地面积 Sampling area: 2500m²	海拔 Altitude: 800m
坡向 Slope aspect: N-NE	群落高度 Height of forest community: 30m
坡度 Slope degree: 30°～45°	总盖度 Coverage of tree layers: 95%
乔木种数 No. of species: 66	乔木株数 No. of tree individual: 205

种名 Species	株数 Indiv.	相对多度 RA	相对显著度 RD	相对频度 RF	IVI*
仪花 *Lysidice rhodostegia*	15	7.32	21.25	4.39	32.96
三裂叶血桐 *Macaranga thorelii*	31	15.12	1.52	4.39	21.03
金丝李 *Garcinia paucinervis*	5	2.44	15.71	2.63	20.78
短刺栲 *Castanopsis echinocarpa*	12	5.85	5.23	4.39	15.47
桃榔 *Arenga pinnata*	4	1.95	6.81	3.5	12.26
剑叶暗罗 *Polyalthia lancilimba*	7	3.41	5.52	2.63	11.56
硬果沟瓣木 *Glyptopetalum sclerocarpum*	4	1.95	5.14	2.63	9.72
短药蒲桃 *Syzygium globiflorum*	9	4.39	0.69	3.51	8.59
樟叶猴欢喜 *Sloanea mollis*	8	3.9	1.14	3.51	8.55
稠琼楠 *Beilschmiedia roxburghiana*	7	3.41	3.1	1.75	8.26
檬果樟 *Caryodaphnopsis tonkinensis*	7	3.41	1.75	2.63	7.79

续表

种名 Species	株数 Indiv.	相对多度 RA	相对显著度 RD	相对频度 RF	IVI*
小叶红光树 *Knema globularia*	7	3.41	0.22	3.51	7.14
耳叶柯 *Lithocarpus grandifolius*	2	0.98	3.6	1.75	6.33
野肉桂 *Cinnamomum tonkinensis*	4	1.95	1.65	2.63	6.23
青藤公 *Ficus langkokensis*	4	1.95	2.49	1.75	6.19
亮叶山小橘 *Glycosmis lucida*	6	2.93	0.23	2.63	5.79
梭果玉蕊 *Barringtonia macrostachya*	3	1.46	0.82	2.63	4.91
粉叶楠木 *Phoebe glaucophylla*	3	1.46	0.57	2.63	4.66
长柄山龙眼 *Helicia longipetiolata*	3	1.46	0.53	2.63	4.62
腺叶暗罗 *Polyalthia simiarum*	2	0.98	1.75	1.75	4.48
百日青 *Podocarpus neriifolius*	2	0.98	2.52	0.88	4.38
毛麻楝 *Chukrasia tabularis* var. *velutina*	1	0.49	2.89	0.88	4.26
山地五月茶 *Antidesma montanum*	3	1.46	0.37	1.75	3.58
山小橘 *Glycosmis pentaphylla*	2	0.98	0.73	1.75	3.46
阔叶蒲桃 *Syzygium megacarpum*	3	1.46	0.69	0.88	3.03
纤花狗牙花 *Tabernaemontana corymbosa*	2	0.98	0.15	1.75	2.88
越南山香圆 *Turpinia cochinchinensis*	2	0.98	0.96	0.88	2.82
红脉梭罗树 *Reevesia rubronervia*	1	0.49	1.28	0.88	2.65
屏边桂 *Cinnamomum pingbienensis*	2	0.98	0.69	0.88	2.55
云南崖摩 *Amoora yunnanensis*	2	0.98	0.57	0.88	2.43
厚皮酒饼簕 *Atalantia dasycarpa*	2	0.98	0.57	0.88	2.43
网脉核果木 *Drypetes perreticulata*	1	0.49	1.04	0.88	2.41
辛果漆 *Drimycarpus racemosus*	2	0.98	0.41	0.88	2.27
绢毛波罗蜜 *Artocarpus petelotii*	1	0.49	0.89	0.88	2.26
东京桐 *Deutzianthus tonkinensis*	1	0.49	0.89	0.88	2.26
尾球木 *Urobotrya latisquama*	2	0.98	0.37	0.88	2.23
海南山龙眼 *Helicia hainanensis*	1	0.49	0.75	0.88	2.12
四瓣崖摩 *Amoora tetrapetala*	2	0.98	0.14	0.88	2.0
屏边木莲 *Manglietia ventii*	2	0.98	0.14	0.88	2.0
亮叶山小橘 *Glycosmis lucida*	2	0.98	0.14	0.88	2.0
云南穗花杉 *Amentotaxus yunnanensis*	1	0.49	0.57	0.88	1.94
长棒柄花 *Cleidion spiciflorum*	2	0.98	0.09	0.88	1.95
剑叶木姜子 *Litsea lancifolia*	1	0.49	0.51	0.88	1.88
河口水东哥 *Saurauia triatyla* var. *hekouensis*	1	0.49	0.32	0.88	1.69

续表

种名 Species	株数 Indiv.	相对多度 RA	相对显著度 RD	相对频度 RF	IVI*
香港樫木 *Dysoxylum hongkongense*	1	0.49	0.17	0.88	1.54
毛叶藤春 *Alphonsea mollis*	1	0.49	0.17	0.88	1.54
苹婆 *Sterculia nobilis*	1	0.49	0.17	0.88	1.54
闹鱼崖豆藤 *Millettia ichthyochtona*	1	0.49	0.17	0.88	1.54
大叶山龙眼 *Helicia grandis*	1	0.49	0.17	0.88	1.54
粗丝木 *Gomphandra tetrandra*	1	0.49	0.17	0.88	1.54
网叶山胡椒 *Lindera metcalfiana* var. *dictyophylla*	1	0.49	0.14	0.88	1.51
水同木 *Ficus fistulosa*	1	0.49	0.14	0.88	1.51
油榄仁 *Terminalia bellirica*	1	0.49	0.14	0.88	1.51
林生乌口树 *Tarenna attenuata*	1	0.49	0.14	0.88	1.51
华溪桫 *Chisocheton cumingianus* subsp. *balansae*	1	0.49	0.14	0.88	1.51
荷苞果 *Xantolis boniana*	1	0.49	0.14	0.88	1.51
滇南银钩花 *Mitrephora wangii*	1	0.49	0.14	0.88	1.51
黑皮柿 *Diospyros nigrocortex*	1	0.49	0.12	0.88	1.49
小花山小橘 *Glycosmis parviflora*	1	0.49	0.09	0.88	1.46
樟叶朴 *Celtis timorensis*	1	0.49	0.08	0.88	1.45
滇印杜英 *Elaeocarpus varunua*	1	0.49	0.07	0.88	1.44
大叶风吹楠 *Horsfieldia kingii*	1	0.49	0.07	0.88	1.44
华山小橘 *Glycosmis pseudoracemosa*	1	0.49	0.05	0.88	1.42
狗骨头 *Ardisia aberrans*	1	0.49	0.04	0.88	1.41
盘叶罗伞 *Brassaiopsis fatsioides*	1	0.49	0.02	0.88	1.39
合计（65 种）Total（65 species）	205	100	100	100	300

* 重要值 IVI=相对多度+相对显著度+相对频度

Importance value index (IVI)=Relative abundance (RA)+Relative dominance (RD)+Relative frequency (RF)

2.2b 幼树-灌木层种类

2.2b Species in the sapling-shrub layer

样地面积 Sampling area: 5（5m×5m）

种名 Species	株数 Indiv.	频度 Freq.
灌木 Shrub		
长花腺萼木 *Mycetia longiflora*	22	60
露兜 *Pandanus furcatus*	16	60
密脉九节 *Psychotria densa*	15	60
毛腺萼木 *Mycetia hirta*	11	100
双籽棕 *Arenga caudata*	12	100

续表

种名 Species	株数 Indiv.	频度 Freq.
黄脉九节 *Psychotria straminea*	5	20
美果九节 *Psychotria calocarpa*	5	20
河口龙血树 *Dracaena hokouensis*	4	40
毛叶茜木 *Pavetta tomentosa*	4	60
香港大沙叶 *Pavetta hongkongensis*	4	40
长花马蓝 *Strobilanthes longiflora*	3	40
抱茎山丹 *Ixora amplexicaulia*	2	40
弯管花 *Chassalia curviflora*	2	40
小龙船花 *Ixora henryi*	2	40
粗叶榕 *Ficus hirta*	1	20
伞形紫金牛 *Ardisia corymbifera*	1	20
幼树 Sapling		
亮叶山小橘 *Glycosmis lucida*	16	100
仪花 *Lysidice rhodostegia*	13	100
华溪桫 *Chisocheton cumingianus* subsp. *balansae*	12	80
阔叶蒲桃 *Syzygium megacarpum*	11	100
狗骨头 *Ardisia aberrans*	10	80
三裂叶血桐 *Macaranga thorelii*	10	60
小叶红光树 *Knema globularia*	10	60
碧绿米仔兰 *Aglaia perviridis*	9	40
耳叶柯 *Lithocarpus grandifolius*	9	60
金丝李 *Garcinia paucinervis*	7	60
樟叶猴欢喜 *Sloanea mollis*	6	20
稠琼楠 *Beilschmiedia roxburghiana*	5	40
倒卵叶紫麻 *Oreocnide obovata*	5	60
短刺栲 *Castanopsis echinocarpa*	5	80
毛叶藤春 *Alphonsea mollis*	5	60
云南琼楠 *Beilschmiedia yunnanensis*	5	80
细子龙 *Amesiodendron chinense*	4	40
樟叶猴欢喜 *Sloanea changii*	4	60
大叶木兰 *Magnolia henryi*	3	60
云南木樨榄 *Olea dioica*	3	20
野肉桂 *Cinnamomum tonkinensis*	3	20
剑叶暗罗 *Polyalthia lancilimba*	3	40

种名 Species	株数 Indiv.	频度 Freq.
檬果樟 *Caryodaphnopsis tonkinensis*	3	40
缅漆 *Semecarpus reticulatus*	3	40
网脉核果木 *Drypetes perreticulata*	3	40
黑皮柿 *Diospyros nigrocartex*	2	20
毛八角枫 *Alangium kurzii*	2	20
小花山小橘 *Glycosmis parviflora*	2	20
盘叶罗伞 *Brassaiopsis fatsioides*	2	20
粉叶楠木 *Phoebe glaucophylla*	2	40
厚皮酒饼簕 *Atalantia dasycarpa*	2	20
四瓣崖摩 *Amoora tetrapetala*	2	40
硬果沟瓣木 *Glyptopetalum sclerocarpum*	2	40
香子含笑 *Michelia hedyosperma*	1	20
罗伞 *Brassaiopsis glomerulata*	1	20
粗丝木 *Gomphandra tetrandra*	1	20
长柄山龙眼 *Helicia longipetiolata*	1	20
倒卵叶黄肉楠 *Actinodaphne obovata*	1	20
哥纳香 *Goniothalamus donnaiensis*	1	20
亮叶山小橘 *Glycosmis lucida*	1	20
毛花轴榈 *Licuala dasyantha*	1	20
海南厚壳桂 *Cryptocarya hainanensis*	1	20
肥荚红豆 *Ormosia fordiana*	1	20
小黄皮 *Clausena emarginata*	1	20
屏边桂 *Cinnamomum pingbienensis*	1	20
青藤公 *Ficus langkokensis*	1	20
绢毛波罗蜜 *Artocarpus petelotii*	1	20
长棒柄花 *Cleidion spiciflorum*	1	20
石狮子 *Ardisia arborescens*	1	20
水同木 *Ficus fistulosa*	1	20
滇南银钩花 *Mitrephora wangii*	1	20
东京波罗蜜 *Artocarpus tonkinensis*	1	20
山地五月茶 *Antidesma montanum*	1	20
叶轮木 *Ostodes paniculata*	1	20
桄榔 *Arenga pinnata*	1	20
越南山香圆 *Turpinia cochinchinensis*	1	20

续表

种名 Species	株数 Indiv.	频度 Freq.
云南穗花杉 *Amentotaxus yunnanensis*	1	20
樟叶朴 *Celtis timorensis*	1	20

2.2c　草本植物
2.2c　Herbaceous plants

样地面积 Sampling area：5（5m×5m）

种名 Species	株数 Indiv.	频度 Freq.
黑顶卷柏 *Selaginella picta*	163	100
紫轴凤尾蕨 *Pteris aspericaulis*	149	100
滇南赤车 *Pellionia paucidentata*	33	40
裂叶秋海棠 *Begonia lanciniata*	32	80
圆叶秋海棠 *Begonia rotundilimba*	24	40
长柄吊石苣苔 *Lysionotus longipedunculata*	12	40
变红蛇根草 *Ophiorrhiza subrubescens*	12	80
卷瓣沿阶草 *Ophiopogon revolutus*	9	80
假朝天罐 *Osbeckia crinita*	7	60
朝天罐 *Osbeckia opipara*	7	40
大花蛇根草 *Ophiorrhiza macratha*	6	40
钟花草 *Codonacanthus pauciflorus*	6	40
大叶野海棠 *Bredia esquirolii*	5	40
老虎须 *Tacca chantrieri*	5	80
绿苞山姜 *Alpinia bracteata*	5	60
美丽蛇根草 *Ophiorrhiza rosea*	6	60
托叶冷水花 *Pilea hilliana*	4	20
卵叶蜘蛛抱蛋 *Aspidistra typica*	4	80
柊叶 *Phrynium capitatum*	3	20
粗壮鼠尾黄 *Rungia robusta*	3	40
走马胎 *Ardisia gigantifolia*	3	60
黄花闭鞘姜 *Costus tonkinensis*	2	20
淡竹叶 *Lophatherum gracile*	2	40
长柱开口箭 *Tupistra grandistigma*	2	20
新月蕨 *Pronehrium megacuspe*	2	20
南排草 *Lysimachia garrettii*	2	20
变异三叉蕨 *Tectaria variolosa*	2	20
暗黄血叶兰 *Haemaria fulva*	2	40

续表

种名 Species	株数 Indiv.	频度 Freq.
尖齿赤车 *Pellionia acutidentata*	1	20
脆果山姜 *Alpinia globosa*	1	20
短穗竹茎兰 *Tropidia angulosa*	1	20
云南九节 *Psychotria yunnanensis*	1	20
光茎胡椒 *Piper glabricaule*	1	20
瓜叶秋海棠 *Begonia cucurbitifolia*	1	20
拟兰 *Apostasia odorata*	1	20
伞柱开口箭 *Tupistra fungilliformis*	1	20
吻兰 *Collabium chinense*	1	20
毛舞花姜 *Globba barthei*	1	20
线柱苣苔 *Rhynchotechum obovatum*	1	20
腺毛野海棠 *Bredia velutina*	1	20

2.2d 藤本植物
2.2d Liana plants

样地面积 Sampling area: 50m×50m

种名 Species	德氏多度 Drude abundance	频度 Freq.
大叶假鹰爪 *Desmos grandifolius*	sp	60
小崖爬藤 *Tetrastigma venulosum*	sp	20
红叶藤 *Rourea minor*	sp	40
红毛羊蹄甲 *Bauhinia pyrrhoclada*	sp	20
岩藤 *Albertisia laurifolia*	sol	20
深裂羊蹄甲 *Bauhinia erythropoda*	sol	40
宽刺藤 *Calamus platyacanthus*	sol	40
长节珠 *Parameria laevigata*	sol	40
单叶崖爬藤 *Tetrastigma monophyllum*	sol	40
腰骨藤 *Ichnocarpus frutescens*	sol	40
大叶藤 *Tinomiscium petiolare*	sol	20
毛扁蒴藤 *Pristimera setulosa*	sol	20
蜂出巢 *Hoya multiflorum*	sol	20
桐叶千斤藤 *Stephania hernandifolia*	un	20
复瓣黄龙藤 *Schizandra plena*	un	20
苍白秤钩风 *Diploclisia glaucescens*	un	20
羽叶金合欢 *Acacia pennata*	un	20

续表

种名 Species	德氏多度 Drude abundance	频度 Freq.
见血飞 *Caesalpinia cucullata*	un	20
蓝叶藤 *Marsdenia tinctoria*	un	20
蔓九节 *Psychotria serpens*	un	20
山橙 *Melodinus suaveolens*	un	20
单叶藤橘 *Paramignya confertifolia*	un	20
毛拓藤 *Maclura pubescens*	un	20
五叶薯蓣 *Dioscorea pentaphylla*	un	20

群落高达 30m，以仪花、金丝李为乔木上层优势种，其他常见种有东京桐、四瓣崖摩、云南穗花杉等；乔木中层有剑叶暗罗、小叶红光树、耳叶柯、绢毛波罗蜜、樟叶猴欢喜、稠琼楠、辛果漆、荷苞果、滇南银钩花、黑皮柿、大叶风吹楠等；桃榄为乔木下层优势种，其他常见种有三裂叶血桐、硬果沟瓣木、短药蒲桃、尖尾榕、亮叶山小橘、梭果玉蕊、长柄山龙眼、山地五月茶、山小橘、阔叶蒲桃、纤花狗牙花、越南山香圆、屏边桂、云南崖摩、网脉核果木、长棒柄花、剑叶木姜子、河口水东哥、香港樫木、毛叶藤春、水同木等。

幼树-灌木层也是以乔木幼树最多，其灌木以长花腺萼木最占优势，其他常见种有露兜、毛腺萼木、密脉九节、河口龙血树、毛叶茜木等。草本层以蕨类植物黑顶卷柏和紫轴凤尾蕨最占优势，其他有裂叶秋海棠、圆叶秋海棠、滇南赤车、长柄吊石苣苔、变红蛇根草、卷瓣沿阶草等。藤本植物以大叶假鹰爪、小崖爬藤、红叶藤、红毛羊蹄甲的多度和频度较大。附生植物不多。

（3）蚬木+肥牛树林（Form. *Excentrodendron tonkinense*+*Cephalomappa sinensis*）

该群系主要分布在河口县南溪河石灰岩河岸地区，我们对其代表性群落地段，即以椴树科植物蚬木及大戟科植物肥牛树为优势种的群落，在其典型地段上设置了一个 2500m² 的样地，资料整理于群落样地综合表（表 2.3）。

表 2.3　蚬木+肥牛树林样地综合表

Table 2.3　Synthetic plot table of *Excentrodendron tonkinense*+*Cephalomappa sinensis* forest

2.3a　乔木层重要值

2.3a　Tree layers with important value index of species

样地面积 Sampling area: 2500m²	海拔 Altitude: 160m
坡向 Slope aspect: NW30°	群落高度 Height of forest community: 30m
坡度 Slope degree: 45°	总盖度 Coverage of tree layers: 95%

续表

种名 Species	株数 Indiv.	相对多度 RA	相对显著度 RD	相对频度 RF	重要值 IVI
蚬木 *Excentrodendron tonkinense*	18	17.31	56.41	13.89	87.61
肥牛树 *Cephalomappa sinensis*	32	30.77	21.49	8.33	60.59
网脉核果木 *Drypetes perreticulata*	13	12.50	7.23	5.56	25.29
云南倒吊笔 *Wrightia coccinea*	6	5.77	3.39	11.11	20.27
金丝李 *Garcinia paucinervis*	7	6.73	1.73	11.11	19.57
假鹊肾树 *Streblus indicus*	6	5.77	4.70	8.33	18.80
树火麻 *Dendrocnide urentissima*	4	3.85	0.43	8.33	12.61
尾叶血桐 *Macaranga kurzii*	7	6.73	0.15	2.78	9.66
山蕉 *Mitrephora maingayi*	1	0.96	0.16	8.33	9.45
樟叶朴 *Celtis timorensis*	2	1.92	1.63	5.56	9.11
长棒柄花 *Cleidion spiciflorum*	2	1.92	0.10	5.56	7.58
土蜜树 *Bridelia tomentosa*	2	1.92	2.28	2.78	6.98
钟花栀子 *Porterandia sericautha*	2	1.92	0.20	2.78	4.90
光滑黄皮 *Clausena lenis*	1	0.96	0.08	2.78	3.82
灰岩棒柄花 *Cleidion bracteosum*	1	0.96	0.04	2.78	3.78
合计（15 种）Total（15 species）	104	100	100	100	300

2.3b 幼树-灌木层种类

2.3b Species in the sapling-shrub layer

样地面积 Sampling area: 5（5m×5m）

种名 Species	株数 Indiv.	频度 Freq.
灌木 Shrub		
轮叶木姜子 *Litsea verticillata*	9	60
幼树 Sapling		
灰岩棒柄花 *Cleidion bracteosum*	71	80
红河鹅掌柴 *Schefflera hoi*	40	60
蚬木 *Excentrodendron tonkinense*	31	100
尾叶血桐 *Macaranga kurzii*	16	20
长棒柄花 *Cleidion spiciflorum*	10	20
山蕉 *Mitrephora maingayi*	10	80
树火麻 *Dendrocnide urentissima*	10	80
云南倒吊笔 *Wrightia coccinea*	7	80
网脉核果木 *Drypetes perreticulata*	4	40

种名 Species	株数 Indiv.	频度 Freq.
土蜜树 Bridelia tomentosa	2	40
假鹊肾树 Streblus indicus	2	40
金丝李 Garcinia paucinervis	3	60
银钩花 Mitrephora tomentosa	2	20
光滑黄皮 Clausena lenis	1	20
大叶水榕 Ficus glaberrima	1	20
肥牛树 Cephalomappa sinensis	1	20
肥荚红豆 Ormosia fordiana	1	20
乌口树 Tarenna pubinervis	1	20
樟叶朴（假玉桂）Celtis timorensis	1	20

2.3c 草本植物
2.3c Herbaceous plants

样地面积 Sampling area：5（5m×5m）

种名 Species	株数 Indiv.	频度 Freq.
藤麻 Procris crenata	120	100
大托楼梯草 Elatostema megacephalum	46	60
钟花草 Codonacanthus pauciflorus	45	100
细齿冷水花 Pilea scripta	24	100
沿阶草 Ophiopogon revolutus	22	60
齿叶吊石苣苔 Lysionotus serratus	21	40
吊石苣苔 Lysionotus aeschynanthoides	17	60
薄叶秋海棠 Begonia laminariae	14	20
野靛棵 Justicia patentiflora	11	60
光叶秋海棠 Begonia psilophylla	9	40
多花山壳骨 Pseuderanthemum polyanthum	5	20
海芋 Alocasia odora	3	60
华南楼梯草 Elatostema balansae	3	40
攀援孔药花 Poranda scandens	2	20
骨牌蕨 Lepisorus rostratus	2	20
石山冷水花 Pilea sp.	2	80
卵叶蜘蛛抱蛋 Aspidistra typica	2	20
长叶铁角蕨 Asplenium excisum	1	20
簇叶沿阶草 Ophiopogon tsaii	1	20

2.3d 藤本植物
2.3d Liana plants

样地面积 Sampling area: 5（5m×5m）

种名 Species	德氏多度 Drude abundance	频度 Freq.
球穗鹅掌柴 *Schefflera glomerulata*	cop3	100
十字崖爬藤 *Tetrastigma cruciatum*	sp	20
蒙自崖爬藤 *Tetrastigma henryi*	sol	20
方茎白粉藤 *Cissus subtetragona*	un	20
狭叶马钱 *Strychnos cathayensis*	un	20

2.3e 附生植物
2.3e Epiphyte plants

样地面积 Sampling area: 5（5m×5m）

种名 Species	德氏多度 Drude abundance	频度 Freq.
巢蕨 *Neottopteris nidus*	cop3	100
崖姜蕨 *Pseudodrynaria coronans*	cop1	80
粗壮崖角藤 *Rhaphidophora crassicaulis*	sp	60
宿苞石仙桃 *Pholidota imbricata*	sp	60
突脉球兰 *Hoya nervosa*	sol	40
流苏贝母兰 *Coelogyne fimbriata*	sol	40
上树蜈蚣 *Rhaphidophora lancifolia*	sol	40
蜂出巢 *Hoya multiflorum*	sol	60
尖叶芒毛苣苔 *Aeschynanthus acuminatus*	un	20
圆翅羊耳蒜 *Liparis chapaensis*	un	20
牛齿兰 *Appendicula cornuta*	un	20

　　该群系高 25～30m，乔木上层以蚬木占优势，以肥牛树占亚优势，其他较优势的树种有云南倒吊笔、金丝李、假鹊肾树等；乔木中层优势种为网脉核果木，其他种有山蕉、樟叶朴等；乔木下层以树火麻较占优势，其他有尾叶血桐、长棒柄花、土蜜树等。

　　该群系因分布在几乎完全裸露的石灰岩山地，灌木和草本层种类较少，覆盖度低。灌木层主要是乔木的幼树，灌木种类仅常见轮叶木姜子；草本层以藤麻、细齿冷水花、钟花草出现频度最大；藤本植物以球穗鹅掌柴出现频度最大；附生植物非常丰富，主要是石上附生，以巢蕨占绝对优势，崖姜蕨占亚优势。

（4）云南龙脑香+大叶白颜树林（Form. *Dipterocarpus retusus*+*Gironniera subaequalis*）

于 1991 年对云南龙脑香+大叶白颜树林进行野外调查，该群系分布在金平县勐拉翁当村，当时森林保存仍较好，我们做了一个 50m×50m 的样方，结果列于表 2.4。现在该地点已被开垦为橡胶林地。

表 2.4　云南龙脑香+大叶白颜树林物种多度

Table 2.4　Species abundance of *Dipterocarpus retusus*+*Gironniera subaequalis* forest

地点 Plot site: 金平县勐拉 Mengla, Jinping			样地 Plot: 91-14		
海拔 Altitude: 900m			日期 Date: 1991.12		
坡度 Slope degree: 30°			样地面积 Sampling area: 50m×50m		
群落高度 Height of forest community: >30m			总盖度 Coverage of tree layers: 90%		
种名 Species	层次 Layer*	多度 Abundance**	种名 Species	层次 Layer	多度 Abundance
云南龙脑香 *Dipterocarpus retusus*	I	O	李榄 *Chionanthus henryanus*	II	O
橄榄 *Canarium album*	I	O	钝叶桂 *Cinnamomum bejolghota*	II	O
梭果玉蕊 *Barringtonia macrostachya*	II	A	小叶藤黄 *Garcinia cowa*	II	O
大叶白颜树 *Gironniera subaequalis*	II	A	大叶杜英 *Elaeocarpus balansae*	II	O
阿丁枫 *Altingia excelsa*	II	F	印度栲 *Castanopsis indicus*	II	R
野波罗蜜 *Artocarpus lakoocha*	II	F	滇印杜英 *Elaeocarpus varunua*	II	R
小叶红光树 *Knema globularia*	II	F	东京波罗蜜 *Artocarpus tonkinensis*	II	R
檬果樟 *Caryodaphnopsis tonkinensis*	II	F	西南木荷 *Schima wallichii*	II	R
越南栲 *Castanopsis annamensis*	II	F	团花 *Neolamarckia cadamba*	II	R
大叶桂 *Cinnamomum iners*	II	O	鱼尾葵 *Caryota ochlandra*	II	R
大叶藤黄 *Garcinia xanthochymus*	II	O	火烧花 *Mayodendron igneum*	II	R
狭叶一担柴 *Colona thorelii*	II	O	老挝天料木 *Homalium eylanicum* var. *laoticum*	II	R
大果楠 *Phoebe macrocarpa*	II	O	尖叶厚壳桂 *Cryptocarya acutifolia*	II	R

续表

地点 Plot site：金平县勐拉 Mengla, Jinping			样地 Plot：91-14		
海拔 Altitude：900m			日期 Date：1991.12		
坡度 Slope degree：30°			样地面积 Sampling area：50m×50m		
群落高度 Height of forest community：>30m			总盖度 Coverage of tree layers：90%		

种名 Species	层次 Layer*	多度 Abundance**	种名 Species	层次 Layer	多度 Abundance
薄叶青冈 Cyclobalanopsis saravanensis	II	R	粗壮山香圆 Turpinia robusta	III	R
杯状栲 Castanopsis calathiformis	II	R	毛叶荚迷 Viburnum inopinatum	III	R
少花黄叶树 Xanthophyllum oliganthum	II	R	云南崖摩 Amoora yunnanensis	III	R
金钩花 Pseuduvaria indochinensis	II	R	盘叶罗伞 Brassaiopsis fatsioides	III	R
千果榄仁 Terminalia myriocarpa	II	R	叶轮木 Ostodes paniculata	III	R
番龙眼 Pometia pinnata	II	R	山青木 Meliosma kirkii	III	R
尖叶杜英 Elaeocarpus apiculatus	II	R	膜叶嘉赐树 Casearia membranacea	III	R
毛荔枝 Nephelium lappaceum var. pallens	II	R	小花铁屎米 Psydrax parviflora	III	R
五桠果 Dillenia indica	II	R	裂果金花 Schizomussaenda henryi	III	R
隐翼 Crypteronia paniculata	II	R	泰国黄叶树 Xanthophyllum flavescens	III	R
合果木 Paramichelia baillonii	II	R	山地五月茶 Antidesma montanum	III	R
镰叶山龙眼 Helicia falcata	III	R	鱼骨木 Cahthium simile	III	R
谷木 Memecylon ligustrifolium	III	A	长果桑 Morus macroura	III	R
大参 Macropanax dispermus	III	F	黄樟 Cinnamomum parthenoxylon	III	R
粗丝木 Gomphandra tetrandra	III	F	披针叶楠 Phoebe lanceolata	III	R
小果栲 Castanopsis fleuryi	III	O	小萼菜豆树 Radermachera microcalyx	III	R
青藤公（尖尾榕）Ficus langkokensis	III	O	假海桐 Pittosporopsis kerrii	III	R
蓝树 Wrightia laevis	III	O	染木树 Saprosma ternata	III	O

续表

地点 Plot site：金平县勐拉 Mengla, Jinping			样地 Plot: 91-14		
海拔 Altitude：900m			日期 Date：1991.12		
坡度 Slope degree：30°			样地面积 Sampling area：50m×50m		
群落高度 Height of forest community：> 30m			总盖度 Coverage of tree layers：90%		

种名 Species	层次 Layer*	多度 Abundance**	种名 Species	层次 Layer	多度 Abundance
狗骨柴 Diplospora dubia	Ⅲ	R	密花假卫矛 Microtropis gracilipes	S	R
大果榕 Ficus auriculata	Ⅲ	R	展毛野牡丹 Melastoma normale	S	R
云南琼楠 Beilschmiedia yunnanensis	Ⅲ	R	长叶紫珠 Callicarpa longifolia	S	R
网叶山胡椒 Lindera metcalfiana var. dictyophylla	Ⅲ	O	杜茎山 Maesa indica	S	R
岩生厚壳桂 Cryptocarya calcicola	Ⅲ	R	毛九节 Psychotria pilifera	S	R
星毛崖摩 Amoora stellata	Ⅲ	R	露兜 Pandanus tectorius	S	R
大花柃 Eurya magniflora	Ⅲ	R	桫椤 Alsophila spinulosa	H	F
罗浮柿 Diospyros morrisiana	Ⅲ	R	美果九节 Psychotria calocarpa	H	O
粗柱茶 Camellia brevistyla	Ⅲ	VR	攀援孔药花 Porandra scandens	H	O
裂叶血桐 Macaranga lowii	Ⅲ	VR	紫轴凤尾蕨 Pteris aspericaulis	H	O
枝花李榄 Chionanthus ramiflorus	Ⅲ	VR	大叶艾纳香 Blumea lanceolaria	H	R
厚果崖豆藤 Millettia pachycarpa	Ⅲ	VR	越南万年青 Aglaonema pierreanum	H	R
假苹婆 Sterculia lanceolata	Ⅲ	VR	海芋 Alocasia odora	H	R
翅茎异形木 Allomorphia curtisii	S	F	柊叶 Phrynium rheedei	H	R
尖子木 Oxyspora paniculata	S	O	板兰 Strobilanthes cusia	H	R
虎克粗叶木 Lasianthus hookeri	S	O	大叶仙茅 Curculigo capitulata	H	R
短柄苹婆 Sterculia brevissima	S	O	弯花焰爵床 Phlogacanthus curviflorus	H	R
狗骨头 Ardisia aberrans	S	R	毛钩藤 Uncaria hirsuta	L	O
长花马蓝 Strobilanthes longiflora	S	R	五层龙 Salacia chinensis	L	O

续表

地点 Plot site：金平县勐拉 Mengla, Jinping			样地 Plot：91-14		
海拔 Altitude：900m			日期 Date：1991.12		
坡度 Slope degree：30°			样地面积 Sampling area：50m×50m		
群落高度 Height of forest community：＞30m			总盖度 Coverage of tree layers：90%		
种名 Species	层次 Layer*	多度 Abundance**	种名 Species	层次 Layer	多度 Abundance
小萼瓜馥木 Fissistigma polyanthoides	L	O	滇缅崖豆藤 Millettia dorwardi	L	R
买麻藤 Gnetum montanum	L	O	翅盾藤 Aspidopterys obcordata	L	R
翼核果 Ventilago leiocarpa	L	O	小花藤 Ichnocarpus polyanthus	L	R
林生斑鸠菊 Vernonia sylvatica	L	O	大叶酸藤子 Embelia subcoriacea	L	R
微花藤 Ides cirrhosa	L	R	美叶枣 Ziziphus apetala	L	R
赤苍藤 Erythropalum scandens	L	R	小叶信筒子 Embelia parviflora	L	R
候风藤 Alangium faberi	L	R	拓藤 Maclura fruticosa	L	R
心叶悬钩子 Rubus pirifolius	L	R	毛瓜馥木 Fissistigma maclurei	L	R
小花清风藤 Sabia parviflora	L	R	石柑 Pothos chinensis	E	F
扭肚藤 Jasminum elongatum	L	R	毛藤榕 Ficus sagittata	E	F
滇南马钱 Strychnos nitida	L	R	球穗胡椒 Piper thomsonii	E	O

　* Ⅰ. 乔木上层 Upper tree layer；Ⅱ. 乔木中层 Middle tree layer；Ⅲ. 乔木下层 Lower tree layer；S. 灌木层 Shrub layer；H. 草本层 Herb layer；L. 藤本植物 Liana plants；E. 附生植物 Epiphyte plants

　** 多度：A. 丰富 Abundance；F. 常见 Frequency；O. 偶见 Occasional；R. 稀少 Rare；VR. 非常少 Very rare

　　该群落高达 30m 以上，乔木上层以云南龙脑香和橄榄为标识物种，覆盖度约 30%；乔木中层覆盖度达 80%，以大叶白颜树和梭果玉蕊占优势，其他多见种有阿丁枫、野波罗蜜、小叶红光树、檬果樟等；乔木下层有镰叶山龙眼、谷木、大参、粗丝木、小果栲等。

　　幼树-灌木层以翅茎异形木多见，其他有尖子木、虎克粗叶木、短柄苹婆、露兜等；草本植物有桫椤、美果九节、攀枝孔药花、紫轴凤尾蕨等。藤本植物有毛钩藤、五层龙、小萼瓜馥木、买麻藤、翼核果等；附生植物以石柑和毛藤榕最多。

（5）番龙眼-中国无忧花林（Form. *Pometia pinnata-Saraca dives*）

该群系主要分布在滇东南绿春县李仙江流域。我们在绿春县李仙江大黑山海拔 500～550m，于不同坡向、不同坡度处设置 5 个 500m²（25m×20m）的样方，资料整理于表 2.5。

表 2.5 番龙眼-中国无忧花林样地综合表

Table 2.5 Synthetic plot table of *Pometia pinnata-Saraca dives* forest

2.5a 乔木层重要值

2.5a Tree layers with important value index of species

样方 Plot	91-1～91-5
样地面积 Sampling area	5（25m×20m）
海拔 Altitude	500～550m
坡向 Slope aspect	NW5°～15°
坡度 Slope degree	20°～40°
群落高度 Height of forest community	30～35m

种名 Species	重要值 IVI
中国无忧花 *Saraca dives*	71.94
番龙眼 *Pometia pinnata*	52.94
缅桐 *Sumbaviopsis albicans*	26.48
八宝树 *Duabanga grandiflora*	13.94
傣柿 *Diospyros kerrii*	13.02
棒柄花 *Cleidion brevipetiolatum*	11.28
金钩花 *Pseuduvaria indochinensis*	10.8
木奶果 *Baccaurea ramiflora*	7.82
盘叶罗伞 *Brassaiopsis fatsioides*	6.3
青棕 *Caryota ochlandra*	6.24
毛荔枝 *Nephelium lappaceum* var. *pallens*	5.96
锥序水东哥 *Saurauia napaulensis*	3.98
阔叶蒲桃 *Syzygium megacarpum*	3.8
五桠果叶木姜子 *Litsea dilleniifolia*	3.52
版纳柿 *Diospyros xishuangbannaensis*	3.48
长梗三宝木 *Trigonostemon thyrsoideus*	2.56
网脉核果木 *Drypetes perreticulata*	2.32
绵毛紫珠 *Callicarpa erioclona*	2.2

续表

种名 Species	重要值 IVI
红光树 *Knema furfuracea*	2.12
肥荚红豆 *Ormosia fordiana*	2.12
突脉榕 *Ficus vasculosa*	2.02
长果桑 *Dimerocarpus balansae*	1.98
褐毛柿 *Diospyros martabanica*	1.9
华溪桫 *Chisocheton cumingianus* subsp. *balansae*	1.82
大叶木兰 *Magnolia henryi*	1.78
缅漆 *Semecarpus reticulatus*	1.78
山蕉 *Mitrephora maingayi*	1.76
云南崖摩 *Amoora yunnanensis*	1.74
云南黄叶树 *Xanthophyllum yunnanense*	1.74
大果榕 *Ficus auriculata*	1.74
尖叶厚壳桂 *Cryptocarya acutifolia*	1.74
大叶水东哥 *Saurauia funduana*	1.72
水东哥 *Saurauia tristyla*	1.72
石山九里香 *Murraya paniculata*	1.72
短序厚壳桂 *Cinnamomum brachythyrsa*	1.72
双籽藤黄 *Garcinia tetralata*	1.7
木姜叶暗罗 *Polyalthia litseifolia*	1.7
四裂算盘子 *Glochidion assamicum*	1.7
假苹婆 *Sterculia lanceolata*	1.7
新乌檀 *Neonauclea griffithii*	1.7
大叶风吹楠 *Horsfieldia kingii*	1.7
滇南溪桫 *Chisocheton siamensis*	1.7
云南肉豆蔻 *Myristica yunnanensis*	1.68
黄椿木姜子 *Litsea variabilis*	1.68
尖叶杜英 *Elaeocarpus rugosus*	1.68
柳叶核果木 *Drypetes salicifolia*	1.68
变叶翅子树 *Pterospermum proteus*	1.68
合计（47 种）Total（47 species）	300

2.5b　幼树-灌木层种类

2.5b　Species in the sapling-shrub layer

样方号 No. of plot	91-1		91-2		91-3		91-4		91-5		存在度
样地面积 Sampling area（m²）	45		45		45		45		45		Presence
种名 Species	株数 Indiv.	频度 Freq.	株数 Indiv.	频度 Freq.	株数 Indiv.	频度 Freq.	株数 Indiv.	频度 Freq.	株数 Indiv.	频度 Freq.	
幼树 Sapling											
缅桐 *Sumbaviopsis albicans*	35	100	6	60	2	20	40	100	37	80	V
中国无忧花 *Saraca dives*	1	20	11	100	11	80	2	20	2	20	V
大叶红光树 *Knema furfuracea*	1	20	1	20	2	20	7	80	3	60	V
金钩花 *Pseuduvaria indochinensis*	2	40	4	40	4	60	4	40	1	20	V
变叶翅子树 *Pterospermum proteus*	1	20	2	40	2	40	1	20	1	20	V
傣柿 *Diospyros kerrii*	3	40	24	100	8	100	19	100	7	80	V
番龙眼 *Pometia pinnata*	21	100	32	80	49	100	41	100	7	80	V
五桠果叶木姜子 *Litsea dilleniifolia*	5	60	4	80	—	—	3	40	1	20	IV
长棒柄花 *Cleidion spiciflorum*	11	40	—	—	9	60	3	40	7	60	IV
鱼尾葵 *Caryota ochlandra*	2	40	1	20	2	40	1	20	—	—	IV
山木患 *Harpullia cupanioides*	1	20	2	40	1	20					III
木奶果 *Baccaurea ramiflora*	2	40	—	—	—	—	4	60	2	40	III
毛荔枝 *Nephelium lappaceum* var. *pallens*	11	60	2	20	—	—	7	80			III
毛麻楝 *Chukrasia tabularis* var. *velutina*	1	20	—	—	3	40	—	—	1	20	III
盘叶罗伞 *Brassaiopsis fatsioides*	—	—	2	40	3	20	2	20	—	—	III
柳叶核果木 *Drypetes salicifolia*	—	—	—	—	1	20	2	40	1	20	III

续表

样方号 No. of plot	91-1		91-2		91-3		91-4		91-5		
样地面积 Sampling area（m²）	45		45		45		45		45		存在度
种名 Species	株数 Indiv.	频度 Freq.	株数 Indiv.	频度 Freq.	株数 Indiv.	频度 Freq.	株数 Indiv.	频度 Freq.	株数 Indiv.	频度 Freq.	Presence
碧绿米仔兰 Aglaia perviridis	—	—	1	20	2	40	—	—	1	20	III
大叶木兰 Magnolia henryi	—	—	—	—	1	20	—	—	2	40	II
山蕉 Mitrephora maingayi	3	20	—	—	—	—	1	20	—	—	II
木姜叶暗罗 Polyalthia litseifolia	—	—	2	40	4	60	—	—	—	—	II
西南茜树 Randia wallichii	1	20	—	—	1	20	—	—	—	—	II
辛果漆 Drimycarpus racemosus	—	—	—	—	—	—	5	80	1	20	II
树火麻 Dendrocnide urentissima	—	—	—	—	1	20	—	—	1	20	II
狭叶蒲桃 Syzygium fruticosum	2	40	—	—	—	—	3	40	—	—	II
核果木 Drypetes indica	—	—	—	—	—	—	6	60	1	20	II
野独活 Miliusa balansae	6	40	1	20	—	—	—	—	—	—	II
黑皮柿 Diospyros nigrocartex	4	40	—	—	1	20	—	—	—	—	II
大叶水榕 Ficus glaberrima	—	—	2	20	—	—	—	—	—	—	I
大叶守宫木 Sauropus macranthus	—	—	—	—	1	20	—	—	—	—	I
小叶臭黄皮 Clausena excavata	—	—	—	—	1	20	—	—	—	—	I
小叶藤黄 Garcinia cowa	—	—	—	—	—	—	3	40	—	—	I
云南肉豆蔻 Myristica yunnanensis	—	—	—	—	1	20	—	—	—	—	I
云南黄叶树 Xanthophyllum yunnanensis	—	—	—	—	—	—	—	—	1	20	I

续表

样方号 No. of plot	91-1		91-2		91-3		91-4		91-5		存在度
样地面积 Sampling area（m²）	45		45		45		45		45		Presence
种名 Species	株数 Indiv.	频度 Freq.	株数 Indiv.	频度 Freq.	株数 Indiv.	频度 Freq.	株数 Indiv.	频度 Freq.	株数 Indiv.	频度 Freq.	
黄椿木姜子 *Litsea variabilis*	—	—	—	—	—	—	—	—	1	20	I
火烧花 *Mayodendron igneum*	—	—	—	—	—	—	1	20	—	—	I
四数九里香 *Murraya tetramera*	1	20	—	—	—	—	—	—	—	—	I
华溪桫 *Chisocheton cumingianus* subsp. *balansae*	1	20	—	—	—	—	—	—	—	—	I
尖叶厚壳桂 *Cryptocarya acutifolia*	—	—	—	—	—	—	—	—	2	40	I
肋巴树 *Symphyllia silhetianus*	2	20	—	—	—	—	—	—	—	—	I
版纳柿 *Diospyros* *xishuangbannaensis*	—	—	—	—	—	—	2	40	—	—	I
轮叶木姜子 *Litsea verticillata*	—	—	—	—	—	—	6	40	—	—	I
倒卵叶黄肉楠 *Actinodaphne obovata*	—	—	—	—	—	—	3	20	—	—	I
柴龙树 *Apodytes dimidiata*	—	—	—	—	—	—	1	20	—	—	I
野生荔枝 *Litchi chinensis* var. *euspontanea*	—	—	—	—	2	20	—	—	—	—	I
黄叶树 *Xanthophyllum siamensis*	1	20	—	—	—	—	—	—	—	—	I
灰岩棒柄花 *Cleidion* *bracteosum*	—	—	—	—	—	—	2	20	—	—	I
缅漆 *Semecarpus reticulatus*	1	20	—	—	—	—	—	—	—	—	I
樫木 *Dysoxylum excelsum*	—	—	—	—	—	—	—	—	1	20	I
阔叶蒲桃 *Syzygium megacarpum*	—	—	—	—	—	—	—	—	3	40	I

续表

样方号 No. of plot	91-1		91-2		91-3		91-4		91-5		
样地面积 Sampling area（m²）	45		45		45		45		45		存在度
种名 Species	株数 Indiv.	频度 Freq.	株数 Indiv.	频度 Freq.	株数 Indiv.	频度 Freq.	株数 Indiv.	频度 Freq.	株数 Indiv.	频度 Freq.	Presence
大叶风吹楠 *Horsfieldia kingii*	—	—	1	20	—	—	—	—	—	—	I
滇南新乌檀 *Neonauclea tsaiana*	—	—	—	—	1	20	—	—	—	—	I
褐毛柿 *Diospyros martabanica*	—	—	—	—	—	—	—	—	1	20	I
樟叶朴 *Celtis timorensis*	—	—	—	—	—	—	1	20	—	—	I
瘤叶暗罗 *Polyalthia verrucipes*	—	—	—	—	—	—	—	—	1	20	I

幼树合计（54 种）Total saplings（54 species）

灌木 Shrub

倒卵叶紫麻 *Oreocnide obovata*	7	100	8	80	8	80	3	40	11	100	V
加辣蒁 *Garrettia siamensis*	1	20	1	20	—	—	—	—	4	40	III
密花火筒 *Leea compactiflora*	—	—	1	20	2	40	1	20	—	—	III
毛杜茎山 *Measa permollis*	—	—	2	20	2	40	2	40	—	—	III
美果九节 *Psychotria calocarpa*	3	40	—	—	—	—	4	40	—	—	II
亮叶山小橘 *Glycosmis lucida*	3	20	—	—	—	—	—	—	2	40	II
弯管花 *Chassalia curviflora*	1	20	—	—	—	—	—	—	1	20	II
腺萼木 *Mycetia glandulosa*	—	—	—	—	—	—	—	—	1	20	II
大叶苎麻 *Boehmeria macrophylla*	—	—	—	—	—	—	—	—	1	20	I
云南九节 *Psychotria yunnanensis*	—	—	—	—	—	—	1	20	—	—	I
毛九节 *Psychotria pilifera*	—	—	—	—	—	—	1	20	—	—	I

续表

样方号 No. of plot	91-1		91-2		91-3		91-4		91-5		存在度
样地面积 Sampling area（m²）	45		45		45		45		45		Presence
种名 Species	株数 Indiv.	频度 Freq.	株数 Indiv.	频度 Freq.	株数 Indiv.	频度 Freq.	株数 Indiv.	频度 Freq.	株数 Indiv.	频度 Freq.	
毛腺萼木 *Mycetia hirta*	—	—	—	—	—	—	—	—	4	40	I
红紫麻 *Oreocnide rubescens*	—	—	—	—	1	20	—	—	—	—	I
抱茎龙船花 *Ixora amplexicaulis*	—	—	1	20	—	—	—	—	—	—	I
酸脚杆 *Medinilla lanceata*	—	—	—	—	—	—	1	20	—	—	I
粗叶榕 *Ficus hirta*	—	—	—	—	1	20	—	—	—	—	I
露兜 *Pandanus tectorius*	—	—	—	—	—	—	1	20	—	—	I
山柑 *Capparis microcantha*	1	20	—	—	—	—	—	—	—	—	I
灌木合计（18 种）Total shrubs（18 species）											
藤本幼株（Young lianas）											
大果油麻藤 *Mucuna macrocarpa*	1	20	—	—	—	—	—	—	—	—	I
全缘刺果藤 *Byttneria integrifolia*	—	—	2	20	—	—	—	—	—	—	I
木瓣瓜馥木 *Fissistigma xylopetelum*	—	—	—	—	—	—	—	—	1	20	I
见血飞 *Caesalpinia cucullata*	—	—	—	—	—	—	1	20	—	—	I
长节珠 *Parameria laevigata*	—	—	—	—	—	—	—	—	1	20	I
蒙自崖爬藤 *Tetrastigma henryi*	—	—	—	—	1	20	—	—	—	—	I
阔叶风车藤 *Combretum latifolium*	—	—	—	—	—	—	—	—	1	20	I
滇缅崖豆藤 *Millettia dorwardii*	—	—	1	20	—	—	—	—	—	—	I
藤本幼株合计（8 种）Total young lianas（8 species）											
总计（80 种）All（80 species）											

注（Note）：—，在样方中没有记录到，下同 "—" in the table means not recorded in the plot，下同 Same as below

2.5c　草本植物
2.5c　Herbaceous plants

样方号 No. of plot	91-1		91-2		91-3		91-4		91-5		
样地面积 Sampling area（m²）	45		45		45		45		45		存在度
种名 Species	株数 Indiv.	频度 Freq.	株数 Indiv.	频度 Freq.	株数 Indiv.	频度 Freq.	株数 Indiv.	频度 Freq.	株数 Indiv.	频度 Freq.	Presence
越南万年青 *Aglaonema pierreanum*	7	80	17	60	5	20	3	40	10	40	V
樟叶胡椒 *Piper polysyphorum*	2	40	2	20	12	20	2	40	3	40	V
轴脉蕨 *Ctenitopsis sagenioides*	—	—	21	20	6	40	4	20	30	100	IV
黄腺羽蕨 *Pleocnemia winitii*	27	80	28	60	3	20	9	60	—	—	IV
紫轴凤尾蕨 *Pteris aspericaulis*	29	20	2	20	9	80	3	60	—	—	IV
大斑叶兰 *Goodyera procera*	—	—	22	40	2	20	3	20	—	—	III
伞柱开口箭 *Tupistra fungilliformis*	—	—	6	40	3	40	—	—	3	40	III
全缘楼梯草 *Elatostema sesquifolium*	52	100	—	—	—	—	9	80	25	60	III
老虎须 *Tacca chantrieri*	1	20	2	40	2	40	—	—	—	—	III
线柱苣苔 *Rhynchotechum obovatum*	1	20	—	—	1	20	—	—	5	60	III
珠芽魔芋 *Amorphophallus bulbifer*	10	60	—	—	—	—	1	20	4	40	III
柊叶 *Phrynium rheedei*	—	—	4	40	6	60	—	—	—	—	II
叶下珠 *Phyllanthus urinaria*	2	40	—	—	1	20	—	—	—	—	II
石生楼梯草 *Elatostema rupestre*	—	—	—	—	9	20	1	20	—	—	II
伞花杜若 *Pollia subumbellata*	—	—	—	—	6	20	—	—	2	20	II
多花山壳骨 *Pseuderanthemum polyanthum*	—	—	—	—	—	—	5	80	3	60	II
海芋 *Alocasia odora*	—	—	2	40	2	40	—	—	—	—	II

样方号 No. of plot	91-1		91-2		91-3		91-4		91-5		存在度
样地面积 Sampling area（m²）	45		45		45		45		45		Presence
种名 Species	株数 Indiv.	频度 Freq.	株数 Indiv.	频度 Freq.	株数 Indiv.	频度 Freq.	株数 Indiv.	频度 Freq.	株数 Indiv.	频度 Freq.	
假糙苏 *Paraphlomis japonica*	1	20	—	—	—	—	—	—	2	40	II
粗齿冷水花 *Pilea sinofasciata*	—	—	1	20	—	—	—	—	1	20	II
舞花姜 *Globba racemosa*	—	—	—	—	5	60	2	20	—	—	II
三叉蕨 *Tectaria devexa*	1	20	—	—	—	—	—	—	—	—	I
大延叉蕨 *Tectaria decurrens*	—	—	—	—	—	—	1	20	—	—	I
大托楼梯草 *Elatostema megacephalum*	—	—	4	20	—	—	—	—	—	—	I
小叶楼梯草 *Elatostema parvum*	—	—	—	—	—	—	—	—	6	20	I
小驳骨 *Asystasiella chinensis*	—	—	—	—	1	20	—	—	—	—	I
开口箭 *Tupistra chinensis*	—	—	4	20	—	—	—	—	—	—	I
闭鞘姜 *Costus speciosus*	—	—	—	—	1	20	—	—	—	—	I
直蒴苣苔 *Boeica porosa*	—	—	—	—	—	—	—	—	9	40	I
星蕨 *Microsorium punctatum*	—	—	—	—	—	—	1	20	—	—	I
秋海棠 *Begonia angustinei*	—	—	—	—	—	—	1	20	—	—	I
蛇根叶 *Ophiorrhiziphyllon macrobotryum*	—	—	—	—	—	—	—	—	2	20	I
野靛棵 *Justicia patentifllora*	—	—	—	—	—	—	—	—	1	20	I
焰爵床 *Phlogacanthus pyramidalis*	—	—	—	—	3	20	—	—	—	—	I
紫轴叉蕨 *Tectaria simonsii*	1	20	—	—	—	—	—	—	—	—	I

续表

样方号 No. of plot	91-1		91-2		91-3		91-4		91-5		
样地面积 Sampling area（m²）	45		45		45		45		45		存在度
种名 Species	株数 Indiv.	频度 Freq.	株数 Indiv.	频度 Freq.	株数 Indiv.	频度 Freq.	株数 Indiv.	频度 Freq.	株数 Indiv.	频度 Freq.	Presence
阔叶竹茎兰 *Tropidia angulosa*	11	40	—	—	—	—	—	—	—	—	I
千年健 *Homalomena occulta*	—	—	—	—	—	—	—	—	2	20	I
滇南赤车 *Pellionia paucidentata*	—	—	—	—	—	—	1	20	—	—	I

2.5d 藤本植物
2.5d Liana plants

样方号 No. of plot	91-1		91-2		91-3		91-4		91-5	
样地面积 Sampling area	25m×20m		25m×20m		25m×20m		25m×20m		25m×20m	
种名 Species	习性 Habitus		习性 Habitus		习性 Habitus		习性 Habitus		习性 Habitus	
毛扁蒴藤 *Pristimera setulosa*	木	+	—	—	—	—	—	—	—	—
长果三叶崖爬藤 *Tetrastigma dubinum*	—	—	木	+	—	—	—	—	—	—
长节珠 *Parameria laevigata*	木	+	—	—	—	—	木	+	—	—
匙羹藤 *Gymnema sylvestre*	—	—	—	—	—	—	木	+	—	—
全缘刺果藤 *Byttneria integrifolia*	—	—	木	+	—	—	—	—	—	—
大果崖爬藤 *Tetrastigma megalocarpum*	木	+	—	—	木	+	—	—	—	—
大叶银背藤 *Argyreia wallichii*	—	—	木	+	木	+	—	—	—	—
滇南马钱 *Strychnos nitida*	—	—	—	—	—	—	—	—	木	+
红叶藤 *Rourea minor*	—	—	—	—	—	—	木	+	—	—
假蒟 *Piper sarmentosum*	—	—	草	+	—	—	—	—	—	—
毛枝翼核果 *Ventilago calyculata* var. *trichoclada*	木	+	—	—	—	—	—	—	—	—
木瓣瓜馥木 *Fissistigma xylopetalum*	—	—	—	—	—	—	—	—	木	+

续表

样方号 No. of plot	91-1		91-2		91-3		91-4		91-5	
样地面积 Sampling area	25m×20m		25m×20m		25m×20m		25m×20m		25m×20m	
种名 Species	习性 Habitus		习性 Habitus		习性 Habitus		习性 Habitus		习性 Habitus	
囊萼羊蹄甲 *Bauhinia touranensis*	—	—	木	+	—	—	—	—	—	—
牛栓藤 *Connarus paniculatus*	—	—	—	—	—	—	木	+	—	—
皮孔翅子藤 *Loeseneriella lenticellata*	木	+	—	—	—	—	—	—	—	—
平滑榕 *Ficus laevis*	—	—	—	—	木	+	—	—	—	—
羽叶金合欢 *Acacia pennata*	木	+	—	—	—	—	—	—	—	—
十字崖爬藤 *Tetrastigma cruciatum*	木	+	—	—	木	+	木	+	—	—
掌叶海金沙 *Lygodium conforme*	草	+	—	—	—	—	—	—	—	—
单叶藤橘 *Paramignya confertifolia*	木	+	—	—	—	—	—	—	—	—

注（Note）：木，木质藤本 Woody liana；草，草质藤本 Herbaceous liana；+，存在 Exist

2.5e　附生植物
2.5e　Epiphyte plants

样方号 No. of plot	91-1	91-2	91-3	91-4	91-5
样地面积 Sampling area	25m×20m	25m×20m	25m×20m	25m×20m	25m×20m
种名 Species					
毛藤榕 *Ficus sagittata*	+	—	—	+	—
粗茎崖角藤 *Rhaphidophora crassicaulis*	—	+	—	—	—
球兰 *Hoya carnosa*	+				
澜沧球兰 *Hoya lantsangensis*	+	—	—	—	—
石柑 *Pothos chinensis*	+	+	—	+	—
狮子尾 *Rhaphidophora hongkongensis*	+	—	+	+	+
团叶槲蕨 *Drynaria bonii*	+	—	+	—	—
美叶车前蕨 *Antrophyum callifolium*	+	—	—	—	—
光茎胡椒 *Piper glabricaule*	—	+	—	—	+
短蒟 *Piper mullesua*	—	+	—	—	+
锥叶榕 *Ficus subulata*	—	+	+	+	—

注（Note）：+，存在 Exist

群落高 30m，总盖度为 90%～95%。乔木上层高＞30m，层盖度 20%～40%，以番龙眼为优势种；乔木中层高 15～30m，层盖度 30%～60%，以中国无忧花为该层优势种，另有长果桑、青棕、突脉榕等；乔木下层高 5～15m，层盖度 40%～60%，以缅桐为该层优势种，此外包括大叶木兰、大叶风吹楠、版纳柿等。

幼树-灌木层由幼树、灌木、藤本幼株组成。该层以幼树为主；灌木以倒卵叶紫麻的出现频度最大，其他有加辣菔、密花火筒、毛杜茎山、腺萼木、弯管花、毛腺萼木、抱茎龙船花等。

草本层盖度不大，为 20%～30%，记录有植物 37 种，其中越南万年青、紫轴凤尾蕨、黄腺羽蕨、大斑叶兰、轴脉蕨等频度较大。藤本植物共记录有 20 种，其中木质藤本 18 种，有长节珠、大果崖爬藤、全缘刺果藤、毛扁蒴藤、红叶藤等。附生植物记录有 11 种，如毛藤榕、粗茎崖角藤、球兰、狮子尾、石柑等。

2.1.2 云南南部的热带季节性雨林

云南南部的热带季节性雨林以箭毒木（*Antiaris toxicaria*）、龙果（*Pouteria grandifolia*）、大叶白颜树（*Gironniera subaequalis*）、望天树、番龙眼、千果榄仁（*Terminalia myriocarpa*）、大果人面子（*Dracontomelon macrocarpum*）、多花白头树（*Garuga floribunda* var. *gamblei*）、小叶藤黄（*Garcinia cowa*）、红光树（*Knema furfuracea*）、梭果玉蕊（*Barringtonia macrostachya*）、木奶果（*Baccaurea ramiflora*）等为各群系（群落）的优势树种。在南部的石灰岩沟谷，则以轮叶戟（*Lasiococca comberi* var. *pseudoverticillata*）、油朴（*Celtis philippensis*）、缅桐（*Sumbaviopsis albicans*）、毛麻楝（*Chukrasia tabularis* var. *velutina*）、四数木（*Tetrameles nudiflora*）等为各群系的优势或特征树种。

沟谷雨林（群系组）

沟谷雨林主要分布于坡脚最为潮湿的沟谷或阴坡（通常为东北坡向）。落叶乔木树种在乔木层的种数百分比低于 10%，此类型以番龙眼为标志树种，主要有如下几个群系。

（1）番龙眼+千果榄仁林

该群系主要沿沟谷分布在海拔 550～900m 的酸性土山沟谷和低坡，并以 600～700m 的沟谷最为集中。林内阴湿，土壤湿润，上层乔木落叶树种相对较少，附生植物、大型木质藤本在数量上明显较多。

该群落以番龙眼和千果榄仁为标志树种。番龙眼为乔木上层优势种，千果榄仁为亚优势种或在局部地段上成为优势或标志种。乔木上层（A 层）落叶的代表种主要是多花白头树和五眼果，高山榕在局部地段上较占优势。乔木中层（B 层）

以小叶藤黄和红光树具有最大存在度，轮叶戟、梭果玉蕊、山蕉、金钩花、蔡氏新乌檀等在局部地段上均可占优势。下层（C 层）以琴叶风吹楠、阔叶蒲桃的存在度较大，以木奶果、灰岩棒柄花、青枣核果木等较占优势，版纳柿、尖尾榕、缅桐、窄序崖豆树、聚果榕、大叶风吹楠等则在局部地段上占优势（表 2.6）。灌木以茜草科植物粗叶木、腺萼木等常见。草本以柊叶、山姜、长叶实蕨、叉蕨等较常见。该群落林下幼树-灌木层、草本层和层间植物（藤本植物和附生植物）以样方 940102 为例来说明。

表 2.6　番龙眼+千果榄仁林综合样地表
Table 2.6　Synthetic plot table of *Pometia pinnata*+*Terminalia myriocarpa* forest

2.6a　乔木层重要值表

2.6a　Tree layers with important value index of species

样方 Plot	940102	8305	8302
地点 Location	勐仑曼莫 Manmo, Menglun	勐腊曼旦 Mandan, Mengla	勐腊曼庄 Manzhuang, Mengla
海拔 Altitude（m）	650	750	890
样地面积 Sampling area	5（10m×50m）	30m×100m	400m×100m
坡向 Slope aspect	SE	SE	SE
坡度 Slope degree（°）	5～10	10	15
群落高度 Height of forest community（m）	35	45	45
总盖度 Coverage of tree layers（%）	95	＞95	＞85
种数 No. of species ＞5cm DBH	49	54	61
株数 No. of individual	108	85	154

乔木层 Tree layer[*]	种名 Species	940102 重要值 IVI	8305 相对多度+ 相对显著度 RA+RD	8302 相对多度+ 相对显著度 RA+RD
A	番龙眼 *Pometia pinnata*	41.31	16.83	15.46
A	千果榄仁 *Terminalia myriocarpa*	11.6	0.68	6.31
A	多花白头树 *Garuga floribunda* var. *gamblei*	23.78	1.35	3.18
A	缅漆 *Semecarpus reticulatus*	0	1.54	2.64
A	常绿臭椿 *Ailanthus fordii*	3.12	0	1.1
A	糖胶树 *Alstonia scholaris*	2.64	0.78	0
A	大果人面子 *Dracontomelon macrocarpum*	0	23.64	9.34
A	窄叶半枫荷 *Pterospermum lanceifolium*	0	20.11	1.35

续表

乔木层 Tree layer[*]	种名 Species	940102 重要值 IVI	8305 相对多度+相对显著度 RA+RD	8302 相对多度+相对显著度 RA+RD
A	高山榕 *Ficus altissima*	18.4	5.88	0
A	油榄仁 *Terminalia bellirica*	7.29	0	1.12
A	滇糙叶树 *Aphananthe cuspidata*	0	1.12	1.66
A	细毛润楠 *Machilus tenuipilis*	0	1.21	1.23
A	毛果猴欢喜 *Sloanea dasycarpa*	0	0	2.56
B	小叶藤黄 *Garcinia cowa*	9.43	0.77	7.59
B	红光树 *Knema furfuracea*	2.31	4.48	1.29
B	轮叶戟 *Lasiococca comberi* var. *pseudoverticillata*	7.05	12.08	21.07
B	藤春 *Alphonsea monogyna*	2.51	3.36	2.82
B	金钩花 *Pseuduvaria indochinensis*	0	0.82	5.97
B	樟叶朴 *Celtis timorensis*	6.92	0	0.87
B	梭果玉蕊 *Barringtonia macrostachya*	2.79	0	0
B	多脉樫木 *Dysoxylum grande*	0	0.85	1.86
B	秋枫 *Bischofia javanica*	3.12	0.68	1.31
B	山蕉 *Mitrephora maingayi*	0	10.06	0
B	滇南新乌檀 *Neonauclea tsaiana*	11.99	2.59	0
B	顶果木 *Acrocarpus fraxinifolius*	0	2.68	3.82
B	蓝树 *Wrightia laevis*	0	0.85	0
B	小萼菜豆树 *Radermachera microcalyx*	2.4	0	0
B	大果臀果木 *Pygeum macrocarpum*	2.46	0	0
B	红果樫木 *Dysoxylum gotadhora*	3.51	0	0
B	野波罗蜜 *Artocarpus lakoocha*	0	0.82	1.47
B	钝叶桂 *Cinnamomum bejolghota*	2.31	0.47	0
B	版纳藤黄 *Garcinia xishuanbannaensis*	0	0	0.85
B	剑叶暗罗 *Polyalthia lancilimba*	0	0	0.77
B	毛叶油丹 *Alseodaphne andersonii*	0	0	15.3
B	绒毛紫薇 *Lagerstroemia pinnata*	11	0	0
B	勐仑翅子树 *Pterospermum menglunense*	8.33	0	0
B	银钩花 *Mitrephora tomentosa*	0	4.82	0
B	云南琼楠 *Beilschmiedia yunnanensis*	0	0	4.77
B	八宝树 *Duabanga grandiflora*	0	3.98	0

续 表

乔木层 Tree layer*	种名 Species	940102 重要值 IVI	8305 相对多度+ 相对显著度 RA+RD	8302 相对多度+ 相对显著度 RA+RD
B	瘤枝榕 *Ficus maclellandi*	4.95	0	0
B	油朴 *Celtis philippensis*	3.5	0	0
B	大叶白颜树 *Gironniera subaequalis*	0	1.25	1.08
B	耳叶柯 *Lithocarpus grandifolius*	0	0	1.75
B	木姜叶暗罗 *Polyalthia litseifolia*	0	0	1.74
B	勐仑琼楠 *Beilschmiedia brachythyrsa*	0	0	1.68
B	滇印杜英 *Elaeocarpus varunua*	0	0	1.61
B	方榄 *Canarium bengalense*	0	0	1.29
B	林生杧果 *Mangifera sylvatica*	0	1.14	0
B	麻楝 *Chukrasia tabularis*	0	0.86	0
B	云南厚壳桂 *Cryptocarya yunnanensis*	0	0.74	0
C	云南风吹楠 *Horsfieldia prainii*	7.25	0.74	1.62
C	阔叶蒲桃 *Syzygium megacarpum*	4.72	1.54	1.59
C	木奶果 *Baccaurea ramiflora*	6.38	5.36	0
C	灰岩棒柄花 *Cleidion bracteosum*	5	3.84	2.81
C	微毛布荆 *Vitex quinata* var. *puberula*	4.08	7.47	7.27
C	火烧花 *Mayodendron igneum*	2.68	1.53	2.51
C	版纳柿 *Diospyros xishuangbannaensis*	0	2.57	13.4
C	青藤公 *Ficus langkokensis*	0	11.7	0
C	青枣核果木 *Drypetes cumingii*	0	5.07	7.6
C	常绿榆 *Ulmus lanceifolia*	3.12	0	2.65
C	缅桐 *Sumbaviopsis albicans*	0	6.46	0
C	黑毛柿 *Diospyros hasseltii*	0	6.89	3.24
C	鱼尾葵 *Caryota ochlandra*	4.19	0	0
C	思茅崖豆藤 *Millettia leptobotrya*	2.01	0	0
C	长梗三宝木 *Trigonostemon thyrsoideus*	3.3	4.44	0
C	鸭胆子 *Brucea javanica*	5.59	0	0
C	鹅掌柴 *Schefflera heptaphylla*	0	0	4.88
C	翅果麻 *Kydia calycina*	0	2.61	2.69
C	毛果杜英 *Elaeocarpus rugosus*	3.61	0	2
C	圆基火麻树 *Dendrocnide basirotunda*	2.46	0	0
C	剑叶木姜子 *Litsea lancifolia*	0	0	1.23

续表

乔木层 Tree layer*	种名 Species	940102 重要值 IVI	8305 相对多度+相对显著度 RA+RD	8302 相对多度+相对显著度 RA+RD
C	黑皮柿 Diospyros nigrocortex	2.38	0	0
C	假海桐 Pittosporopsis kerrii	2.31	0	0
C	山木患 Harpullia cupanioides	0	0.86	0
C	普文楠 Phoebe puwenensis	2.48	0	0
C	大叶桂樱 Laurocerasus zippeliana	0	0	1.02
C	大肉实树 Sarcosperma arboreum	2.71	0.88	0
C	幌伞枫 Heteropanax fragrans	2.45	0.74	0
C	大果山香圆 Turpinia pomifera	0	0	0.92
C	碧绿米仔兰 Aglaia perviridis	0	0.92	0
C	豆果榕 Ficus pisocarpa	0	0	1.25
C	西南猫尾木 Markhamia stipulata	0	0.84	0
C	香花木姜子 Litsea panamanja	2.46	0	0
C	大叶风吹楠 Horsfieldia kingii	19.54	0	0
C	五桠果叶木姜子 Litsea dilleniifolia	0	0	1.1
C	华溪桫 Chisocheton cumingianus subsp. balansae	0	0	1.12
C	云南瘿椒树 Tapiscia yunnanensis	0	0	3.52
C	苹果榕 Ficus oligodon	4.78	0	0
C	思茅木姜子 Litsea szemaois	0	2.57	0
C	大花哥纳香 Goniothalamus calvicarpus	3.92	0	0
C	大叶木兰 Magnolia henryi	0	2.57	0
C	染木树 Saprosma ternata	0	0	0.51
C	波缘大参 Macropanax undulatus	0	0	1.13
C	网脉核果木 Drypetes perreticulata	3.43	0	0
C	南酸枣 Choerospondias axillaris	0	0	1.86
C	阔叶圆果杜英 Elaeocarpus sphaerocarpus	0	0	1.87
C	毒鼠子 Dichapetalum gelonioides	0	0	0.68
C	肥荚红豆 Ormosia fordiana	2.38	0	0
C	白毛算盘子 Glochidion arborescens	2.36	0	0
C	水同木 Ficus fistulosa	2.34	0	1.12
C	灰背叶柯 Lithocarpus hypoglaucus	0	0	1.36
C	滇新樟 Neocinnamomum caudatum	0	0	1.41

续表

乔木层 Tree layer[*]	种名 Species	940102 重要值 IVI	8305 相对多度+ 相对显著度 RA+RD	8302 相对多度+ 相对显著度 RA+RD
C	破布木 Cordia dichotoma	0	1.24	0
C	狭叶红光树 Knema cinerea var. glauca	0	0	1.14
C	浆果楝 Cipadessa baccifera	0	0	1.14
C	银叶锥 Castanopsis argyrophylla	0	0	0.88
C	大果榕 Ficus auriculata	0	0.84	0
C	鳞片水麻 Debregeasia squamata	0	0.74	0
C	林生乌口树 Tarenna attenuata	0	0.68	0
C	锥叶榕 Ficus subulata	0	0.94	0
	合计（110 种）Total（110 species）	300	200	200

*A. 上层 Upper tree layer；B. 中层 Middle tree layer；C. 下层 Lower tree layer

2.6b　幼树-灌木层种类
2.6b　Species in the samling-shrub layer

样方 Plot: 940102　　样地面积 Sampling area: 5（5m×5m）

种名 Species	株数 Indiv.	频度 Freq.	种名 Species	株数 Indiv.	频度 Freq.
番龙眼 Pometia pinnata	10	100	缅桐 Sumbaviopsis albicans	2	40
箭毒木 Antiaris toxicaria	7	100	云南沉香 Aquilaria yunnanensis	2	40
阔叶蒲桃 Syzygium megacarpum	4	100	粗枝崖摩 Amoora dasyclada	2	40
景洪暗罗 Polyalthia cheliensis	3	80	大花哥纳香 Goniothalamus calvicarpus	2	40
假海桐 Pittosporopsis kerrii	3	60	大叶白颜树 Gironiera subaeqalis	2	40
金钩花 Pseuduvaria indochinensis	3	60	红光树 Knema furfuracea	2	40
灰岩棒柄花 Cleidion bracteosum	3	60	倒卵叶紫麻 Oreocnide obovata	2	40
木奶果 Baccaurea ramiflora	3	60	滇糙叶树 Aphananthe cuspidata	2	40
染木树 Saprosma ternata	3	60	毒鼠子 Dichapetalum gelonioides	2	40
土蜜树 Bridelia tomentosa	3	60	碧绿米仔兰 Aglaia perviridis	1	20

续表

种名 Species	株数 Indiv.	频度 Freq.	种名 Species	株数 Indiv.	频度 Freq.
蔡氏新乌檀 *Neonauclea tsaii*	1	20	金叶子 *Chrysophyllum lanceolatum*	1	20
大参 *Macropanax dispermus*	1	20	轮叶戟 *Lasiococca comberi* var.*pseudoverticillata*	1	20
李榄 *Chionanthus henryanus*	1	20	毛荔枝 *Nephelium lappaceum* var. *pallens*	1	20
滇赤材 *Lepisanthes senegalensis*	1	20	勐仑翅子树 *Pterospermum menglunense*	1	20
滇南溪桫 *Chisocheton siamensis*	1	20	密花树 *Myrsine seguinii*	1	20
厚叶琼楠 *Beilschmiedia percoriacea*	1	20	山木患 *Harpullia cupanioides*	1	20
虎克粗叶木 *Lasianthus hookeri*	1	20	圆基火麻树 *Dendrocnide basirotunda*	1	20
假卫矛 *Microtropis discolor*	1	20	双籽棕 *Arenga caudata*	1	20
青藤公 *Ficus langkokensis*	1	20	思茅蒲桃 *Syzygium szemaoense*	1	20
钝叶桂 *Cinnamomum bejolghota*	2	40	藤春 *Alphonsea monogyna*	1	20
网脉核果木 *Drypetes perreticulata*	2	40	弯管花 *Chassalia curviflora*	1	20
黑皮柿 *Diospyros nigrocortex*	2	40	山地五月茶 *Antidesma montanum*	1	20
尖叶山黄皮 *Randia yunnanensis*	2	40	香花木姜子 *Litsea panamonja*	1	20
密花樫木 *Dysoxylum densiflorum*	2	40	美果九节 *Psychotria calocarpa*	1	20
扭子果 *Ardisia virens*	2	40	银鹊树 *Tapiscia yunnanensis*	1	20
碟腺棋子豆 *Archidendron kerrii*	2	40	越南割舌树 *Walsura pinnata*	1	20
八宝树 *Duabanga grandiflora*	1	20	云南红豆 *Ormosia yunnanensis*	1	20
小花山小橘 *Glycosmis parviflora*	1	20	窄序崖豆树 *Millettia leptobotrya*	1	20
山油柑 *Acronychia pedunculata*	1	20			

2.6c 草本植物
2.6c Herbaceous plants

样方 Plot: 940102 样地面积 Sampling area: 5 (5m×5m)

种名 Species	多优度.群聚度 Dominance. Cohesion*	频度 Freq.	种名 Species	多优度.群聚度 Dominance. Cohesion	频度 Freq.
长叶实蕨 *Bolbitis heteroclita*	3.2	100	羽蕨 *Pleocnemia wintii*	+.1	60
伞花杜若 *Pollia subumbellata*	1.1	80	老虎须 *Tacca chantrieri*	+.1	40
卷瓣沿阶草 *Ophiopogon revolutus*	1.1	80	全缘楼梯草 *Elatostemma sesquuifolia*	+.1	40
轴脉蕨 *Ctenitopsis sagenioides*	1.1	80	云南山壳骨 *Pseuderanthemum crenulatum*	+.1	40
针子草 *Rhaphidospora vagarbunda*	1.1	80	爱地草 *Geophila herbacea*	+.1	40
荩草 *Arthraxon lanceolata*	1.1	80	山稗子 *Carex baccans*	+.+	20
叉蕨 *Tectaria variolosa*	1.1	80	越南万年青 *Aglaonema pierreanum*	+.+	20
马蓝 *Baphicacanthus cusia*	+.1	60	砂仁 *Amomum villosum*	+.+	20
大托楼梯草 *Elatostemma megacephalum*	+.1	60	射干 *Belamcanda chinensis*	+.+	20
攀缘孔药花 *Poranda scandens*	+.1	60	接骨 *Sambumcus chinensis*	+.+	20
云南山壳骨 *Pseuderanthemum crenulatum*	+.1	60			
厚叶秋海棠 *Begonia dryadis*	+.1	60			

*多优度等级（以物种的盖度为主要识别特征划分）Dominance degree (divided by coverage of each species): 等级 5. 样方内某种植物的盖度为 75% 以上（degree 5: the species with a coverage more than 75% in the sampling plot）；等级 4. 样方内某种植物的盖度为 50%～75%（degree 4: the species with a coverage between 50%～75% in the sampling plot）；等级 3. 样方内某种植物的盖度为 25%～50%（degree 3: the species with a coverage between 25%～50% in the sampling plot）；等级 2. 样方内某种植物的盖度为 5%～25%（degree 2: the species with a coverage between 5%～25% in the sampling plot）；等级 1. 样方内某种植物的盖度为 5% 以下（degree 1: the species with a coverage less than 5% in the sampling plot）；等级+. 样方内某种植物的盖度很小，或单株（degree +: the species with a coverage very small or only a single individual in the sampling plot）

群聚度等级（Cohesion degree）: 5. 该物种集成大片（the species with population cohesive in large patches）; 4. 该物种形成小群（the species with population cohesive in small patches）; 3. 该物种形成小片或小块（the species with population cohesive in smaller patches）; 2. 该物种形成小丛或小簇（the species with tiny population）; 1. 该物种散生（the species with sparse individuals）; +. 该物种单生（the species with only one individual）

多优度和群聚度联用（Dominance and cohesion combined together）: 多优度 . 群聚度（Dominance.Cohesion）

2.6d　藤本植物

2.6d　Liana plants

样方 Plot: 940102　　样地面积 Sampling area: 5（10m×50m）

种名 Species	德氏多度 Drude abundance	种名 Species	德氏多度 Drude abundance
亮叶马钱 *Strychnos nitida*	cop2	候风藤 *Alangium faberi*	sol
瘤果五层龙 *Salacia aurantica*	cop1	藤槐 *Bowringia callicarpa*	un
十字崖爬藤 *Tetrastigma cruciatum*	sp	链珠藤 *Alyxis balansae*	un
长节珠 *Parameria laevigata*	sp	甜果藤 *Mappianthus iodioides*	un
阔叶风车藤 *Combretum latifolium*	sp	单叶藤橘 *Paramignya confertifolia*	un
美飞鹅藤 *Porana spectabilis*	sol	飞龙掌血 *Toddalia asiatica*	un
宽叶匙镁藤 *Gymnema latifolia*	sol	绞股兰 *Gymnostemma pentaphylla*	un
南蛇藤 *Celastrus paniculata*	sp	香港鹰爪花 *Artabotrys hongkongensis*	un
毛枝翼核果 *Ventilago calyculata* var. *trichoclada*	sp	羊蹄甲 *Bauhinia genuflexa*	un
美叶枣 *Ziziphus apetala*	sp	印度翼核果 *Ventilago madraspetana*	un
东京紫玉盘 *Uvaria tonkinensis*	sp	勐腊藤 *Goniostemma punctatum*	un
小萼瓜馥木 *Fissistigma polyanthoides*	sp		

2.6e　附生植物

2.6e　Epiphyte plants

种名 Species	德氏多度 Drude abundance	种名 Species	德氏多度 Drude abundance
石柑 *Pothos chinensis*	cop1	狮子尾 *Rhaphidophora hongkongensis*	sp
小花藤 *Ichnocarpus polyanthus*	cop1	爬树龙 *Rhaphidophora decursiva*	sp

续表

种名 Species	德氏多度 Drude abundance	种名 Species	德氏多度 Drude abundance
黄花胡椒 *Piper flaviflorum*	sp	寄生榕 *Ficus tinctoria* subsp. *parastica*	sp
短蒟 *Piper mullesua*	sp		

该群系的群落垂直剖面图见图 2.1。

图 2.1　番龙眼+千果榄仁林垂直剖面图（李保贵绘）[①]

Fig. 2.1　The profile diagram of *Pometia pinnata*+*Terminalia myriocarpa* forest (Drawn by Li Baogui)

1. 千果榄仁 *Terminalia myriocarpa*；2. 番龙眼 *Pometia pinnata*；3. 多花白头树 *Garuga floribunda* var. *gamblei*；4. 红光树 *Knema furfuracea*；5. 木奶果 *Baccaurea ramiflora*；6. 小叶藤黄 *Garcinia cowa*；7. 阔叶蒲桃 *Syzygium megacarpum*；8. 梭果玉蕊 *Barringtonia macrostachya*；9. 轮叶戟 *Lasiococca comberi* var. *pseudoverticillata*；10. 假海桐 *Pittosporopsis kerrii*；11. 金钩花 *Pseuduvaria indochinensis*；12. 窄叶半枫荷 *Pterospermum lanceifolium*；13. 青枣核果木 *Drypetes cumingii*；14. 藤春 *Alphonsea monogyna*；15. 小果野芭蕉 *Musa acuminata*；16. 长梗三宝木 *Trigonostemon thyrsoideus*；17. 翼核果 *Ventilago calyculata*；18. 巢蕨 *Neottopteris nidus*；19. 狮子尾 *Rhaphidophora hongkongensis*；20. 阔叶风车藤 *Combretum latifolium*；21. 瓜馥木 *Fissistigma* sp.

纵坐标为高度（m）Ordinate: Height（m）

① 本书群落的剖面图从历史资料复制而来，是在调查现场手工绘制的，图注中的物种也是现场记录，部分物种在原图上未标序号。

（2）番龙眼-梭果玉蕊林（Form. *Pometia pinnata-Barringtonia macrostachya*）

该群系主要分布在海拔 550～900m 的酸性土山沟谷坡脚，以 600～700m 的沟谷最为集中。林内阴湿，土壤湿润，上层乔木落叶树种相对较少，附生植物、木质藤本在数量上明显较多。

以分布在中国科学院西双版纳热带植物园迁地保护区沟箐的番龙眼-梭果玉蕊林为例（表 2.7），群落高达 35m，上层乔木以番龙眼的重要值最大，箭毒木次之，其他有勐仑翅子树、四数木、多花嘉缆等；乔木中层以梭果玉蕊为优势种，其他有藤春、小叶红光树、山木患、滇南溪桫、糖胶树、红光树、小叶藤黄等；乔木下层以假海桐占优势，木奶果占亚优势，其他有窄序鸡血藤、黑皮柿、大花哥纳香、大叶木兰、景洪暗罗等。

表 2.7　番龙眼-梭果玉蕊林综合样地表 [①]
Table 2.7　Synthetic plot table of *Pometia pinnata-Barringtonia macrostachya* forest

2.7a　乔木层重要值

2.7a　Tree layers with important value index of species

地点 Location	西双版纳热带植物园迁地保护区 *Exsitu* area of Xishuangbanna Tropical Botanical Garden	
样方 Plot	97-11	
样地面积 Sampling area	5（10m×50m）	海拔 Altitude: 620m
坡度 Slope degree	30°	坡向 Slope aspect: N
群落高度 Height of forest community	35m	总盖度 Coverage of tree layers: >95%

种名 Species	株数 Indiv.	相对多度 RA	相对显著度 RD	相对频度 RF	重要值 IVI
番龙眼 *Pometia pinnata*	9	3.16	13.30	2.22	18.68
梭果玉蕊 *Barringtonia macrostachya*	18	6.32	7.24	3.70	17.26
箭毒木 *Antiaris toxicaria*	11	3.86	9.10	3.70	16.66
尖叶茜树 *Randia acuminatissima*	27	9.47	1.44	3.70	14.61
勐仑翅子树 *Pterospermum menglunensis*	11	3.86	6.40	2.96	13.22
假海桐 *Pittosporopsis kerrii*	24	8.42	0.67	3.70	12.79
木奶果 *Baccaurea ramiflora*	15	5.26	2.94	3.70	11.90
四数木 *Tetrameles nudiflora*	1	0.35	9.07	0.74	10.16
藤春 *Alphonsea monogyna*	3	1.05	6.57	1.48	9.10

① 此表的树种是按重要值排序，正文描述中则按上层、中层、下层乔木分别描述，并不与表中树种按重要值排序的顺序相匹配。

续表

种名 Species	株数 Indiv.	相对多度 RA	相对显著度 RD	相对频度 RF	重要值 IVI
小叶红光树 Knema globularia	12	4.21	1.03	3.70	8.94
香港樫木 Dysoxylum hongkongense	2	0.70	6.20	1.48	8.38
窄序鸡血藤 Millettia leptobotrya	13	4.56	0.55	2.96	8.07
光叶合欢 Albizia lucidior	2	0.70	6.49	0.74	7.93
多花白头树 Garuga floribunda var. ganblei	7	2.46	3.17	2.22	7.85
山木患 Harpullia cupanioides	10	3.51	1.24	2.96	7.71
山地五月茶 Antidesma montana	11	3.86	0.32	2.96	7.14
粗壮琼楠 Beilschmiedia robusta	7	2.46	2.69	1.48	6.63
黑皮柿 Diospyros nigrocartex	6	2.11	1.01	2.96	6.08
滇南溪桫 Chisocheton siamensis	7	2.46	0.46	2.96	5.88
糖胶树 Alstonia scholaris	2	0.70	3.50	1.48	5.68
大叶木兰 Magnolia henryi	5	1.75	0.61	2.96	5.32
大花哥纳香 Goniothalamus calvicarpus	7	2.46	0.15	2.22	4.83
歪叶榕 Ficus cyrtophylla	6	2.11	0.48	2.22	4.81
青藤公 Ficus langkokensis	7	2.46	0.65	1.48	4.59
罗伞 Brassaiopsis glomerulata	5	1.75	0.41	2.22	4.38
红光树 Knema furfuracea	4	1.40	0.74	2.22	4.36
四瓣崖摩 Amoora tetrapetala	4	1.40	0.74	2.22	4.36
尖叶杜英 Elaeocarpus rugosus	4	1.40	0.59	2.22	4.21
小叶藤黄 Garcinia cowa	3	1.05	0.62	2.22	3.89
景洪暗罗 Polyalthia cheliensis	3	1.05	1.22	1.48	3.75
泡花树 Meliosma rigida	1	0.35	2.40	0.74	3.49
华溪桫 Chisocheton cumingianus subsp. balansae	3	1.05	0.14	2.22	3.41
红果樫木 Dysoxylum gotadhora	3	1.05	0.20	1.48	2.73
柴桂 Cinnamomum tamala	2	0.70	0.35	1.48	2.53
毛麻楝 Chukrasia tabularis var. velutina	1	0.35	1.32	0.74	2.41
大叶刺篱木 Flacourtia rukam	2	0.70	0.53	1.48	2.71
长叶棋子豆 Archidendron alternifoliolatum	2	0.70	0.05	1.48	2.23
披针叶楠 Phoebe lanceolata	2	0.70	0.04	1.48	2.22
琼楠 Beilschmiedia percoriacea	1	0.35	1.13	0.74	2.22
新乌檀 Neonauclea griffithii	2	0.70	0.55	0.74	1.99
窄叶半枫荷 Pterospermum lanceifolium	1	0.35	0.74	0.74	1.83
微毛布荆 Vitex quinata var. puberula	1	0.35	0.44	0.74	1.53
缅漆 Semecarpus reticulatus	2	0.70	0.07	0.74	1.51

续表

种名 Species	株数 Indiv.	相对多度 RA	相对显著度 RD	相对频度 RF	重要值 IVI
琴叶风吹楠 Horsfieldia pandurifolia	1	0.35	0.36	0.74	1.45
皮孔樫木 Dysoxylum lenticellatum	1	0.35	0.33	0.74	1.42
云南崖摩 Ammora yunnanensis	1	0.35	0.30	0.74	1.39
不知名一种 Unknown	1	0.35	0.27	0.74	1.36
大果山香圆 Turpilia pomifera	1	0.35	0.24	0.74	1.33
云南厚壳桂 Cryptocarya yunnanensis	1	0.35	0.21	0.74	1.30
大果榕 Ficus auriculata	1	0.35	0.16	0.74	1.25
大叶藤黄 Garcinia xanthochymus	1	0.35	0.14	0.74	1.23
海南蒲桃 Syzygium hainanense	1	0.35	0.12	0.74	1.21
云南银柴 Aporosa yunnanensis	1	0.35	0.08	0.74	1.17
土蜜树 Bridelia tomentosa	1	0.35	0.07	0.74	1.16
滇印杜英 Elaeocarpus varunua	1	0.35	0.05	0.74	1.14
油榄仁 Terminalia bellirica	1	0.35	0.03	0.74	1.12
阔叶肖榄 Platea latifolia	1	0.35	0.03	0.74	1.12
毛叶藤春 Alphonsea mollis	1	0.35	0.03	0.74	1.12
印度栲 Castanopsis indica	1	0.35	0.02	0.74	1.11
合计（59 种）Total（59 species）	285	100	100	100	300

2.7b 幼树-灌木层种类
2.7b Species in the sapling-shrub layer

样地面积 Sampling area：5（5m×5m）

种名 Species	株数 Indiv.	频度 Freq.
幼树 Sapling		
假海桐 Pittosporopsis kerrii	15	100
箭毒木 Antiaris toxicaria	26	80
锥叶榕 Ficus subulata	63	60
窄叶半枫荷 Pterospermum lanceifolium	3	60
海南蒲桃 Syzygium hainanense	3	60
窄序崖豆藤 Millettia leptobotrya	4	60
山木患 Harpullia cupanioides	3	60
尖叶茜树 Randia acuminatissima	3	60
大花哥纳香 Goniothalamus calvicarpus	6	60
番龙眼 Pometia pinnata	2	40
梭果玉蕊 Barringtonia macrostachya	6	40

续表

种名 Species	株数 Indiv.	频度 Freq.
小叶藤黄 *Garcinia cowa*	4	40
黑木姜子 *Litsea atrata*	2	40
宽序崖豆树 *Millettia eurybotrya*	2	40
木奶果 *Baccaurea ramiflora*	2	40
密花树 *Myrsine seguinii*	4	40
大叶木兰 *Magnolia henryi*	1	20
鱼尾葵 *Caryota ochlandra*	1	20
红果樫木 *Dysoxylum gotadhora*	2	20
琼楠 *Beitschmiedia intermedia*	1	20
罗伞 *Brassaiopsis glomerulata*	3	20
山地五月茶 *Antidesma montana*	1	20
大叶刺篱木 *Flacourtia rukam*	1	20
小叶红光树 *Knema globularia*	1	20
黑皮柿 *Diospyros nigrocortex*	1	20
滇南溪桫 *Chisocheton siamensis*	2	20
香港樫木 *Dysoxylum hongkongense*	1	20
齿叶猫尾木 *Dolichandrone stipulata* var. *velutina*	1	20
青藤公 *Ficus langkokensis*	1	20
银钩花 *Mitrephora tomentosa*	1	20
毛荔枝 *Nephelium lappaceum* var. *pallens*	1	20
海红豆 *Adenanthera microsperma*	1	20
藤春 *Alphonsea monogyna*	1	20
毛叶藤春 *Alphonsea mollis*	1	20
红光树 *Knema furfuracea*	1	20
灌木 Shrub		
睫毛粗叶木 *Lasianthus hookeri* var. *dunniana*	7	60
滇南九节 *Psychotria henryi*	2	40
露兜 *Pandanus tectorius*	2	40
斜基粗叶木 *Lasianthus attenuatus*	1	20
长柱山丹 *Duperrea pavettifolia*	1	20
单羽火筒树 *Leea asiatica*	1	20
香港大沙叶 *Pavetta hongkongensis*	1	20

2.7c 草本植物

2.7c Herbaceous plants

样地面积 Sampling area：5（5m×5m）

种名 Species	多优度 Dominance*	频度 Freq.
柊叶 Phrynium rheedei	2	100
轴脉蕨 Ctenitopsis sagenioides	1	80
云南山壳骨 Pseuderanthemum crenulatum	1	60
长叶实蕨 Bolbitis heteroclita	1	60
牙蕨 Pteridrys australis	+	60
紫轴叉蕨 Tectaria simonsii.	+	60
莲座蕨 Angiopteris fokiensis	1	60
半边铁角蕨 Asplenium unilaterale	+	40
截裂毛蕨 Cyclosorus truncatus	+	40
黄腺羽蕨 Pleocnemia winitii	1	40
伞花杜若 Pollia subumbellata	+	20
假蒟 Piper sarmentosum	+	20
大叶仙茅 Curculigo capitulata	+	20
多序楼梯草 Elatostema macintyrei	+	20
黑顶卷柏 Selaginella picta	+	20
下延三叉蕨 Tectaria decurrens	+	20
毛柄短肠蕨 Diplazium dilatatum	+	20
赤车 Pellionia radicans	+	20
球花马兰 Strobilanthes pentstemonoides	+	20
越南万年青 Aglaonema pierreanum	+	20
腺脉蒟 Piper bavinum	+	20
穿鞘花 Amischotolype hispida	+	20
葡萄球子草 Peliosanthes sinica	+	20

* 多优度（Dominance）：同表 2.6c（Same as table 2.6c）

2.7d 藤本植物

2.7d Liana plants

种名 Species	德氏多度 Drude abundance	种名 Species	德氏多度 Drude abundance
火绳藤 Fissistigma poilanei	un	大叶藤 Tinomiscium petiolare	sol
美叶枣 Ziziphus apetala	un	柳叶五层龙 Salacia cochinchinensis	sp

续表

种名 Species	德氏多度 Drude abundance	种名 Species	德氏多度 Drude abundance
刺果藤 *Byttneria grandifolia*	sol	翼核果 *Ventilago leiocarpa*	sol
云南牛栓藤 *Connarus yunnanensis*	sol	多籽五层龙 *Salacia polysperma*	un
大果油麻藤 *Mucuna macrocarpa*	un	羽叶金合欢 *Acacia pennata*	sol
青藤 *Menispermum acutum*	un	十字崖爬藤 *Tetrastigma cruciatum*	sol
密花豆 *Spatholobus suberectus*	un	小花藤 *Ichnocarpus polyanthus*	sol
藤槐 *Bowringia callicarpa*	un	银背藤 *Argyreia obtusifolia*	sol
弯刺山黄皮 *Oxyceros bispinosus*	sp	藤豆腐柴 *Premna scandens*	un

2.7e　附生植物

2.7e　Epiphyte plants

种名 Species	多度 Abundance	频度 Freq.
沙皮蕨 *Hemigramma decurrens*	sp	80
大叶崖角藤 *Rhaphidophora megaphylla*	sp	60
锥叶榕 *Ficus subulata*	cop1	100
石柑子 *Pothos chinensis*	sol	40
黄花胡椒 *Piper flaviflorum*	sol	20
巢蕨 *Neottopteris nidus*	sp	60

幼树-灌木层以幼树为主，灌木种类有睫毛粗叶木、滇南九节、斜基粗叶木、露兜。草本层以柊叶多度最大，其他频度较大的种类有轴脉蕨、云南山壳骨、长叶实蕨等。

藤本植物以弯刺山黄皮、柳叶五层龙为多见；附生植物以锥叶榕、沙皮蕨、大叶崖角藤和巢蕨多见。

（3）番龙眼+油朴林

该群系分布于最为湿润的石灰岩沟谷底部或山坡脚。群落高 35～40m，以番龙眼为优势，油朴、轮叶戟、藤春在不同地段上均能成为亚优势种或共同亚优势种（表 2.8）。该群系的群落外貌和垂直结构特征与非石灰岩山的以番龙眼为优势的季节性雨林基本相同。在区系成分上，二者除有少数各自的特有成分外，绝大多数种类相同。石灰岩山的季节性雨林由于露头石灰岩在地表占有一定面，树木的密度较小，林内显得较为空旷。该群落林下幼树-灌木层、草本层和层间植物（藤本植物和附生植物）以样方 HW9203 为例来说明。

表 2.8 番龙眼+油朴林综合样地表
Table 2.8 Synthetic plot table of *Pometia pinnata*+*Celtis philippensis* forest
2.8a 乔木层重要值
2.8a Tree layers with important value index of species

样方 Plot	HW9203	HW9202
地点 Location	勐醒 Mengxing	勐醒 Mengxing
海拔 Altitude（m）	700	740
样地面积 Sampling area	5（10m×50m）	5（10m×50m）
坡向 Slope aspect	NE	NE
坡度 Slope degree（°）	25	10
群落高度 Height of forest community（m）	35	30
总盖度 Coverage of tree layers（%）	＞95	95
种数 No. of species ＞5cm DBH	23	19
株数 No. of individual	118	164

种名 Species	HW9203 重要值 IVI	HW9202 重要值 IVI	平均重要值 Average IVI*
油朴 *Celtis philippensis*	41.3	56.1	48.7
轮叶戟 *Lasiococca comberi* var. *pseudoverticillata*	45.1	39.8	42.6
长棒柄花 *Cleidion spiciflorum*	18.7	40.2	29.4
缅桐 *Sumbaviopsis albicans*	24.7	30.7	27.7
番龙眼 *Pometia pinnata*	11.8	18.5	15.1
高山榕 *Ficus altissima*	27.2	—	13.6
滇南新乌檀 *Neonauclea tsaiana*	12.5	12.2	12.4
董棕 *Caryota urens*	14.3	11.4	12.8
四瓣崖摩 *Amoora tetrapetala*	6.9	15.6	11.3
网脉核果木 *Drypetes perreticulata*	12.7	8.2	10.4
山蕉 *Mitrephora maingayi*	8.8	10.2	9.5
四数木 *Tetrameles nudiflora*	—	117.7	8.8
油榄仁 *Terminalia bellirica*	13.7	—	6.9
大叶藤黄 *Garcinia xanthochymus*	3.0	9.0	6.0
云南银钩花 *Mitrephora wangii*	9.9	—	4.9
八宝树 *Duabanga grandiflora*	8.7	—	4.3
藤春 *Alphonsea monogyna*	8.2	+	4.1
麻楝 *Chukrasia tabularis*	7.6	—	3.8
海南樫木 *Dysoxylum mollissimum*	+	7.7	3.8

续表

种名 Species	HW9203 重要值 IVI	HW9202 重要值 IVI	平均重要值 Average IVI*
岭罗麦 *Tarennoidea wallichii*	5.9	+	2.9
窄叶半枫荷 *Pterospermum lanceifolium*	5.4	—	2.7
假鹊肾树 *Streblus indicus*	+	5.6	2.8
垂叶榕 *Ficus benjamina*	+	5.3	2.6
奶桑 *Morus macroura*	4.0	—	2.0
大叶水榕 *Ficus glaberrima*	3.2	—	1.6
皮孔樫木 *Dysoxylum lenticellatum*	3.2	—	1.6
锈毛山小橘 *Glycosmis esquirolii*	—	3.0	1.5
歪叶榕 *Ficus cyrtophylla*	—	3.0	1.5
黑毛柿 *Diospyros hasseltii*	—	3.0	1.5
大叶风吹楠 *Horsfieldia kingii*	+	2.9	1.5
全缘火麻树 *Dendrocnide sinuata*	2.9	—	1.4
总计（31 种）Total（31 species）	300	300	300

注（Note）：+，样地内有幼树 Saplings present in the plot；—，样地内无幼树 Saplings not present in the plot

* 平均重要值=2 个样方重要值之和/2（Average IVI=sum of IVI from two plots/2）

2.8b 幼树-灌木层种类
2.8b Species in the sapling-shrub layer

样方 Plot：HW9201　　样地面积 Sampling area：5（3m×3m）

种名 Species	株数 Indiv.	频度 Freq.	生长型 Growth form*
潺槁木姜子 *Litsea glutinosa*	5	100	T
常绿榆 *Ulmus lanceifolia*	6	80	T
粗糠柴 *Mallotus philippensis*	5	80	T
毛叶异木患 *Allophylus hirsutus*	4	80	S
鸡骨香 *Croton crassifolius*	4	80	T
多小叶九里香 *Murraya koenigii*	6	60	S
美飞蛾藤 *Porana spectabilis*	3	60	L
一担柴 *Colona floribunda*	3	60	T
红雾水葛 *Pouzolzia sanguine*	5	40	H
下果藤 *Gouania leptostachya*	3	40	L
清香木 *Pistacia weinmannifolia*	3	40	T
南蛇藤 *Celastrus paniculatus*	2	40	L

续表

种名 Species	株数 Indiv.	频度 Freq.	生长型 Growth form*
毛车藤 *Amalocalyx yunnanensis*	2	40	L
粘毛黄花稔 *Sida mysorensis*	2	40	S
浆果楝 *Cipadessa baccifera*	2	40	T
禾串树 *Bridelia balansae*	2	40	T
楹树 *Albizia chinensis*	2	40	T
小林乌口树 *Tarenna sylvistris*	2	40	T
羽萼 *Colebrookea oppositifolia*	2	20	S
大鱼藤树 *Derris robusta*	2	20	T
羽叶金合欢 *Acacia pennata*	1	20	L
搭朋藤 *Porana discitera*	1	20	L
扁担藤 *Tetrastigma planicaule*	1	20	L
野独活 *Miliusa balansae*	1	20	S
云南琼楠 *Beilschmiediie yunnanensis*	1	20	T
齿叶猫尾木 *Dolichandrone stipulata* var. *velutina*	1	20	T
古钩藤 *Cryptolepis buchananii*	1	20	L
朴树 *Celtis bodinieri*	1	20	T
尖叶火筒 *Leea guineensis*	1	20	S
云南柿 *Diospyros yunnanensis*	1	20	T
胭木 *Wrightia tomontosa*	1	20	T
竹叶椒 *Zanthoxylum planispium*	1	20	T

* T=乔木（Tree）；S=灌木（Shrub）；L=藤本植物（Liana plants）；H=草本植物（Herb）。下同 Same as below

2.8c 草本层种类

2.8c Species in the herbaceous layer

样方 Plot: HW9201 样地面积 Sampling area: 5（3m×3m）

种名 Species	德氏多度 Drude abundance	频度 Freq.	生长型 Growth form
孩儿草 *Rungia pectinata*	cop1	100	H
飞机草 *Eupatorium odoratum*	sp	100	H
中国蕨 *Doryopteris ludens*	sp	60	H
荩草 *Arthraxon lanceolatus*	sol	100	H
大籽骨筋草 *Ajuga macrosperma*	sol	60	H
锈毛羊蹄甲 *Bauhinia carcinophylla*	un	20	L

续表

种名 Species	德氏多度 Drude abundance	频度 Freq.	生长型 Growth form
单叶拿身草 *Desmodium falcate*	un	20	H
滇南叶下珠 *Phyllanthus sootepensis*	un	20	S

2.8d　藤本植物

2.8d　Liana plants

样方 Plot：HW9201　　样地面积 Sampling area：30m×30m

种名 Species	德氏多度 Drude abundance	种名	Species	德氏多度 Drude abundance
毛车藤 *Amalocalyx yunnanensis*	cop1	尖叶薯芋	*Seioscorea niteus*	un
羽叶金合欢 *Acacia pennata*	sp	搭朋藤	*Porana discitera*	un
美飞蛾藤 *Porana spectabilis*	sp	囊萼羊蹄甲	*Bauhinia genuglexa*	un
锈毛羊蹄甲 *Bauhinia carcinophylla*	sp	古钩藤	*Cryptolepis buchananii*	un
南蛇藤 *Celastrus paniculatus*	sp	蒙自崖爬藤	*Tetrastigma henryi*	un
下果藤 *Gouania leptostachya*	sp	柳叶海金沙	*Lygodium salicifolium*	un
鸡矢藤 *Paederia scandens*	un			

2.8e　附生植物

2.8e　Epiphyte plants

样方 Plot：HW9201　　样地面积 Sampling area：30m×30m

种名 Species	德氏多度 Drude abundance
密花石斛 *Dendrobium donsiflorum*	sp
卵叶贝母兰 *Coelogyne ovalis*	sp
圆柱石仙桃 *Pholidota chinensis* var. *cylindracea*	sol
密花石豆兰 *Bulbophyllum odoratissimum*	sol
钗子股 *Luisia filiformis*	sol
钝叶榕 *Ficus curtipes*	sol
锥叶榕 *Ficus subulata*	sol

（4）大果人面子+番龙眼林

大果人面子+番龙眼林主要分布在西双版纳国家级自然保护区尚勇子保护区。该群落的物种组成情况引自李宏伟等（1999）。

群落高度 35～45m。乔木上层盖度 30%～35%，以大果人面子和番龙眼为优势种，其次还有缅漆、橄榄等。乔木中层盖度 35%～40%，以蓝树和少花琼楠为优势种，其次还有红果樫木和越南割舌树等。乔木下层盖度 40%～45%，以木奶果和版纳柿为优势种，其次还有紫麻和歪叶榕等（表2.9）。

表 2.9　大果人面子+番龙眼林树种重要值（李宏伟等，1999）

Table 2.9　The important value index of tree species in *Dracontomelon macrocarpum*+*Pometia pinnata* forest

样方 Plot	尚勇 01 Shangyong 01	尚勇 05 Shangyong 05	尚勇 01+尚勇 05 Shangyong 01+Shangyong 05
地点 Location	龙门 Longmen	龙门 Longmen	
样地面积 Sampling area	30m×50m	30m×50m	
坡向 Slope aspect	西南 SW	东北 NE	
坡度 Slope degree（°）	35	25	
海拔 Altitude（m）	1080	990	

种名 Species	尚勇 01 Shangyong 01 重要值 IVI	尚勇 05 Shangyong 05 重要值 IVI	平均重要值 Average IVI
大果人面子 *Dracontomelon macrocarpum*	30.21	44.20	37.20
番龙眼 *Pometia pinnata*	25.31	43.71	34.51
木奶果 *Baccaurea ramiflora*	19.82	16.97	18.40
版纳柿 *Diospyros xishuangbannaensis*	19.53	9.12	14.33
蓝树 *Wrightia laevis*	2.14	24.95	13.55
少花琼楠 *Beilschmiedia pauciflora*	9.11	12.98	11.05
紫麻 *Oreocnide frutescens*	5.94	12.13	9.03
缅漆 *Semecarpus reticulatus*	17.27	0.00	8.64
橄榄 *Canarium album*	2.31	10.39	6.35
歪叶榕 *Ficus cyrtophylla*	0.00	12.38	6.19
红果樫木 *Dysoxylum gotadhora*	2.91	9.01	5.96
长棒柄花 *Cleidion spiciflorum*	11.73	0.00	5.86
越南割舌树 *Walsura pinnata*	2.01	9.71	5.86
普文楠 *Phoebe puwenensis*	10.07	0.00	5.03
野荔枝 *Litchi chinensis*	9.65	0.00	4.82
银钩花 *Mitrephora tomentosa*	0.00	9.30	4.65
山地五月茶 *Antidesma montanum*	8.75	0.00	4.37
假广子 *Knema elegans*	4.30	4.44	4.37
叶轮木 *Ostodes paniculata*	2.25	6.58	4.22
披针叶楠 *Phoebe lanceolata*	4.05	3.08	3.57
小叶藤黄 *Garcinia cowa*	6.81	0.00	3.41

续表

种名 Species	尚勇 01 Shangyong 01 重要值 IVI	尚勇 05 Shangyong 05 重要值 IVI	平均重要值 Average IVI
豆叶九里香 *Murraya euchrestifolia*	6.27	0.00	3.13
多花白头树 *Garuga floribunda* var. *gamblei*	6.23	0.00	3.12
褐叶柄果木 *Mischocarpus pentapetalus*	0.00	6.24	3.12
剑叶木姜子 *Litsea lancifolia*	0.00	6.21	3.11
金钩花 *Pseuduvaria indochinensis*	0.00	6.18	3.09
狭叶一担柴 *Colona thorelii*	2.57	3.36	2.97
山木患 *Harpullia cupanioides*	4.56	0.00	2.88
长柄油丹 *Alseodaphne petiolaris*	5.58	0.00	2.79
奶桑 *Morus macroura*	5.54	0.00	2.77
泰国黄叶树 *Xanthophyllum flavescens*	5.21	0.00	2.61
丛花厚壳桂 *Cryptocarya densiflora*	0.00	4.66	2.33
思茅木姜子 *Litsea szemaois*	0.00	4.47	2.44
高檐蒲桃 *Syzygium oblatum*	0.00	4.33	2.17
毒鼠子 *Dichapetalum gelonioides*	4.25	0.00	2.13
碧绿米仔兰 *Aglaia perviridis*	4.21	0.00	2.11
黄棉木 *Metadina trichotoma*	4.18	0.00	2.09
其他 27 种（Others 27 species）（IVI＜2）			

幼树-灌木层盖度 30%～35%，以番龙眼幼树占优势，虎克粗叶木、细腺萼木为灌木优势种。草本层盖度 25%～30%，频度最大的是马蓝、薄叶卷柏和柊叶，个体数量多的是柊叶、穿鞘花、马蓝等。

藤本植物丰富，常见的有阔叶风车藤、翅果藤、见血飞、十字崖爬藤、扁担藤和香港鹰爪花等。附生植物常见的有爬树龙、螳螂跌打和鸟巢蕨等，以兰科和天南星科喜湿种类为主。

（5）浆果乌桕+龙果林

该群系主要分布在西双版纳大勐龙地区海拔 1000m 以下的潮湿沟谷、山坡下部。

在物种组成上，乔木上层的主要树种为浆果乌桕、番龙眼、长柄油丹、龙果、沧源木姜子、云南樟、山蕉、琴叶风吹楠、高山榕、云南沉香等；乔木中层以越南割舌树为优势种，其他较多的还有火烧花、云南厚壳桂、木奶果等；乔木下层优势种有滇茜树、披针叶楠、假海桐等（表 2.10）。

表 2.10　浆果乌桕+龙果林树种重要值

Table 2.10　The important value index of tree species in *Sapium baccatum+Pouteria grandifolia* forest

样方 Plot	2008-1	2008-2	2008-10	2008-14	2008-17
地点 Location	陆拉村 Lula	陆拉村 Lula	陆拉村 Lula	陆拉村 Lula	苏儿新寨 Suerxin
样地面积 Sampling area（m²）	500	500	500	500	500
坡向 Slope aspect	NE	NE	E	SW	NE
坡度 Slope degree（°）	10	40	30	35	30
海拔 Altitude（m）	980	955	1010	1000	1100

种名 Species	相对显著度 RD	相对多度 RA	相对频度 RF	重要值 IVI
浆果乌桕 *Sapium baccatum*	24.58	2.88	2.72	30.18
越南割舌树 *Walsura pinnata*	5.99	12.83	2.72	21.54
龙果 *Pouteria grandifolia*	14.48	3.98	2.72	21.18
木奶果 *Baccaurea ramiflora*	1.58	8.19	2.04	11.81
番龙眼 *Pometia pinnata*	8.03	0.89	0.68	9.60
毛荔枝 *Nephelium lappaceum* var. *pallens*	2.74	2.88	2.72	8.34
滇茜树 *Aidia yunnanensis*	0.57	5.31	2.04	7.92
毒鼠子 *Dichapetalum gelonioides*	0.37	3.76	3.40	7.53
云南樟 *Cinnamomum glanduliferum*	3.39	2.65	0.68	6.73
火烧花 *Mayodendron igneum*	2.42	2.88	1.36	6.66
披针叶楠 *Phoebe lanceolata*	0.27	2.65	3.40	6.33
波缘大参 *Macropanax undulatus*	0.68	2.88	2.04	5.59
小叶藤黄 *Garcinia cowa*	1.39	1.55	2.04	4.98
长柄油丹 *Alseodaphne petiolaris*	3.61	0.44	0.68	4.73
奶桑 *Morus macroura*	1.23	1.33	2.04	4.60
歪叶榕 *Ficus cyrtophylla*	0.61	3.10	0.68	4.39
泰国黄叶树 *Xanthophyllum flavescens*	1.28	0.89	2.04	4.21
腺叶桂樱 *Laurocerasus phaeosticta*	0.36	2.43	1.36	4.15
亮叶波罗蜜 *Artocarpus nitidus* subsp. *griffithii*	0.75	1.99	1.36	4.10
鸭胆子 *Brucea javanica*	1.49	1.77	0.68	3.94
假海桐 *Pittosporopsis kerrii*	0.28	2.21	1.36	3.85

续表

种名 Species	相对显著度 RD	相对多度 RA	相对频度 RF	重要值 IVI
红紫麻 *Oreocnide rubescens*	0.34	1.99	1.36	3.69
高山榕 *Ficus altissima*	2.64	0.22	0.68	3.54
褐叶柄果木 *Mischocarpus pentapetalus*	0.48	0.89	2.04	3.41
大果楠 *Phoebe macrocarpa*	1.33	1.11	0.68	3.12
山油柑 *Acronychia pedunculata*	0.61	1.11	1.36	3.08
云南叶轮木 *Ostodes katharinae*	0.58	1.11	1.36	3.04
沧源木姜子 *Litsea cangyuanensis*	1.68	0.66	0.68	3.02
山蕉 *Mitrephora maingayi*	1.31	0.89	0.68	2.88
滇南杜英 *Elaeocarpus austroyunnanensis*	0.96	0.44	1.36	2.76
林生杧果 *Mangifera sylvatica*	0.95	0.44	1.36	2.76
普文楠 *Phoebe puwenensis*	0.41	0.89	1.36	2.66
光巴豆 *Croton* sp.	0.84	0.44	1.36	2.65
滨木患 *Arytera littoralis*	0.61	0.66	1.36	2.63
柴龙树 *Apodytes dimidiata*	0.60	0.66	1.36	2.62
耳叶柯 *Lithocarpus grandifolius*	0.76	0.44	1.36	2.56
大果臀果木 *Pygeum macrocarpum*	0.75	0.44	1.36	2.56
云南厚壳桂 *Cryptocarya yunnanensis*	0.64	1.11	0.68	2.43
普洱茶 *Camellia sinensis* var. *assamica*	0.06	0.89	1.36	2.30
蓝树 *Wrightia laevis*	0.15	0.66	1.36	2.18
印度锥 *Castanopsis indica*	0.80	0.66	0.68	2.15
橄榄 *Canarium album*	0.11	0.66	1.36	2.14
阔叶蒲桃 *Syzygium megacarpum*	0.14	0.44	1.36	1.95
绒毛肉实树 *Sarcosperma kachinense*	0.14	0.44	1.36	1.94
腺叶暗罗 *Polyalthia simiarum*	0.14	0.44	1.36	1.94
猪肚木 *Canthium horridum*	0.15	1.11	0.68	1.94
山地五月茶 *Antidesma montanum*	0.07	0.44	1.36	1.88
光滑黄皮 *Clausena lenis*	0.06	1.11	0.68	1.84
鸡嗉子榕 *Ficus semicordata*	0.03	0.44	1.36	1.83
青藤公 *Ficus langkokensis*	0.68	0.44	0.68	1.80
大叶鱼骨木 *Canthium simile*	0.83	0.22	0.68	1.73
云南风吹楠 *Horsfieldia prainii*	0.35	0.66	0.68	1.69

续表

种名 Species	相对显著度 RD	相对多度 RA	相对频度 RF	重要值 IVI
缅漆 *Semecarpus reticulatus*	0.61	0.22	0.68	1.51
稠琼楠 *Beilschmiedia roxburghiana*	0.08	0.66	0.68	1.42
杂色榕 *Ficus variegata*	0.44	0.22	0.68	1.34
藤黄一种 *Garcinia* sp.	0.41	0.22	0.68	1.31
云南沉香 *Aquilaria yunnanensis*	0.18	0.44	0.68	1.30
云南蒲桃 *Syzygium yunnanense*	0.17	0.44	0.68	1.30
野波罗蜜 *Artocarpus lakoocha*	0.38	0.22	0.68	1.29
短棒蒲桃 *Syzygium baviense*	0.37	0.22	0.68	1.27
西南木荷 *Schima wallichii*	0.35	0.22	0.68	1.25
云南银柴 *Aporosa yunnanensis*	0.11	0.44	0.68	1.23
齿叶枇杷 *Eriobotrya serrata*	0.31	0.22	0.68	1.21
剑叶木姜子 *Litsea lancifolia*	0.08	0.44	0.68	1.21
滇糙叶树 *Aphananthe cuspidata*	0.08	0.44	0.68	1.20
刺通草 *Trevesia palmata*	0.04	0.44	0.68	1.16
毛叶油丹 *Alseodaphne andersonii*	0.02	0.44	0.68	1.14
多花白头树 *Garuga floribunda* var. *gamblei*	0.21	0.22	0.68	1.12
大叶风吹楠 *Horsfieldia kingii*	0.13	0.22	0.68	1.03
其他 21 种（Others 21 species）（IVI＜1）	0.74	4.65	14.29	19.67
总计（90 种）Total（90 species）	100	100	100	300

幼树-灌木层高度在 5m 以下，盖度 30%～40%，常见的有香港大沙叶、长柱山丹、线柱苣苔、帚序苎麻等；幼树幼苗以越南割舌树最多，其次为山蕉、毒鼠子、绒毛肉实树、番龙眼和滨木患等。

草本植物以蕨类植物占优势，主要种类为伏石蕨、毛柄短肠蕨、深绿卷柏，其他种类有异叶楼梯草、间型沿阶草、柊叶等。

层间藤本植物中的大型木质藤本有美丽密花豆、猪腰豆、大果油麻藤和扁担藤，中型及中小型藤本种类有斑果藤、火绳藤、海南崖豆藤、藤榕、多籽五层龙和十字崖爬藤等。①

---

① 该群系未整理列出幼树-灌木层、草本层、藤本植物和附生植物样方表，上述这些幼树、灌木、草本、藤本等植物在该样地中存在，但没有列表表示。在群落学研究上，通常只列出乔木表，故许多群系在文献和历史资料中仅有乔木表和对乔木层树种的描述。本书中的一些群系，没整理出幼树-灌木层、草本层、藤本和附生植物样方表，但都有记录资料，因除乔木表外，这些物种也是群落物种组成的一部分，本书仍尽可能列举出来。本书中多个群系即为这种情况。

（6）多花白头树+番龙眼林

该群系主要分布在普洱菜阳河自然保护区海拔 1200m 以下的潮湿沟谷底部。群落高达 35 多米，乔木有三个树层，层间木质藤本植物和附生植物丰富，上层乔木具有巨大的板根，成为散生巨树，雨林特征十分明显（图 2.2）。上层乔木高 25~35m，树冠盖度约 50%，以多花白头树和番龙眼为优势种，其中的多花白头树为落叶大乔木；其他伴生种有八宝树、千果榄仁、天料木、缅漆、浆果乌柏等。乔木中层高 10~25m，盖度 50%，由常绿树种组成，优势种为藤春，伴生有小叶藤黄、钝叶桂、山蕉、大叶风吹楠等。乔木下层高 3~10m，盖度也达 50%，以长棒柄花为优势种，常见种有木奶果、叶轮木、普文楠、思茅蒲桃、大叶刺篱木、粗毛水东哥、大叶木兰、长梗三宝木、山小橘、思茅黄肉楠、假海桐等（表 2.11）。

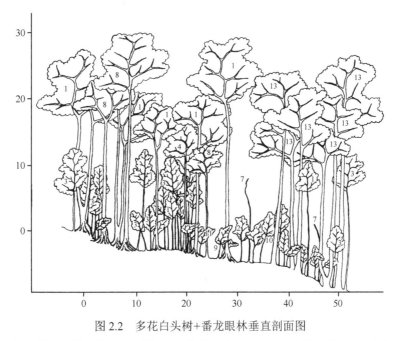

图 2.2　多花白头树+番龙眼林垂直剖面图

Fig. 2.2　The profile diagram of *Garuga floribunda* var. *gamblei*+*Pometia pinnata* forest

1. 番龙眼 *Pometia pinnata*；2. 长棒柄花 *Cleidion spiciflorum*；3. 藤春 *Alphonsea monogyna*；4. 钝叶桂 *Cinnamomum bejolghota*；5. 普文楠 *Phoebe puwenensis*；6. 大果杜英 *Elaeocarpus sikkimensis*；7. 死树 Dead tree；8. 多花白头树 *Garuga floribunda* var. *gamblei*；9. 粗毛水东哥 *Saurauia macrotricha*；10. 木奶果 *Baccaurea ramiflora*；11. 大参 *Macropanax dispermus*；12. 大叶刺篱木 *Flacourtia rukam*；13. 八宝树 *Duabanga grandiflora*；14. 披针叶楠 *Phoebe lanceolata*；纵坐标为高度（m），横坐标为样线长度（m）Ordinate: Height (m),Abscissa: Length of sampling line (m)

表 2.11 多花白头树+番龙眼林综合样地表
Table 2.11 Synthetic plot table of *Garuga floribunda* var. *gamblei*+*Pometia pinnata* forest

2.11a 乔木层重要值

2.11a Tree layers with important value index of species

地点 Location：思茅菜阳河 Caiyanghe, Simao　　海拔 Altitude: 1200m　　　　坡向 Slope

样地面积 Sampling area: 25m×100m　　　　　坡度 Slope degree: 25°　　　　aspect: SW

群落高度 Height of forest community: 40m　　总盖度 Coverage of tree layers: ＞95%　　样方 Plot: 99-3-1

种名 Species	相对多度 RA	相对显著度 RD	相对频度 RF	重要值 IVI
番龙眼 *Pometia pinnata*	12.34	28.096	8.47	48.91
藤春 *Alphonsea monogyna*	27.27	5.519	8.47	41.27
八宝树 *Duabanga grandiflora*	5.19	22.468	3.39	31.05
长棒柄花 *Cleidion spiciflorum*	18.83	2.051	8.47	29.36
多花白头树 *Garuga floribunda* var. *gamblei*	3.25	13.524	6.78	23.55
千果榄仁 *Terminalia myriocarpa*	0.65	14.815	1.69	17.16
天料木 *Homalium laoticum*	3.90	6.340	6.78	17.02
小叶藤黄 *Garcinia cowa*	3.25	1.093	5.08	9.42
叶轮木 *Ostodes paniculata*	3.25	0.430	5.08	8.76
普文楠 *Phoebe puwenensis*	3.25	0.384	5.08	8.72
钝叶桂 *Cinnamomum bejolghota*	2.60	1.054	3.39	7.04
木奶果 *Baccaurea ramiflora*	1.95	0.243	3.39	5.58
思茅蒲桃 *Syzygium szemaoensis*	1.30	0.476	3.39	5.16
山蕉 *Mitrephora maingayi*	1.30	0.382	3.39	5.07
乌口树 *Randia wallichii*	1.30	0.075	3.39	4.76
大叶刺篱木 *Flacourtia rukam*	1.95	0.968	1.69	4.61
大果杜英 *Elaeocarpus sikkimensis*	0.65	0.820	1.69	3.16
四瓣崖摩 *Amoora tetrapetala*	0.65	0.525	1.69	2.87
大叶风吹楠 *Horsfieldia kingii*	0.65	0.205	1.69	2.55
火烧花 *Mayodendron igneum*	0.65	0.166	1.69	2.51
鱼尾葵 *Caryota monostachys*	0.65	0.115	1.69	2.46
樟叶朴 *Celtis timorensis*	0.65	0.115	1.69	2.46
核果木 *Drypetes indica*	0.65	0.033	1.69	2.38
粗毛水东哥 *Saurauia macrotricha*	0.65	0.025	1.69	2.37
毒鼠子 *Dichapetalum gelonioides*	0.65	0.018	1.69	2.36
华夏蒲桃 *Syzygium cathayense*	0.65	0.018	1.69	2.36

续表

种名 Species	相对多度 RA	相对显著度 RD	相对频度 RF	重要值 IVI
大叶木兰 *Magnolia henryi*	0.65	0.013	1.69	2.36
长梗三宝木 *Trigonostemon thyrsoideus*	0.65	0.013	1.69	2.36
山小橘 *Glycosmis pentaphylla*	0.65	0.013	1.69	2.36
合计（29 种）Total（29 species）	100	100	100	300

2.11b　幼树-灌木层种类
2.11b　Species in the sapling-shrub layer

样地面积 Sampling area: 5（5m×5m）

种名 Species	株数 Indiv.	频度 Freq.	生长型 Growth form*
腺萼木 *Mycetia glandulosa*	10	60	S
长棒柄花 *Cleidion spiciflorum*	7	40	T
藤春 *Alphonsea monogyna*	4	40	T
长梗三宝木 *Trigonostemon thyrsoideus*	3	40	T
多花白头树 *Garuga floribunda* var. *gamblei*	3	20	T
露兜 *Pandanus furcatus*	3	40	S
大叶木兰 *Magnolia henryi*	2	40	T
毛叶假鹰爪 *Desmos dumosus*	2	20	T
木奶果 *Baccaurea ramiflora*	2	40	T
密花火筒 *Leea compactiflora*	2	40	S
山蕉 *Mitrephora maingayi*	2	20	T
假柿木姜子 *Litsea monopetala*	2	40	T
粗糠柴（菲岛桐）*Mallotus philippensis*	1	20	T
缅漆 *Semecarpus reticulatus*	1	20	T
斜叶榕 *Ficus tinctora* subsp. *gibosa*	1	20	T
董棕 *Caryota urens*	1	20	T
大叶刺篱木 *Flacourtia rukam*	1	20	T
鸡皮果 *Clausena dunniana*	1	20	T
风吹楠 *Horsfieldia amygdalina*	1	20	T
石狮子 *Ardisia arborescence*	1	20	S
绒毛肉实树 *Sarcosperma kachinense*	1	20	T
番龙眼 *Pometia pinnata*	1	20	T
毛荔枝 *Nephelium lappaceum* var. *pallens*	1	20	T

续表

种名 Species	株数 Indiv.	频度 Freq.	生长型 Growth form*
思茅木姜子 Litsea szemaois	1	20	T
普文楠 Phoebe puwenensis	1	20	T
山小橘 Glycosmis pentaphylla	1	20	T
梭椤树 Reevesia pubescens	1	20	S
厚皮榕 Ficus collosa	1	20	T
浆果乌桕 Sapium baccatum	1	20	T
歪叶榕 Ficus cyrtophylla	1	20	T
毛杜茎山 Measa permollis	1	20	S
五桠果叶木姜子 Litsea dilleniifolia	1	20	T
秋枫 Bischofia javanica	1	20	T
云南胡桐 Calophyllum polyanthum	1	20	T
山黄皮 Randia wallichii	1	20	T
合计（35 种）Total（35 species）			

* 同表 2.8 Same as table 2.8

2.11c　草本植物

2.11c　Herbaceous plants

样地面积 Sampling area：5（5m×5m）

种名 Species	株数 Indiv.	频度 Freq.
闭鞘姜 Costus speciosus	2	20
海芋 Alocasis odora	1	20
云南山壳骨 Pseuderanthemum crenulatum	2	20
越南万年青 Aglaonema pierreanum	2	20
山姜 Alpinia bracteata	2	20
腺脉蒟 Piper bavinum	2	20
野靛棵 Justicia patentiflora	5	20
柊叶 Phrynium rheedei	5	20
线柱苣苔 Rhynchotechum obovatum	15	40
珠兰 Chloranthus spicatus	2	20
大托楼梯草 Elatostema megacephalum	8	20
腺七 Steudnera colocasiifolia	3	20
小果野芭蕉 Musa acuminata	2	20
多序楼梯草 Elatostema macintyrei	3	20

续表

种名 Species	株数 Indiv.	频度 Freq.
间序沿阶草 Ophiopogon griffithii	2	20
匍茎沿阶草 Ophiopogon sarmentosus	10	20
林生千里光 Senecio densiflorum	2	20
尖果穿鞘花 Amischotolype hookeri	3	20
舞花姜 Globba racemosa	1	20
苎麻 Boehmeria siamensis	1	20
合计（20 种）Total（20 species）		

2.11d 藤本植物和附生植物
2.11d Liana plants and epiphyte plants

样地面积 Sampling area：5（5m×5m）

种名 Species	德氏多度 Drude abundance
藤本植物 Liana plants	
阔叶风车藤 Combretum latifolium	un
藤槐 Bowringia callicarpa	un
醉魂藤 Heterostemma wallichii	un
绞股兰 Gynostemma pentaphyllum	un
十字崖爬藤 Tetrastigma cruciatum	sol
刺果藤 Byttneria grandifolia	sp
锈毛弓果藤 Toxocarpus villosus	sol
附生植物 Epiphyte plants	
黄花胡椒 Piper flaviflorum	sol
狮子尾 Rhaphidophora hongkongensis	sp

幼树-灌木层高 1～3m，覆盖度 30%～40%，主要由乔木的小树、幼树组成，常见的灌木有腺萼木、细腺萼木、密花火筒、露兜、罗伞、毛杜茎山、假卫矛等。草本层高 1m，覆盖度 25%，以柊叶、野靛棵为优势种，常见种有球子草、线柱苣苔、大托楼梯草、小果野芭蕉、多序楼梯草、沿阶草、闭鞘姜、越南万年青、海芋、尖果穿鞘花、孔药花、裂叶秋海棠等及多种蕨类植物。层间藤本植物有翼核果、刺果藤、十字崖爬藤、阔叶风车藤、长节珠、小萼瓜馥木、独子藤、扁蒴藤、薄叶羊蹄甲等。附生植物亦丰富，以鸟巢蕨、皇冠蕨、狮子尾、石柑常见，其他有黄花胡椒、七叶莲等。

由于分布海拔偏高和地理位置偏北，菜阳河的热带季节性雨林具有与西双版纳的热带季节性雨林类似的物种组成和群落结构，无疑是西双版纳季节性雨林向北沿沟谷分布到热带山地或南亚热带区域的类型。菜阳河的热带季节性雨林超越了它通常的分布区域，并且分布在海拔 1200～1300m 的沟谷，显然是局部小气候的原因，这也佐证了云南热带季节雨林的发生和分布主要受局部地形的影响与制约这一结论。

（7）望天树林

望天树林仅分布在勐腊县补蚌村周边 20km² 范围，沿几条河流的支流及沟箐间断分布，海拔在 700～950m，主要是以龙脑香科植物望天树为乔木上层优势种的单优群落，即上层乔木以望天树占绝对优势的群落。该群落是西双版纳季节性雨林中热带性最强、种类组成最复杂、雨林特点最浓厚的群落。该群落高达 60m，最高的望天树实测达 72m，上层乔木有部分落叶树种，中层、下层常绿，结构复杂，木质藤本植物及附生植物极其丰富，林内阴暗潮湿，林下以茜草科植物占绝对优势。

根据我们所调查的 4 个样地，总面积 1.04hm²，将乔木层树种重要值整理于表 2.12。乔木上层以望天树重要值最大。乔木中层以小叶藤黄、下层以木奶果（三丫果）和假海桐占优势。除此之外，其他各层中的绝大多数种类均为混交性质。有的种类在各样方中有较接近的相对多度值，在群落中分布较均匀，存在度大，如小叶藤黄、假海桐、番龙眼、木奶果、钝叶桂、红光树、滇南溪杪、金钩花、碧绿米仔兰、缅漆、黑毛柿等。它们是该群落中较常见的成分。也有些种类分布不均匀，在群落的一些地段上有明显的优势，在另一些地段上完全没有，存在度小，如轮叶戟、澄广花等。总之，该群落是以望天树为单独优势种的单优群落，除望天树外，其他种类基本上是混交性质。

表 2.12　望天树林乔木树种重要值

Table 2.12　The important value index of tree species in *Parashorea chinensis* forest

样地面积 Sampling area: 1.04hm²　　地点 Location：勐腊县补蚌村（Bubeng, Mengla）　　海拔 Altitude: 700～800m	
种名 Species	重要值 IVI
望天树 *Parashorea chinensis*	68.14
小叶藤黄 *Garcinia cowa*	12.25
假海桐 *Pittosporopsis kerrii*	13.12
番龙眼 *Pometia pinnata*	12.17
木奶果 *Baccaurea ramiflora*	9.10
青藤公 *Ficus langkokensis*	6.18
轮叶戟 *Lasiococca comberi* var. *pseudoverticillata*	6.07
勐海柯 *Lithocarpus fohaiensis*	5.57
钝叶桂 *Cinnamomum bejolghota*	5.19

续表

种名 Species	重要值 IVI
毒鼠子 *Dichapetalum gelonioides*	4.70
红光树 *Knema furfuracea*	4.64
印度锥 *Castanopsis indica*	4.17
浆果乌桕 *Sapium baccatum*	3.97
华溪桫 *Chisocheton cumingianus* subsp. *balansae*	3.85
金钩花 *Pseuduvaria indochinensis*	3.76
梭果玉蕊 *Barringtonia macrostachya*	3.47
大叶白颜树 *Gironniera subaequalis*	3.38
碧绿米仔兰 *Aglaia perviridis*	3.36
缅漆 *Semecarpus reticulatus*	3.32
黑毛柿 *Diospyros hasseltii*	3.29
披针叶楠 *Phoebe lanceolata*	3.22
灰岩棒柄花 *Cleidion bracteosum*	3.05
阔叶蒲桃 *Syzygium megacarpum*	3.04
狭叶红光树 *Knema cinerea* var. *glauca*	0.34
火烧花 *Mayodendron igneum*	2.95
多花白头树 *Garuga floribunda* var. *gamblei*	2.93
细毛润楠 *Machilus tenuipilis*	2.79
坚叶樟 *Cinnamomum chartophyllum*	2.62
红椿 *Toona ciliata*	2.44
黄棉木 *Metadina trichotoma*	2.4
勐仑翅子树 *Pterospermum menglunense*	2.37
五桠果叶木姜子 *Litsea dilleniifolia*	2.29
海桐叶柃 *Eurya pittosporifolia*	2.19
版纳柿 *Diospyros xishuangbannaensis*	2.16
新乌檀 *Neonauclea griffithii*	2.11
油榄仁 *Terminalia bellirica*	2.09
紫叶琼楠 *Beilschmiedia purpurascens*	1.92
毛荔枝 *Nephelium lappaceum* var. *pallens*	1.85
山木患 *Harpullia cupanioides*	1.88
红果樫木 *Dysoxylum gotadhora*	1.83
垂叶榕 *Ficus benjamina*	1.78

续表

种名 Species	重要值 IVI
泰国黄叶树 *Xanthophyllum flavescens*	1.71
竹节树 *Carallia brachiata*	1.67
糖胶树 *Alstonia scholaris*	1.63
毛斗青冈 *Cyclobalanopsis chrysocalyx*	1.59
大果臀果木 *Pygeum macrocarpum*	1.59
澄广花 *Orophea hainanensis*	1.61
思茅木姜子 *Litsea szemaois*	1.52
黑皮柿 *Diospyros nigrocortex*	1.43
云南沉香 *Aquilaria yunnanensis*	1.49
野波罗蜜 *Artocarpus lakoocha*	1.47
滇印杜英 *Elaeocarpus varunua*	1.41
狭叶一担柴 *Colona thorelii*	1.37
顶果木 *Acrocarpus fraxinifolius*	1.37
多核鹅掌柴 *Schefflera brevipedicellata*	1.29
云南风吹楠 *Horsfieldia prainii*	1.28
耳叶柯 *Lithocarpus grandifolius*	1.25
网脉核果木 *Drypetes perreticulata*	1.22
大叶藤黄 *Garcinia xanthochymus*	1.20
天蓝谷木 *Memecylon caeruleum*	1.14
细毛樟 *Cinnamomum tenuipile*	1.12
大果榕 *Ficus auriculata*	1.12
水同木 *Ficus fistulosa*	1.08
普文楠 *Phoebe puwenensis*	1.04
滇南木姜子 *Litsea garrettii*	1.19
西南木荷 *Schima wallichii*	1.00
亮叶波罗蜜 *Artocarpus nitidus* subsp. *griffithii*	0.98
越南割舌树 *Walsura pinnata*	0.96
方榄 *Canarium bengalense*	0.94
高山榕 *Ficus altissima*	0.91
尖叶厚壳桂 *Cryptocarya acutifolia*	0.91
单穗鱼尾葵 *Caryota monostachya*	0.93
叶轮木 *Ostodes paniculata*	0.87

续表

种名 Species	重要值 IVI
大果人面子 *Dracontomelon macrocarpum*	0.83
马来溪桫 *Chisocheton cumingianus*	0.83
阔叶肖榄 *Platea latifolia*	0.82
橄榄 *Canarium album*	0.82
缅桐 *Sumbaviopsis albicans*	0.81
其他 47 种（Others 47 species）（IVI ＜ 0.80）	28.14
总计（125 种）Total（125 species）	300

望天树林的幼树-灌木层由大量幼树、藤本幼株和少量灌木个体组成，亦称幼灌层，灌木常长成小树状。在其中 2 个样方内的 125m² 小样方面积内，在样方 1 有 0.5～5m 高的幼树和灌木 68 种 235 株，其中幼树 45 种 164 株，占总种数的 66.2%，占株数的 69.8%；在样方 2 同样取样面积内有幼树和灌木 71 种 312 株，幼树占总种数的 70.4%，占株数的 67.9%。幼灌层无论在种数还是株数上都以幼树占优势，这是热带雨林的特点（朱华，1992）。

望天树林在沟箐底部草本层发达，覆盖度达 80%，在山坡上草本层不发达，覆盖度不到 20%。

望天树林的层间藤本植物十分丰富，在 2500m² 样方内有 40 余种，其中以大型木质藤本占绝对优势，草质藤本稀见于林下或沟边，并以毛果锡叶藤、弯刺山黄皮、长节珠、刺果藤等最为丰富。据不完全统计，维管附生植物（包括半附生植物）在 2500m 样方内有 20 种左右。有些兰科植物生长在林冠层枝丫上，高不可及，难以确定其种类，但附生植物中占最多比例的是兰科植物，其次是天南星科的崖角藤属。多度较大的有巢蕨、狮子尾、爬树龙、毛藤榕等。林内附生植物的多少与空气湿度关系极为密切，在沟箐样方，附生植物不仅种类多，多度和频度也大；在山坡样方，附生植物明显减少。在林下灌木和幼树叶片上，普遍有附生苔藓。很多榕树在幼期为附生植物，成长后则变成绞杀植物。

望天树林下的幼树-灌木层、草本层及藤本、附生植物的详细情况见朱华（1992）。

（8）青梅林

除望天树单优群落外，在西双版纳勐腊县海拔 800～1100m 的几条河流支流陡坡上还分布着以另一种龙脑香科植物广西青梅（版纳青梅）为特征种或标识种的热带雨林，俗称青梅林。青梅林在性质上仍属于热带季节性雨林，但由于分布海拔偏高和生境特殊，表现为一种季节性雨林向山地雨林过渡的类型，同时也是一种热带北缘地区季节性雨林的海拔极限类型。

目前所发现的青梅林分布于南腊河上游支流南沙河和南杭河河谷两岸，与望天树林相邻接而不混交。青梅林分布的地方远离村寨，很少有人为活动，为其自然分布。

在南沙河中段的青梅林为发育较好的成熟林段。群落高约45m，乔木层分为三层。第一层（上层）高30～45m，由散生的广西青梅巨树和其他大乔木树种构成，树冠球形或伞形，彼此不连接而使林冠参差不齐，覆盖度40%～60%。第二层（中层）高18～30m，由混交的多种乔木构成，树冠多椭圆形，树木密度较第一层大，树冠近连续，覆盖度50%～70%。第三层（下层）高5～20m，由上、中层乔木幼树和小乔木组成，树冠多锥形，不连接，覆盖度40%～50%。上层乔木除极少数有明显换叶期的半落叶树种外，基本上是常绿树种，中层和下层乔木则全部为常绿树种。广西青梅林具有基本的热带季节性雨林的结构特征，尽管有争议，但仍应划归为热带季节性雨林（表2.13）。

表2.13 青梅林乔木树种重要值
Table 2.13 The important value index of tree species in *Vatica guangxiensis* forest

样方 Plot: 88-Ⅵ+88-Ⅶ　　　　　　　　样地面积 Sampling area（m²）: 1700

海拔 Altitude（m）: 830　　　　　　　　坡度 Slope degree（°）: 15～25

坡向 Slope aspect: S

种名 Species	重要值 IVI
广西青梅 *Vatica guangxiensis*	27.67
臀果木 *Pygeum topengii*	6.10
密果蜜茱萸 *Melicope glomerata*	6.69
黄心树 *Machilus gamblei*	8.17
竹节树 *Carallia brachiata*	13.36
野波罗蜜 *Artocarpus lakoocha*	9.69
长柄杜英 *Elaeocarpus petiolatus*	6.58
秃蕊杜英 *Elaeocarpus gymnogynus*	6.32
黄杞 *Engelhardia roxburghiana*	10.69
泥柯 *Lithocarpus fenestratus*	7.57
大叶白颜树 *Gironniera subaequalis*	17.86
梭果玉蕊 *Barringtonia macrostachya*	8.91
毛荔枝 *Nephelium lappaceum* var. *pallens*	15.88
多香木 *Polyosma cambodiana*	1.80
小叶杜英 *Elaeocarpus viridescens*	12.80

续表

种名 Species	重要值 IVI
云南肉豆蔻 *Myristica yunnanensis*	6.63
稠琼楠 *Beilschmiedia roxburghiana*	3.41
红花木犀榄 *Olea rosea*	4.18
网叶山胡椒 *Lindera metcalfiana* var. *dictyophylla*	8.43
野独活 *Miliusa balansae*	3.78
柴桂 *Cinnamomum tamala*	19.37
铜绿山矾 *Symplocos stellaris* var. *aenea*	7.45
勐海柯 *Lithocarpus fohaiensis*	4.74
红河木姜子 *Litsea honghoensis*	2.23
藤春 *Alphonsea monogyna*	4.56
腺叶山矾 *Symplocos adenophylla*	4.22
碟腺棋子豆 *Archidendron kerrii*	2.92
滇印杜英 *Elaeocarpus varunua*	2.45
云南叶轮木 *Ostodes katharinae*	11.69
多果新木姜子 *Neolitsea polycarpa*	3.11
毛叶油丹 *Alseodaphne andersonii*	1.34
樫木 *Dysoxylum excelsum*	3.88
香子含笑 *Michelia hedyosperma*	2.53
小叶藤黄 *Garcinia cowa*	3.83
滇谷木 *Memecylon polyanthum*	3.26
云南琼楠 *Beilschmiedia yunnanensis*	2.57
焰序山龙眼 *Helicia pyrrhobotrya*	1.40
网脉山龙眼 *Helicia reticulata*	3.98
薄叶柯 *Lithocarpus tenuilimbus*	2.97
版纳柿 *Diospyros xishuangbannaensis*	1.34
长柄油丹 *Alseodaphne petiolaris*	1.25
腺叶暗罗 *Polyalthia simiarum*	1.25
多花山矾 *Symplocos ramosissima*	1.38
碧绿米仔兰 *Aglaia perviridis*	1.25
思茅木姜子 *Litsea szemaois*	3.37
云南黄叶树 *Xanthophyllum yunnanense*	1.34
假海桐 *Pittosporopsis kerrii*	4.72

续表

种名 Species	重要值 IVI
山苦茶 Mallotus oblongifolius	6.05
华溪桫 Chisocheton cumingianus subsp. balansae	1.28
林生杧果 Mangifera sylvatica	1.31
总计（50 种）Total（50 species）	300

青梅林种类丰富，在 2 个样地共 1700m² 样地面积内，计有维管植物 160 余种（朱华，1993c）。乔木上层以广西青梅占优势，其他有臀果木、竹节树等，乔木中层为混交性质，主要是毛荔枝、梭果玉蕊，乔木下层除上、中层乔木的幼树外，以柴桂、云南叶轮木、无量山山矾、腺叶山矾、藤春等为多。就整个乔木层而言，按重要值大小排列树种顺序是广西青梅、柴桂、大叶白颜树、毛荔枝、竹节树、云南叶轮木、黄杞、野波罗蜜等。该群落是一个以广西青梅为标志树种的混交群落。

林下的植物组成及层间植物情况参见朱华（1993c）。幼树-灌木层高 1～5m，覆盖度 30%～50%，由幼树和灌木组成。在第一个样方的 5 个 5m×5m 小样方中，共有幼树 46 种，灌木 9 种，在种数和株数上以幼树占优势；在第二个样方中灌木种类以锡金粗叶木占明显优势，其次是细罗伞、抱茎山丹、药用狗牙花、椴叶山麻杆、小泡竹等。

草本层高 0.3～1m，覆盖度 10%～60%，以梯脉紫金牛占优势，其次是簇叶沿阶草、宽唇山姜、白穗虾膜花、延叶叉蕨、阔叶带唇兰等。

该群落层间藤本植物丰富，在两样地内共记录藤本植物 26 种，以藤竹多度最大，其次是橙果五层龙、毛果锡叶藤、省藤等。在 26 种藤本植物中木质藤本有 23 种，并且都为常绿藤本。附生植物亦丰富，在两样地内共记录附生植物 18 种，以小花藤、巢蕨、石柑、毛藤榕、粗茎崖角藤、短蒴等多见。附生植物主要分布在林内 20m 以下空间。在林下灌木和幼树的叶片上，亦有叶面附生苔藓。

青梅林具有本地区季节雨林的结构特征，与季节性雨林相比，它最接近以千果榄仁、番龙眼为标志树种或优势树种的季节性雨林，但因分布海拔偏高和生境特殊，它的上层乔木几乎常绿，在外貌上季相变化不明显。与望天树林相比，青梅林除上层乔木几乎常绿外，在区系组成上二者亦有一定差异。青梅林中樟科、杜英科、榆科、灰木科、胡桃科的重要值偏大，而在望天树林中占有显著地位的大戟科、桑科、楝科、藤黄科、茶茱萸科、肉豆蔻科、柿树科及茜草科的重要值偏小。一些本地区山地雨林的标志树种如罗汉松科的长叶竹柏（*Podocarpus fleuryi*）和百日青（*P. neriifolius*）等在青梅林中已开始出现。这些特点显示了在区系组成上青梅林已向山地雨林过渡。

（9）顶果木+八宝树林

该群系主要分布在纳板河流域国家级自然保护区（过门山站）的陡坡沟谷。乔木层分为 3 层。上层高 30～50m，层盖度达 70%，顶果木作为散生巨树，高50m，树冠伞形。八宝树是上层乔木的优势树种，在群落中具有最大重要值。中层高 15～30m，优势种是桃金娘科的阔叶蒲桃，另有云南厚壳桂、琴叶风吹楠、越南山矾、大果山香圆、假广子等，层盖度达 40%～50%。乔木下层高 5～15m，包括长柄油丹、木奶果、粗丝木、云南野独活等（表 2.14）。上层乔木中落叶树种有顶果木，在旱季 11 月至翌年 2 月有明显的落叶期。

表 2.14　顶果木+八宝树林综合样地表

Table 2.14　Synthetic plot table of *Acrocarpus fraxinifolius*+*Duabanga grandiflora* forest

2.14a　乔木层重要值

2.14a　Tree layers with important value index of species

地点 Location		纳板河流域国家级自然保护区（过门山站） Nabanhe National Nature Reserve (Guomenshan station)	
海拔 Altitude（m）	976	群落高度 Height of forest community（m）	50
样地面积 Sampling area	5（10m×50m）	总盖度 Coverage of tree layers（%）	> 95
坡向 Slope aspect	N	种数 No. of species > 5cm DBH	66
坡度 Slope degree	30°	株数 No. of individual	310

种名 Species	相对多度 RA	相对显著度 RD	相对频度 RF	重要值 IVI
八宝树 *Duabanga grandiflora*	2.38	28.19	1.69	32.27
阔叶蒲桃 *Syzygium megacarpum*	25.24	2.67	4.24	32.14
顶果木 *Acrocarpus fraxinifolius*	0.95	17.62	1.69	20.27
千果榄仁 *Terminalia myriocarpa*	0.48	10.76	0.85	12.08
云南厚壳桂 *Cryptocarya yunnanensis*	5.71	1.04	4.24	11.00
云南风吹楠 *Horsfieldia prainii*	2.38	5.11	3.39	10.88
长柄油丹 *Alseodaphne petiolaris*	4.29	2.37	3.39	10.04
番龙眼 *Pometia pinnata*	0.48	6.21	0.85	7.54
木奶果 *Baccaurea ramiflora*	3.33	0.59	3.39	7.32
大叶杜英 *Elaeocarpus balansae*	1.90	3.25	1.69	6.85
云南野独活 *Miliusa tenuistipitata*	3.33	0.11	3.39	6.83
山木患 *Harpullia cupanioides*	2.86	0.42	3.39	6.67
粗丝木 *Gomphandra tetrandra*	3.33	0.46	2.54	6.33
微毛布荆 *Vitex quinata* var. *puberula*	1.90	1.48	2.54	5.93

续表

种名 Species	相对多度 RA	相对显著度 RD	相对频度 RF	重要值 IVI
粗糠柴 Mallotus philippensis	1.43	0.92	2.54	4.89
岭罗麦 Tarennoidea wallichii	1.90	0.36	2.54	4.81
大肉实树 Sarcosperma arboreum	1.43	1.52	1.69	4.64
云南崖摩 Amoora yunnanensis	0.48	2.86	0.85	4.18
滇南新乌檀 Neonauclea tsaiana	1.43	1.89	0.85	4.17
木姜子一种 Litsea sp.	1.43	0.12	2.54	4.09
假海桐 Pittosporopsis kerrii	1.43	0.05	2.54	4.02
乌檀 Nauclea officinalis	0.95	1.16	1.69	3.81
红光树 Knema furfuracea	1.43	0.55	1.69	3.68
大叶风吹楠 Horsfieldia kingii	1.43	0.31	1.69	3.44
滨木患 Arytera littoralis	1.43	0.28	1.69	3.41
普文楠 Phoebe puwenensis	1.43	0.20	1.69	3.33
糖胶树 Alstonia scholaris	0.95	0.66	1.69	3.31
白花羊蹄甲 Bauhinia variegata var. candida	0.95	1.34	0.85	3.13
皱叶榕 Ficus sp.	0.95	0.49	1.69	3.13
小叶藤黄 Garcinia cowa	0.95	0.40	1.69	3.05
长梗三宝木 Trigonostemon thyrsoideus	0.95	0.31	1.69	2.95
大果山香圆 Turpinia pomifera	0.95	0.24	1.69	2.88
风吹楠 Horsfieldia amygdalina	0.95	0.20	1.69	2.84
火烧花 Mayodendron igneum	0.95	0.19	1.69	2.84
长柄琼楠 Beilschmiedia sp.	0.95	1.00	0.85	2.80
披针叶楠 Phoebe lanceolata	0.95	0.08	1.69	2.73
越南山矾 Symplocos cochinchinensis	0.95	0.67	0.85	2.47
歪叶榕 Ficus cyrtophylla	1.43	0.07	0.85	2.34
厚壳树一种 Ehretia sp.	0.48	0.54	0.85	1.86
羽叶白头树 Garuga pinnata	0.48	0.50	0.85	1.82
林生杧果 Mangifera sylvatica	0.48	0.39	0.85	1.72
大果榕 Ficus auriculata	0.48	0.33	0.85	1.65
罗伞树 Ardisia quinquegona	0.48	0.20	0.85	1.53
滇糙叶树 Aphananthe cuspidata	0.48	0.20	0.85	1.52
大鱼藤树 Derris robusta	0.48	0.19	0.85	1.52
阔叶肖槿 Platea latifolia	0.48	0.18	0.85	1.50

种名 Species	相对多度 RA	相对显著度 RD	相对频度 RF	重要值 IVI
耳叶柯 Lithocarpus grandifolius	0.48	0.14	0.85	1.47
滇刺枣 Ziziphus mauritiana	0.48	0.12	0.85	1.45
假广子 Knema elegans	0.48	0.12	0.85	1.44
合果木 Paramichelia baillonii	0.48	0.12	0.85	1.44
野柿 Diospyros kaki var. silvestris	0.48	0.10	0.85	1.43
红果樫木 Dysoxylum gotadhora	0.48	0.09	0.85	1.41
勐腊核果木 Drypetes hoaensis	0.48	0.09	0.85	1.41
大果臀果木 Pygeum macrocarpum	0.48	0.08	0.85	1.41
波缘大参 Macropanax undulatus	0.48	0.06	0.85	1.39
毛叶榄 Canarium subulatum	0.48	0.06	0.85	1.38
长叶棋子豆 Archidendron alternifoliolatum	0.48	0.05	0.85	1.38
南亚泡花树 Meliosma arnottiana	0.48	0.05	0.85	1.38
大叶风吹楠 Horsfieldia kingii	0.48	0.05	0.85	1.37
斯里兰卡天料木 Homalium ceylanicum	0.48	0.04	0.85	1.37
大参 Macropanax dispermus	0.48	0.03	0.85	1.36
大叶藤黄 Garcinia xanthochymus	0.48	0.03	0.85	1.35
云南胡桐 Calophyllum polyanthum	0.48	0.02	0.85	1.35
亮叶山小橘 Glycosmis lucida	0.48	0.02	0.85	1.34
蜡质水东哥 Saurauia cerea	0.48	0.02	0.85	1.34
西南猫尾木 Markhamia stipulata	0.48	0.02	0.85	1.34
总计（66 种）Total（66 species）	100	100	100	300

2.14b　幼树-灌木层种类

2.14b　Species in the sapling-shrub layer

样地面积 Sampling area: 25（1m×1m）

种名 Species	株数 Indiv.	相对多度+相对频度 RA+RF	生长型 Growth form
粗丝木 Gomphandra tetrandra	94	31.33	幼树
阔叶蒲桃 Syzygium megacarpum	43	20.20	幼树
番龙眼 Pometia pinnata	18	10.75	幼树
单羽火筒树 Leea asiatica	22	10.54	灌木
云南野独活 Miliusa tenuistipitata	17	9.88	幼树
长梗三宝木 Trigonostemon thyrsoideus	16	8.39	幼树

续表

种名 Species	株数 Indiv.	相对多度+相对频度 RA+RF	生长型 Growth form
勐腊核果木 *Drypetes hoaensis*	24	7.96	幼树
大肉实树 *Sarcosperma arboreum*	14	7.27	幼树
薄叶崖豆 *Millettia pubinervis*	10	6.87	幼树
琴叶风吹楠 *Horsfieldia pandurifolia*	11	6.50	幼树
锥叶榕 *Ficus subulata*	20	5.71	藤本
木锥花 *Gomphostemma arbusculum*	6	5.23	灌木
粗糠柴 *Mallotus philippensis*	4	3.49	幼树
微毛布荆 *Vitex quinata* var. *puberula*	4	3.49	幼树
缩序米仔兰 *Aglaia abbreviata*	8	3.27	幼树
山木患 *Harpullia cupanioides*	4	2.87	幼树
老挝天料木 *Homalium ceylanicum* var. *laoticum*	4	2.87	幼树
披针叶楠 *Phoebe lanceolata*	4	2.87	幼树
假海桐 *Pittosporopsis kerrii*	4	2.87	幼树
木奶果 *Baccaurea ramiflora*	3	2.62	幼树
橄榄 *Canarium album*	3	2.62	幼树
山蕉 *Mitrephora maingayi*	3	2.62	幼树
短柄苹婆 *Sterculia brevissima*	3	2.62	灌木
全缘火麻树 *Dendrocnide sinuata*	7	2.40	幼树
云南崖摩 *Amoora yunnanensis*	3	2.00	幼树
光序肉实树 *Sarcosperma kachinense* var. *simondii*	3	2.00	幼树
滨木患 *Arytera littoralis*	2	1.74	幼树
云南厚壳桂 *Cryptocarya yunnanensis*	2	1.74	幼树
亮叶山小橘 *Glycosmis lucida*	2	1.74	幼树
红光树 *Knema furfuracea*	2	1.74	幼树
糙叶树 *Aphananthe aspera*	3	1.38	幼树
美果九节 *Psychotria calocarpa*	3	1.38	灌木
滇糙叶树 *Aphananthe cuspidata*	2	1.13	幼树
弯管花 *Chassalia curviflora*	2	1.13	灌木
绒毛紫薇 *Lagerstroemia tomentosa*	2	1.13	幼树
刺通草 *Trevesia palmata*	2	1.13	幼树
白柴果 *Beilschmiedia fasciata*	1	0.87	幼树

续表

种名 Species	株数 Indiv.	相对多度+相对频度 RA+RF	生长型 Growth form
荫地苎麻 Boehmeria clidemioides var. diffusa	1	0.87	灌木
云南胡桐 Calophyllum polyanthum	1	0.87	幼树
华溪桫 Chisocheton cumingianus subsp. balansae	1	0.87	幼树
大果青冈 Cyclobalanopsis rex	1	0.87	幼树
碟腺棋子豆 Archidendronkerrii	1	0.87	幼树
大叶杜英 Elaeocarpus balansae	1	0.87	幼树
长叶金橘 Fortunella polyandra	1	0.87	灌木
锈毛山小橘 Glycosmis esquirolii	1	0.87	幼树
风吹楠 Horsfieldia amygdalina	1	0.87	幼树
大叶风吹楠 Horsfieldia kingii	1	0.87	幼树
波叶稠李 Laurocerasus undulata	1	0.87	幼树
毛杜茎山 Maesa permollis	1	0.87	灌木
大叶木兰 Magnolia henryi	1	0.87	幼树
黄木巴戟 Morinda angustifolia	1	0.87	灌木
普文楠 Phoebe puwenensis	1	0.87	幼树
阔叶肖榄 Platea latifolia	1	0.87	幼树
岭罗麦 Tarennoidea wallichii	1	0.87	幼树
合计（54 种）Total（54 species）	392	200	

2.14c　草本植物
2.14c　Herbaceous plants

样地面积 Sampling area：25（1m×1m）

种名 Species	株数 Indiv.	相对多度+相对频度 RA+RF
香豆蔻 Amomum subulatum	224	77.54
下延叉蕨 Tectaria decurrens	60	31.69
柊叶 Phrynium rheedei	66	31.27
线羽凤尾蕨 Pteris linearis	10	11.88
无腺毛蕨 Cyclosorus procurrens	24	11.54
野靛棵 Justicia patentiflora	6	7.13
圆瓣姜花 Hedychium forrestii	5	6.89
卷瓣沿阶草 Ophiopogon revolutus	3	2.62
大叶仙茅 Curculigo capitulata	2	2.38

续表

种名 Species	株数 Indiv.	相对多度+相对频度 RA+RF
尖果穿鞘花 *Amischotolype hookeri*	1	2.13
鱼子兰 *Chloranthus erectus*	1	2.13
长叶竹根七 *Disporopsis longifolia*	1	2.13
烟色斑叶兰 *Goodyera fumata*	1	2.13
小果野芭蕉 *Musa acuminata*	1	2.13
尖苞柊叶 *Phrynium placentarium*	1	2.13
短穗竹茎兰 *Tropidia curculigoides*	1	2.13
线柱苣苔 *Rhynchotechum obovatum*	1	2.13
合计（17 种）Total（17 species）	408	200

2.14d 藤本植物和附生植物

2.14d Liana plants and epiphyte plants

种名 Species	德氏多度 Drude abundance	生长型 Growth form
鹿角藤 *Chonemorpha eriostylis*	cop1	木质藤本
毛枝雀梅藤 *Sageretia hamosa* var. *trichoclada*	cop1	木质藤本
茎花崖爬藤 *Tetrastigma cauliflorum*	cop1	木质藤本
蒙自崖爬藤 *Tetrastigma henryi*	cop1	木质藤本
香港鹰爪花 *Artabotrys hongkongensis*	sp	木质藤本
全缘刺果藤 *Byttneria integrifolia*	sp	木质藤本
云南风车子 *Combretum yunnanense*	sp	木质藤本
尾叶鱼藤 *Derris caudatilimba*	sp	木质藤本
思茅藤 *Epigynum auritum*	sp	木质藤本
穗序丁公藤 *Erycibe subspicata*	sp	木质藤本
赤苍藤 *Erythropalum scandens*	sp	木质藤本
多脉瓜馥木 *Fissistigma balansae*	sp	木质藤本
小萼瓜馥木 *Fissistigma polyanthoides*	sp	木质藤本
小果微花藤 *Iodes vitiginea*	sp	木质藤本
蓝叶藤 *Marsdenia tinctoria*	sp	木质藤本
黄毛豆腐柴 *Premna fulva*	sp	木质藤本
小叶红叶藤 *Rourea microphylla*	sp	木质藤本
柳叶五层龙 *Salacia cochinchinensis*	sp	木质藤本
十字崖爬藤 *Tetrastigma cruciatum*	sp	木质藤本
大叶藤 *Tinomiscium petiolare*	sp	木质藤本

续表

种名 Species	德氏多度 Drude abundance	生长型 Growth form
毛枝翼核果 *Ventilago calyculata* var. *trichoclada*	sp	木质藤本
翼核果 *Ventilago calyculata*	sp	木质藤本
腺脉蒟 *Piper thomsonii*	sp	草质藤本
毛车藤 *Amalocalyx microlobus*	sol	木质藤本
云南省藤 *Calamus yunnanensi*	sol	木质藤本
阔叶风车藤 *Combretum latifolium*	sol	木质藤本
象鼻藤 *Dalbergia mimosoides*	sol	木质藤本
微花藤 *Iodes cirrhosa*	sol	木质藤本
长节珠 *Parameria laevigata*	sol	木质藤本
藤漆 *Pegia nitida*	sol	木质藤本
锥头麻 *Poikilospermum naucleiflorum*	sol	木质藤本
酸叶胶藤 *Urceola rosea*	sol	木质藤本
灰毛白鹤藤 *Argyreia osyrensis* var. *cinerea*	sol	草质藤本
黄独 *Dioscorea bulbifera*	sol	草质藤本
连蕊藤 *Parabaena sagittata*	sol	草质藤本
大百部 *Stemona tuberosa*	sol	草质藤本
攀援孔药花 *Porandra scandens*	sol	草质藤本
短穗草胡椒 *Peperomia heyneana*	sp	附生
黄花胡椒 *Piper flaviflorum*	sp	附生
爬树龙 *Rhaphidophora decursiva*	sp	附生
流苏石斛 *Dendrobium fimbriatum*	sol	附生
大叶崖角藤 *Rhaphidophora megaphylla*	sol	附生

　　幼树-灌木层高 2m 左右，其中幼树占此层种数的 80%，以粗丝木、阔叶蒲桃、番龙眼多度较大，另有云南野独活、长梗三宝木、勐腊核果木、大肉实树等。最常见的灌木种为单羽火筒树、木锥花、短柄苹婆等。

　　草本层高约 1m，盖度 70%～80%，以香豆蔻占优势，其他有下延叉蕨、线羽凤尾蕨、无腺毛蕨，另还有柊叶、野靛棵、大叶仙茅等。样地内大型藤本植物丰富，以鹿角藤、毛枝雀梅藤、茎花崖爬藤、蒙自崖爬藤最为多见。

（10）箭毒木+龙果林

　　箭毒木+龙果林主要分布在云南南部西双版纳海拔 900m 以下的酸性土地区的低山、丘陵、台地上，如村寨附近保存的龙山林基本都是该类森林。该群系是云南低丘雨林群系组的主要群系，它在种类组成和群落类型上变化较大，即使根据上层乔木标志种或优势种划分出了该群系，它在各群落间种类组成，特别是亚优势树种的组成上，也有较大差异。

总的来说，该群系上层（A层）乔木以箭毒木占优势（表2.15），龙果、大叶白颜树占亚优势，糙叶树、窄叶半枫荷占次优势，这几个种在群落中的存在度均较大。四数木、假鹊肾树、粘木、粗枝崖摩、新乌檀等在部分群落中或局部地段上占优势，番龙眼则出现在与沟谷雨林交错的过渡地段上。中层（B层）乔木以梭果玉蕊、小叶藤黄、红光树、毛荔枝具有较大存在度和优势度；泰国黄叶树、景洪暗罗、大叶藤黄、泰国杜果、藤春等在局部地段上占优势，轮叶戟则在与沟谷雨林的过渡地段上出现并占优势。下层（C）乔木以木奶果有最大存在度，云南银柴、山油柑、窄序崖豆树、山木患等次之；假海桐、滨木患、滇南溪杪、柴桂等亦在局部地段上占优势。

表 2.15　箭毒木+龙果林综合样地表
Table 2.15　Synthetic plot table of *Antiaris toxicaria+Pouteria grandifolia* forest

2.15a　乔木层重要值

2.15a　Tree layers with important value index of species

样方 Plot	92-1	931206
地点 Location	勐腊 Mengla（58km）	勐仑城子 Menglun Chengzi
海拔 Altitude（m）	680	650
样地面积 Sampling area	5（10m×50m）	5（10m×50m）
坡向 Slope aspect	NE	W-E-N
坡度 Slope degree（°）	30	5～10
群落高度 Height of forest community（m）	35	30
总盖度 Coverage of tree layers（%）	＞95	＞95
种数 No. of species ＞5cm DBH	46	52
株数 No. of individual	207	182

乔木层 Tree layers*	种名 Species	92-1 重要值 IVI	931206 重要值 IVI
A	箭毒木 *Antiaris toxicaria*	3.91	80.36
A	龙果 *Pouteria grandifolia*	2.0	1.49
A	滇糙叶树 *Aphananthe cuspidata*	4.32	5.76
A	大叶白颜树 *Gironniera subaequalis*	23.97	5.58
A	窄叶半枫荷 *Pterospermum lanceifolium*	6.06	—
A	缅漆 *Semecarpus reticulatus*	—	1.68

续表

乔木层 Tree layers*	种名 Species	92-1 重要值 IVI	931206 重要值 IVI
A	细毛润楠 Machilus tenuipilis	—	1.86
A	斯里兰卡天料木 Homalium ceylanicum	1.61	—
A	滇南新乌檀 Neonauclea tsaiana	—	1.52
A	四瓣崖摩 Amoora tetrapetala	1.54	—
A	粗枝崖摩 Amoora dasyclada	—	10.31
A	四数木 Tetrameles nudiflora	40.5	—
A	羽叶白头树 Garuga pinnata	—	2.08
B	小叶藤黄 Garcinia cowa	2.79	3.65
B	毛荔枝 Nephelium lappaceum var. pallens	1.81	3.01
B	红光树 Knema furfuracea	3.57	3.96
B	泰国黄叶树 Xanthophyllum flavescens	7.89	10.22
B	大叶藤黄 Garcinia xanthochymus	3.06	14.2
B	樟叶朴 Celtis timorensis	1.9	—
B	越南割舌树 Walsura pinnata	3.10	—
B	梭果玉蕊 Barringtonia macrostachya	44.50	—
B	景洪暗罗 Polyalthia cheliensis	2.7	29.41
B	多脉樫木 Dysoxylum grande	—	9.45
B	银钩花 Mitrephora tomentosa	3.79	1.68
B	破布叶 Microcos paniculata	—	5.67
B	印度锥 Castanopsis indica	—	3.22
B	华溪桫 Chisocheton cumingianus subsp. balansae	2.01	+
B	藤春 Alphonsea monogyna	—	13.13
B	狭叶一担柴 Colona thorelii	3.16	—
B	黄棉木 Metadina trichotoma	5.7	—
B	思茅木姜子 Litsea szemaois	3.14	—
B	风吹楠 Horsfieldia amygdalina	—	1.52
B	云南倒吊笔 Wrightia coccinea	—	1.66
B	浆果乌桕 Sapium baccatum	—	4.13
B	常绿臭椿 Ailanthus fordii	—	2.08
C	木奶果 Baccaurea ramiflora	5.93	1.52
C	平叶密花树 Myrsine faberi	3.08	+
C	云南银柴 Aporosa yunnanensis	—	1.49

续表

乔木层 Tree layers*	种名 Species	92-1 重要值 IVI	931206 重要值 IVI
C	山油柑 *Acronychia pedunculata*	2.17	1.50
C	思茅崖豆藤 *Millettia leptobotrya*	11.49	5.06
C	山木患 *Harpullia cupanioides*	1.66	8.35
C	普文楠 *Phoebe puwenensis*	6.71	—
C	火烧花 *Mayodendron igneum*	—	1.50
C	十蕊枫 *Acer laurinum*	3.54	—
C	华夏蒲桃 *Syzygium cathayense*	1.90	—
C	假海桐 *Pittosporopsis kerrii*	11.66	—
C	滇谷木 *Memecylon polyanthum*	—	2.99
C	粗丝木 *Gomphandra tetrandra*	1.54	—
C	滨木患 *Arytera littoralis*	—	7.83
C	粗糠柴 *Mallotus philippensis*	—	5.04
C	山地五月茶 *Antidesma montanum*	6.26	—
C	西南猫尾木 *Markhamia stipulata*	—	3.00
C	披针叶楠 *Phoebe lanceolata*	—	2.99
C	香花木姜子 *Litsea panamanja*	—	2.07
C	大果山香圆 *Turpinia pomifera*	1.54	1.71
C	金毛榕 *Ficus fulva*	2.16	+
C	小叶红光树 *Knema globularia*	—	7.76
C	青藤公 *Ficus langkokensis*	8.61	—
C	多毛茜草树 *Aidia pycnantha*	7.65	—
C	火麻树 *Dendrocnide urentissima*	1.81	—
C	大肉实树 *Sarcosperma arboreum*	—	1.94
C	枝花流苏树 *Chionanthus ramiflorus*	—	1.50
C	染木树 *Saprosma ternata*	1.55	+
C	微毛布荆 *Vitex quinata* var. *puberula*	—	3.05
C	白楸 *Mallotus paniculatus*	—	3.04
C	海红豆 *Adenanthera microsperma*	—	1.56
C	猪肚木 *Canthium horridum*	—	1.53
C	薄叶山柑 *Capparis tenera*	—	1.52
C	毛八角枫 *Alangium kurzii*	—	1.50
C	马米溪桫 *Chisocheton cumingianus*	18.51	—

续表

乔木层 Tree layers*	种名 Species	92-1 重要值 IVI	931206 重要值 IVI
C	柴桂 *Cinnamomum tamala*	16.36	—
C	海南岩豆藤 *Millettia pachyloba*	6.23	—
C	四棱蒲桃 *Syzygium tetragonum*	—	4.64
C	狭叶红光树 *Knema cinerea* var. *glauca*	—	3.01
C	长梗三宝木 *Trigonostemon thyrsoideus*	2.11	—
C	云南崖摩 *Amoora yunnanensis*	—	2.07
C	蒲桃一种 *Syzygium* sp.	1.64	—
C	锈毛山小橘 *Glycosmis esquirolii*	—	1.66
C	焰序山龙眼 *Helicia pyrrhobotrya*	1.58	—
C	盘叶罗伞 *Brassaiopsis fatsioides*	1.54	—
C	大花哥纳香 *Goniothalamus calvicarpus*	—	1.49
C	刺通草 *Trevesia palmata*	—	1.49
	总计（82 种）Total（82 species）	300	300

*A：上层乔木；B：中层乔木；C：下层乔木；+：样方内仅有幼树、苗（A: Upper tree layer; B: Middle tree layer; C: Lower tree layer; +: Only saplings or seedlings are recorded in the plot）

2.15b 幼树-灌木层种类

2.15b Species in the sapling-shrub layer

样方 Plot		931206		9201		
样地面积 Sampling area		5（5m×5m）		5（5m×5m）		
种名 Species		931206		9201		生长型 Growth form
		株数 Indiv.	频度 Freq.	株数 Indiv.	频度 Freq.	
箭毒木 *Antiaris toxicaria*		28	80	10	100	T
山地五月茶 *Antidesma montanum*		1	20	2	20	T
滇糙叶树 *Aphananthe cuspidata*		6	80	2	40	T
木奶果 *Baccaurea ramiflora*		1	20	3	60	T
红果樫木 *Dysoxylum gotadhora*		1	20	1	20	T
大叶藤黄 *Garcinia xanthochymus*		1	20	2	40	T
山木患 *Harpullia cupanioides*		6	80	1	20	T
红光树 *Knema furfuracea*		3	60	13	100	T
小叶红光树 *Knema globularia*		2	40	3	60	T
思茅崖豆 *Millettia leptobotrya*		3	60	1	20	T

续表

种名 Species	931206		9201		生长型 Growth form
	株数 Indiv.	频度 Freq.	株数 Indiv.	频度 Freq.	
披针叶楠 *Phoebe lanceolata*	2	40	4	60	T
景洪暗罗 *Polyalthia cheliensis*	3	60	2	20	T
山油柑 *Acronychia pedunculata*	8	80	—	0	T
碧绿米仔兰 *Aglaia perviridis*	1	20	1	20	T
云南崖摩 *Amoora yunnanensis*	4	60	2	20	T
猪肚木 *Canthium horridum*	1	20	—	0	T
鱼尾葵 *Caryota ochlandra*	—	—	1	20	T
毛麻楝 *Chukrasia tabularis* var. *velutina*	—	—	3	60	T
齿叶黄皮 *Clausena dentata*	6	80		0	T
齿叶猫尾木 *Dolichandrone stipulata*	1	20		0	T
大叶刺篱木 *Flacourtia rukam*	1	20	1	20	T
小叶藤黄 *Garcinia cowa*	1	20	20	100	T
大叶白颜树 *Gironniera subaequalis*	—	—	8	100	T
亮叶山小橘 *Glycosmis lucida*	4	60	1	20	T
藏药木 *Hyptianthera stricta*	1	20	—	—	T
大叶木犀榄 *Lincciera insignium*	1	20	2	40	T
香花木姜子 *Litsea panamonja*	1	20	—	—	T
滇谷木 *Memecylon polyanthum*	25	60	—	—	T
毛荔枝 *Nephelium lappaceum* var. *pallens*	2	40	1	20	T
云南红豆 *Ormosia yunnanensis*	—	—	1	20	T
窄叶半枫荷 *Pterospermum lanceifolium*	—	—	1	20	T
尖叶茜树 *Randia acuminatissima*	1	20	4	80	T
乌口树 *Randia wallichii*	1	20	—	—	T
染木树 *Saprosma ternata*	1	20	2	40	T
傣槭 *Acer garrettiana*	—	—	1	20	T
思茅黄肉楠 *Actinodaphne henryi*	—	—	2	20	T
海红豆 *Adenanthera microsperma*	1	20	—	—	T
藤春 *Alphonsea monogyna*	2	40	—	—	T
粗枝崖摩 *Amoora dasyclada*	3	60	—	—	T
云南银柴 *Aporosa yunnanensis*	4	60	—	—	S

续表

种名 Species	931206		9201		生长型 Growth form
	株数 Indiv.	频度 Freq.	株数 Indiv.	频度 Freq.	
梭果玉蕊 *Barringtonia macrostachya*	—	—	17	80	T
盘叶罗伞 *Brassaiopsis fatsioides*	—	—	2	40	S
滇南溪椤 *Chisocheton siamensis*	—	—	21	100	T
柴桂 *Cinnamomum tamala*	—	—	7	100	T
亨利黄檀 *Dalbergia henryana*	—	—	1	20	T
水同木 *Ficus harlandii*	—	—	2	40	T
青藤公 *Ficus langkokensis*	—	—	2	40	T
变叶榕 *Ficus variolosa*	—	—	1	20	T
大花哥纳香 *Goniothalamus calvicarpus*	—	—	2	40	T
焰序山龙眼 *Helicia pyrrhobotrya*	—	—	1	20	T
光叶天料木 *Homaliam lauticum*	—	—	2	40	T
蒲竹 *Indosasa hispida*	14	100	—	—	S
华南石栎（泥柯）*Lithocarpus fenestratus*	1	20	—	—	T
假辣子 *Litsea balansae*	—	—	1	20	T
五桠果叶木姜子 *Litsea dilleniifolia*	—	—	1	20	T
剑叶木姜子 *Litsea lancifolia*	—	—	1	20	T
假柿木姜子 *Litsea monopetala*	1	20	—	—	T
轮叶木姜子 *Litsea verticillata*	—	—	1	20	S
粗糠柴 *Mallotus philippensis*	2	40	—	—	T
黄棉木 *Metdena trichitima*	1	20	—	—	T
宽序崖豆树 *Millettia eurybotrya*	—	—	1	20	T
银钩花 *Mitrephora tomentosa*	—	—	4	80	T
云南肉豆蔻 *Myristica yunnanensis*	—	—	1	20	T
倒卵叶紫麻 *Oreoclinde obovata*	—	—	2	40	T
假海桐 *Pittosporopsis kerrii*	—	—	12	100	T
番龙眼 *Pometia pinnata*	—	—	2	20	T
龙果 *Pouteria grandifolia*	—	—	5	100	T
金钩花 *Pseuduvaria indochinensis*	—	—	1	20	T
密花树 *Myrsine seguinii*	1	20	—	—	T
平叶密花树 *Myrsine faberi*	—	—	13	100	T

续表

种名 Species	931206		9201		生长型 Growth form
	株数 Indiv.	频度 Freq.	株数 Indiv.	频度 Freq.	
毛瓣无患子 Sapindus rarak	1	20	—	—	T
缅漆 Semecarpus reticulatus	—	—	3	60	T
鹊肾树 Streblus asper	1	20	—	—	T
大果山香圆 Turpinia pomifera	1	20	—	—	T
常绿榆 Ulmus lanceifolia	3	40	—	—	T
水锦树 Wendlandia tinctoria	—	—	1	20	S
弯管花 Chassalia curviflora	3	40	3	60	S
薄叶山柑 Capparis tenera	8	80	—	—	S
虎克粗叶木 Lasianthus hookeri	1	20	2	40	S
密花火筒 Leea compactiflora	1	20	1	20	S
露兜 Pandanus furcatus	2	60	1	20	S
滇南九节 Psychotria henryi	2	20	8	100	S
双籽棕 Arenga caudata	—	—	2	40	S
长叶紫珠 Callicarpa longifolia	1	20	—	—	S
木锥花 Gomphostemma arbusculum	1	20	—	—	S
截萼粗叶木 Lasianthus verticillatus	—	—	1	20	S
斜基粗叶木 Lasianthus attenuatus	—	—	14	100	S
杜茎山 Maesa montana	—	—	1	20	S
假卫矛 Microtropis discolor	—	—	1	20	S
野独活 Miliusa balansae	8	100	—	—	S
狭叶巴戟 Morinda angustifolia	1	20	—	—	S
短萼腺萼木 Mycetia brevisepala	—	—	1	20	S
细腺萼木 Mycetia gracilis	—	—	1	20	S
腺萼木 Mycetia glandulosa	—	—	5	60	S
香港大沙叶 Pavetta hongkongensis	1	20	—	—	S
美果九节 Psychotria calocarpa	—	—	2	60	S
短柄苹婆 Sterculia brevissima	—	—	5	100	S
滇南马钱 Strychnos nitida	—	—	51	100	L
盾苞藤 Neuropeltis racemosa	3	20	—	—	L
刺果藤 Byttneria grandifolia	—	—	8	80	L

续表

种名 Species	931206		9201		生长型 Growth form
	株数 Indiv.	频度 Freq.	株数 Indiv.	频度 Freq.	
阔叶风车藤 Combretum latifolium	—	—	1	20	L
巴豆藤 Craspedolobium schochii	—	—	1	20	L
尖叶瓜馥木 Fissistigma acuminatissimum	—	—	1	20	L
买麻藤 Gnetum montanum	—	—	2	40	L
大果油麻藤 Mucuna macrocarpa	—	—	2	20	L
柳叶五层龙 Salacia cochinchinensis	—	—	1	20	L
蝉翼藤 Securidaca inappendiculata	—	—	1	20	L
方茎马钱 Strychnos cathayensis	—	—	1	20	L
大果崖爬藤 Tetrastigma jinhonyensis	—	—	1	20	L
美叶枣 Ziziphus apetala	—	—	1	20	L

2.15c　草本植物

2.15c　Herbaceous plants

样方 Plot	931206		9201	
样地面积 Sampling area	5（5m×5m）		5（5m×5m）	
种名 Species	931206		9201	
	株数 Indiv.	频度 Freq.	株数 Indiv.	频度 Freq.
越南万年青 Aglaonema pierreanum	2	40	2	40
海芋 Alocasia odora	1	20	2	40
荩草 Arthraxon lanceolatus	3	60	—	—
长叶实蕨 Bolbitis heteroclita	2	40	4	80
飞机草 Eupatorium odoratum	2	20	—	—
肾苞草 Phaulopsis dorsiflora	3	60	—	—
多花山壳骨 Pseuderanthemum polyanthum	—	—	2	20
三叉蕨 Tectaria subtriphylla	2	20	—	—
毛柄短肠蕨 Diplazium dilatatum	—	—	3	20
砂仁 Amomum aurantiacum	3	20	—	—
观音座莲 Angiopteris sp.	—	—	1	20
山稗子 Carex baccans	2	20	—	—
闭鞘姜 Costus speciosum	—	—	1	20
黑鳞轴脉蕨 Ctenitopsis fuscipes			5	100

续表

种名 Species	931206		9201	
	株数 Indiv.	频度 Freq.	株数 Indiv.	频度 Freq.
大叶仙茅 *Curculigo capitulata*	—	—	1	20
爱地草 *Geophila herbacea*	4	80	—	—
阔叶沼兰 *Habenaria buchneroides*	—	—	1	20
鳞花草 *Leppidacanthis incurva*	2	20		
野靛棵 *Justicia patentiflora*	—	—	2	20
广东蛇根草 *Ophiorrhiza cantoniensis*	—	—	1	20
簇花球子草 *Peliosanthes teta*	—	—	3	60
柊叶 *Phrynium rheedei*	—	—	5	100
伞花杜若 *Pollia subumbellata*	1	20	—	—
云南牙蕨 *Pteridrys cnenmidaria*	—	—	1	20
紫轴凤尾蕨 *Pteris aspericaulis*	—	—	2	20
老虎须 *Tacca integrifolia*	—	—	1	20
思茅叉蕨 *Tectaria simaoensis*	—	—	2	20

2.15d 藤本植物

2.15d Liana plants

样方 Plot	931206	9201
样地面积 Sampling area	50m×50m	50m×50m
种名 Species	931206 多优度 Dominance	9201 多优度 Dominance
弯刺山黄皮 *Oxyceros bispinosus*	4	4
四棱白粉藤 *Cissus subtetragona*	3	1
羽叶金合欢 *Acacia pennata*	+	1
阔叶风车藤 *Combretum latifolium*	3	3
买麻藤 *Gnetum montanum*	2	3
大果油麻藤 *Mucuna macrocarpa*	1	2
盾苞藤 *Neuropeltis racemosa*	4	+
多籽五层龙 *Salacia polysperma*	3	—
蝉翼藤 *Securidaca inappendiculata*	1	1
滇南马钱 *Strychnos nitida*	+	4
毛枝翼核果 *Ventilago calyculata* var. *trichoclada*	1	—
印度翼核果 *Ventilago maderaspatama*	2	1

续表

种名 Species	931206 多优度 Dominance	9201 多优度 Dominance
臭菜藤 *Acacia intsia* var. *caesia*	4	+
候风藤 *Alangium faberi* var. *perforatum*	1	—
链珠藤 *Alyxis balansae*	—	1
藤槐 *Bowringia callicarpa*	1	—
刺果藤 *Byttneria grandiflora*	—	—
全缘刺果藤 *Byttneria integrifolia*	1	—
水密花 *Combretum punctatum*	—	1
巴豆藤 *Craspedolobium schochii*	—	1
羽叶黄檀 *Dalbergia pinnata*	2	—
苍白秤钩风 *Diploclisia glaucescens*	1	—
丁公藤 *Erycibe subspicata*	—	1
尖叶瓜馥木 *Fissistigma acuminatissimum*	—	2
勐腊藤 *Goniostemma punctatum*	1	—
阔叶匙羹藤 *Gymnema latifolium*	1	—
油瓜 *Hodgsonia macrocarpa*	1	—
夜花藤 *Hypserpa nitida*	1	—
青藤子 *Jasminum nervosum*	1	—
翅子藤 *Loeseneriella lenticellata*	3	—
掌叶海金沙 *Lygodium conforme*	2	—
羽裂海金沙 *Lygodium polystachyum*	2	—
柳叶海金沙 *Lygodium salicifolia*	1	—
甜果藤 *Mappianthus iodioides*	—	1
大种鸡血藤 *Millettia oosperma*	1	—
厚果崖豆藤 *Millettia pachycarpa*	—	1
大果巴戟 *Morinda cochinchinensis*	—	—
长节珠 *Parameria laevigata*	1	—
单叶藤橘 *Paramignya confertifolia*	3	—
瘤果五层龙 *Salacia aurantica*	1	—
大叶红叶藤 *Santaloides roxburghii*	+	1
柳叶五层龙 *Salacia cochinchinensis*	+	3
方茎马钱 *Strychnos cathayensis*	+	3
十字崖爬藤 *Tetrastigma cruciatum*	2	—

种名 Species	931206 多优度 Dominance	9201 多优度 Dominance
蒙自崖爬藤 *Tetrastigma henryi*	2	—
大果崖爬藤 *Tetrastigma jinhongensis*	—	2
大叶藤 *Tinomiscium petiolare*	—	1
飞龙掌血 *Toddalia asiatica*	—	1
木基栝楼 *Trichosanthes quinquafolia*	—	2
褐果枣 *Ziziphus fungii*	4	—
美叶枣 *Ziziphus apetala*	—	1
毛果枣 *Ziziphus attopensis*	—	—

2.15e 附生植物
2.15e Epiphyte plants

样方 Plot	931206	9201
样地面积 Sampling area	50m×50m	50m×50m

种名 Species	931206 多优度 Dominance	9201 多优度 Dominance
短蒟 *Piper mullesua*	2	1
石斛 *Dendrobium*	2	—
毛藤榕 *Ficus sagittata*	—	1
沙皮蕨 *Hemigramma decurrens*	—	4
铁草鞋 *Hoya pottisii*	1	—
半圆盖阴石蕨 *Humata platylepsis*	2	—
星蕨 *Microsorium punctatum*	—	+
黄花胡椒 *Piper flaviflorum*	3	+
粗梗胡椒 *Piper macopodum*	—	3
石柑子 *Pothos chinensis*	—	1
石韦 *Pyrrosia* sp.	2	—
爬树龙 *Rhaphidophora decursiva*	+	3
狮子尾 *Rhaphidophora hongkongensis*	—	3
大叶崖角藤 *Rhaphidophora megaphylla*	4	+

幼树-灌木层以乔木层的幼树占绝对优势,真正的灌木种类不多,常见种有茜草科植物南山花、弯管花、香港茜木及银背巴豆等。草本植物以多花山壳骨、耳草、芨草等常见。

（11）轮叶戟+油朴林

该群落高约 30m，层次较为明显，以轮叶戟和油朴为共同优势种，其他常见种为缅桐、长棒柄花、毛叶藤春、林生乌口树、黄棉木等。乔木层的落叶树种有毛麻楝、羽叶白头树、四数木等。此类型是最为普遍的石灰岩季节性雨林类型。轮叶戟+油朴林垂直剖面见图 2.3，综合样地表见表 2.16。

图 2.3　轮叶戟+油朴林垂直剖面图（李保贵绘）

Fig. 2.3　The profile diagram of *Lasiococca comberi* var. *pseudoverticillata*+*Celtis philippensis* forest

1. 四数木 *Tetrameles nudiflora*；2. 油朴 *Celtis philippensis*；3. 轮叶戟 *Lasiococca comberi* var. *pseudoverticillata*；4. 缅桐 *Sumbaviopsis albicans*；5. 长棒柄花 *Cleidion spiciflorum*；6. 毛叶藤春 *Alphonsea mollis*；7. 四瓣崖摩 *Amoora tetrapetala*；8. 林生乌口树 *Tarenna attenuata*；9. 大苞藤黄 *Garcinia bracteata*；10. 黄棉木 *Metadina trichotoma*；11. 藤春 *Alphonsea monogyna*；12. 云南琼楠 *Beilschmiedia yunnanensis*；13. 阔叶风车藤 *Combretum latifolium*；14. 翼核果 *Ventilago calyculata*；15. 蒙自崖爬藤 *Tetrastigma henryi*

纵坐标为高度（m）Ordinate: Height（m）

表 2.16　轮叶戟+油朴林综合样地表

Table 2.16　Synthetic plot table of *Lasiococca comberi* var. *pseudoverticillata*+*Celtis philippensis* forest

2.16a　乔木层重要值

2.16a　Tree layers with important value index of species

样方 Plot	94-03-01	102-13
地点 Location	勐腊勐远 Mengla, Mengyuan	勐腊勐远 Mengla, Mengyuan
海拔 Altitude（m）	800	825

续表

样方 Plot	94-03-01	102-13
样地面积 Sampling area	5（10m×50m）	5（10m×50m）
坡向 Slope aspect	SW	W
坡度 Slope degree（°）	40	10
群落高度 Height of forest community（m）	30	25
总盖度 Coverage of tree layers（%）	＞90	90
种数 No. of species ＞ 5cm DBH	27	11
株数 No. of individual	102	142

种名 Species	94-03-01 重要值 IVI	102-13 重要值 IVI
轮叶戟 Lasiococca comberi var. pseudoverticillata	67.12	151.1
油朴 Celtis philippensis	23.64	97.2
麻楝 Chukrasia tabularis	15.37	—
多花白头树 Garuga floribunda var. gamblei	9.66	—
四数木 Tetrameles nudiflora	40.67	—
缅桐 Sumbaviopsis albicans	11.81	6.39
长棒柄花 Cleidion spiciflorum	10.67	9.3
毛叶藤春 Alphonsea mollis	10.81	—
长果木棉 Bombax insigne	17.00	—
全缘火麻树 Dendrocnide sinuata	5.84	—
思茅蒲桃 Syzygium szemaoense	—	12.8
大苞藤黄 Garcinia bracteata	9.91	—
景洪暗罗 Polyalthia cheliensis	11.71	—
藤春 Alphonsea monogyna	6.31	—
鸡骨香 Croton crassifolius	3.09	6.23
风轮桐 Epiprinus siletianus	—	8.9
云南琼楠 Beilschmiedia yunnanensis	6.66	—
雅榕 Ficus concinna	6.24	—
四蕊朴 Celtis tetrandra	5.95	—
绒毛紫薇 Lagerstroemia tomentosa	5.79	—
剑叶龙血树 Dracaena cochinchinensis	4.02	—
聚果榕 Ficus racemosa	5.34	—
大叶水榕 Ficus glaberrima	2.96	—
绿黄葛树 Ficus virens	4.59	—

续表

种名 Species	94-03-01 重要值 IVI	102-13 重要值 IVI
微毛布荆 Vitex quinata var. puberula	3.14	—
黑长叶蒲桃 Syzygium melanophyllum	—	3.0
皮孔樫木 Dysoxylum lenticellatum	2.94	—
银钩花 Mitrephora tomentosa	2.94	—
胭木 Wrightia arborea	2.90	—
上思厚壳树 Ehretia tsangii	2.89	—
大鱼藤树 Derris robusta	—	2.21
多毛茜草树 Aidia pycnantha	+	1.55
弯刺山黄皮 Oxyceros bispinosus	—	1.40
总计（33 种）Total（33 species）	300	300

2.16b 幼树-灌木层植物

2.16b Species in the sapling-shrub layer

样方 Plot：94-03-01   样地面积 Sampling area：5（5m×5m）

种名 Species	株数 Indiv.	频度 Freq.	生长型 Growth form
长棒柄花 Cleidion spiciflorum	4	80	T
轮叶戟 Lasiococca comberi var. pseudoverticillata	5	80	T
景洪暗罗 Polyalthia cheliensis	2	40	T
大苞藤黄 Garcinia bracteata	2	40	T
缅桐 Sumbaviopsis albicans	2	20	T
油朴 Celtis philippensis	2	40	T
毛叶藤春 Alphosea mollis	2	40	T
银钩花 Mitrephora tomentosa	2	40	T
孟仑三宝木 Trigonostemon bonianus	1	20	S
小叶藤黄 Garcinia cowa	1	20	T
毛叶假鹰爪 Desmos dumosus	1	20	L
云南茜树 Randia yunnanensis	1	20	T
碧绿米仔兰 Aglaia perviridis	1	20	T
全缘树火麻 Dendrocnide sinuata	1	20	S
云南琼楠 Beilschmiedia yunnanensis	1	20	T

2.16c　草本层植物

2.16c　Species in the herbaceous layer

样方 Plot: 94-03-01　　样地面积 Sampling area: 5（5m×5m）

种名 Species	多优度.群聚度 Dominance.Cohesion	频度 Freq.	生长型 Growth form
云南翅子藤 *Loeseneriella yunnanensis*	3.3	100	L
轮叶戟 *Lasiococca comberi* var. *pseudoverticillata*	1.1	80	T
醉魂藤 *Heterostemma alatum*	+	80	L
尾叶鱼藤 *Derris caudatum*	1.2	40	L
景洪暗罗 *Polyalthia cheliensis*	+	40	T
叠叶楼梯草 *Elatostemma salvinioides*	1.2	20	H
藤春 *Alphonsea monogyna*	+	20	T
聚花金足草 *Goldfussia glomerata*	+	20	H
长棒柄花 *Cleidion spiciflorum*	+	20	T
孟仑三宝木 *Trigonostemon bonianus*	+	20	T
缅桐 *Sumbaviopsis albicans*	+	20	T
长果木棉 *Bombax insigne*	+	20	T
油朴 *Celtis philippensis*	+	20	T
毛叶藤春 *Alphonsea mollis*	+	20	T
十字崖爬藤 *Tetrastigma cruciatum*	+	20	L
大叶崖角藤 *Rhaphidophora megaphylla*	+	20	E
红背秋海棠 *Begonia laciniata*	+	20	H
银钩花 *Mitrephora tomentosa*	+	20	T
毛枝翼核果 *Ventilago calyculata* var. *trichoclada*	1.1	40	L
水密花 *Combretum punctatum*	1.1	40	L
西南风车藤 *Combretum griffithii*	2.1	20	L
锈毛羊蹄甲 *Bauhinia carcinophylla*	+	20	L
七小叶崖爬藤 *Tetrastigma delavayi*	+	20	L

2.16d　藤本植物

2.16d　Liana plants

样方 Plot: 94-03-01　　样地面积 Sampling area: 5（5m×5m）

种名 Species	多优度.群聚度 Dominance. Cohesion	频度 Freq.
毛枝翼核果 *Ventilago calyculata* var. *trichoclada*	1.1	40

续表

种名 Species	多优度. 群聚度 Dominance. Cohesion	频度 Freq.
水密花 *Combretum punctatum*	1.1	40
西南风车藤 *Combretum griffithii*	2.1	20
锈毛羊蹄甲 *Bauhinia carcinophylla*	+	20
十字岩爬藤 *Tetrastigma crucistus*	+	20
七小叶岩爬藤 *Tetrastigma delavayi*	+	20

2.1.3 云南西南部的热带季节性雨林

云南西南部则以云南娑罗双（*Shorea assamica*）、云南龙脑香（*Dipterocarpus retusus*）、番龙眼（*Pometia pinnata*）、橄榄（*Canarium album*）、八宝树（*Duabanga grandiflora*）、四瓣崖摩（*Amoora tetrapetala*）、大果人面子（*Dracontomelon macrocarpum*）、红光树（*Knema furfuracea*）、大叶龙角（*Hydnocarpus annamensis*）等为群落优势树种或特征树种。

云南西南部的热带雨林至今仍缺乏深入研究和发表的文献，特别是通过样方调查的群落学研究更为缺乏。以我们对德宏州的云南娑罗双林的调查为例，来论述其物种组成关系。

（1）云南娑罗双-缅甸无忧花林

云南娑罗双-缅甸无忧花林是云南西南部具有代表性的龙脑香热带季节性雨林，主要分布在德宏州盈江县海拔 600m 以下地区的河谷沟箐。该群系以云南娑罗双为乔木优势树种或代表种，也常伴生有云南龙脑香、四数木、千果榄仁，常见种有箭毒木（见血封喉）、大叶龙角、野波罗蜜；乔木中层常见种有红光树、滇南溪桫、大果藤黄等；乔木下层以缅甸无忧花占优势，其他常见种有木奶果、桄榔、缅桐等。

灌木层主要是乔木幼树，灌木有皱波火筒、弯管花、毛腺萼木、短龙血树、白花山丹、药用狗牙花、北酸脚杆等。草本层以长叶实蕨、野芭蕉、秀竹、白穗吓膜花、穿鞘花、大叶仙茅、尖叶沿阶草等为常见。藤本植物有牛眼马钱、毛绒苞藤、微花藤、全缘翅果藤、大叶钩藤等。附生植物常见种有巢蕨、厚叶伏石蕨、螳螂跌打、黄花胡椒及多种兰科植物。

我们在云南西南部的盈江县对具有云南娑罗双-缅甸无忧花林分布的林地设置了 3 个 0.1hm² 样地，进行了样方调查，见表 2.17。

表 2.17 云南娑罗双-缅甸无忧花林综合样地表
Table 2.17 Synthetic plot table of *Shorea assamica-Saraca griffithiana* forest

2.17a 乔木层

2.17a Tree layer

样地 Plot	样地 1 No. 1	样地 2 No. 2	样地 3 No.3
地点 Location	盈江县 Yingjiang	盈江县昔马乡 Xima, Yingjing	盈江县羯羊河谷 Xueyang valley, Yingjiang
海拔 Altitude（m）	400	375	335
坡向 Slope aspect	西北 WN	北偏西 NW	西南 WS
坡度 Slope degree（°）	20	30	28
样地面积 Sampling area（hm²）	0.1	0.1	0.1
种名 Species	样地 1 No. 1 株数 Indiv.	样地 2 No. 2 株数 Indiv.	样地 3 No.3 株数 Indiv.
云南娑罗双 *Shorea assamica*	16	10	11
云南龙脑香 *Dipterocarpus retusus*	1	—	2
纤细龙脑香 *Dipterocarpus gracilis*	1	1	2
箭毒木 *Antiaris toxicaria*	1	—	—
南亚含笑 *Michelia doltsopa*	1	1	1
常绿臭椿 *Ailanthus fordii*	1	—	—
大叶龙角 *Hydnocarpus annamensis*	5	6	—
红光树 *Knema furfuracea*	11	4	—
大叶风吹楠 *Horsfieldia kingii*	3	—	3
滇南溪桫 *Chisocton siamensis*	10	3	—
缅甸无忧花 *Saraca griffithiana*	10	4	3
木奶果 *Baccaurea ramiflora*	5	5	—
毛粗丝木 *Gomphandra mollis*	2	1	—
毛荔枝 *Nephelium lappaceum* var. *pallens*	4	—	—
云南野独活 *Miliusa tenuistipitata*	5	3	—
思茅蒲桃 *Syzygium szemaoense*	4	—	—
灰布荆 *Vitex canescens*	2	—	—
小芸木 *Micromelum integerrimum*	1	—	—
大花哥纳香 *Goniothalamus calvicarpus*	1	—	—
野波罗蜜 *Artocarpus lakoocha*	—	1	3
短柄苹婆 *Sterculia brevissima*	1	—	—
桄榔 *Arenga pinnata*	15	—	—

续表

种名 Species	样地 1 No. 1 株数 Indiv.	样地 2 No. 2 株数 Indiv.	样地 3 No.3 株数 Indiv.
野桐一种 Mallotus sp.	3	1	—
云南银钩花 Mitrephora wangii	2	—	—
大叶藤黄 Garcinia xanthochymus	1	—	—
缅桐 Sumbaviopsis albicans	1	—	4
长叶荆 Vitex lanceifolia	—	1	—
腺叶暗罗 Polyalthia simiarum	—	2	—
乌墨 Syzygium cumini	—	2	—
翅子树 Pterospermum acerifolium	—	1	—
红果樫木 Dysoxylum gotadhora	—	1	—
大果藤黄 Garcinia pedunculata	—	1	—
鸡嗉子榕 Ficus semicordata	—	6	—
滇南杜英 Elaeocarpus austroyunnanensis	—	1	—
秋枫 Bischofia javanica	—	2	3
华南吴萸 Tetradium austrosinense	—	1	—
大果人面子 Dracontomelon macrocarpum	—	—	3
四数木 Tetrameles nudiflora	—	—	2
长柄油丹 Alseodaphne petiolaris	—	—	5
大叶白颜树 Gironniera subaequalis	—	—	4
截裂叶翅子树 Pterospermum truncatolobatum	—	—	3
狭叶红光树 Knema cinerea	—	—	2
泰国大风子 Hydnocarpus anthelminthicus	—	—	1
小叶藤黄 Garcinia cowa	—	—	2
假柿木姜子 Litsea monopetala	—	—	5
大果山香圆 Turpinia pomifera	—	—	4
紫叶琼楠 Beilschmiedia purpurascens	—	—	2
千果榄仁 Terminalia myriocarpa	—	—	1
榆绿木 Anogeissus acuminata	—	—	2

2.17b　幼树-灌木层种类

2.17b　Species in the sapling-shrub layer

样地 Plot	样地 1 No. 1	样地 2 No. 2	样地 3 No. 3
样地面积 Sampling area	0.1hm^2	0.1hm^2	0.1hm^2

续表

种名 Species	样地 1 No. 1 德氏多度 Drude abundance	样地 2 No. 2 德氏多度 Drude abundance	样地 3 No. 3 德氏多度 Drude abundance	生长型 Growth form
桃榔 *Arenga pinnata*	cop1	un	—	T
红萼藤黄 *Garcinia rubrisepala*	sol	—	—	T
药用狗牙花 *Ervatamia officinalis*	sol	—	—	S
燕尾山槟榔 *Pinanga disolor*	sp	—	—	T
毛九节 *Psychotria pilifera*	sp	—	—	S
印度火筒 *Leea indica*	sp	sp	—	S
短龙血树 *Dracaena terniflora*	sp	sol	—	S
披针叶楠 *Phoebe lanceolata*	sp	—	—	T
毛粗丝木 *Gomphandra mollis*	sol	—	—	T
弯管花 *Chassalia curviflora*	un	—	sp	S
白花山丹 *Ixora henryi*	sp	sp	—	S
千只眼 *Murraya tetramcra*	sol	—	sp	S
滇谷木 *Mecylon polyanthum*	sol	—	—	T
五月茶 *Antidesma bunius*	sp	—	sp	T
棒柄花 *Cleidion brevipetiolatum*	sol	—	—	T
佛掌榕 *Ficus hirta* var. *imberbis*	un	—	—	T
南方紫金牛 *Ardisia thyrsiflora*	sp	—	—	T
木奶果 *Baccaurea ramiflora*	un	un	—	T
短柄苹婆 *Sterculia brevissima*	un	—	—	S
云南哥纳香 *Goniothalamus yunnanensis*	sp	—	—	T
长柄油丹 *Alseodaphne petiolaris*	—	un	—	T
滇南溪桫 *Chisocton siamensis*	—	sp	—	T
大果榕 *Ficus auriculata*	—	un	—	T
假广子 *Knema elegans*	—	sp	—	T
北酸脚杆 *Pseudodissochaeta septentrionalis*	—	un	sp	S
单羽火筒村 *Leea asiatica*	—	un	—	S
大叶白颜树 *Gironniera subaequalis*	—	sol	—	T
秤杆树 *Maesa ramentacea*	—	un	—	S
越南羊蹄甲 *Bauhinia touranensis*	—	sol	—	L
尼泊尔水东哥 *Saurauia napaulensis*	—	—	sol	T

续表

种名 Species	样地 1 No. 1 德氏多度 Drude abundance	样地 2 No. 2 德氏多度 Drude abundance	样地 3 No. 3 德氏多度 Drude abundance	生长型 Growth form
毛腺萼木 *Mycetia hirta*	—	sp	—	S
楹树 *Albizia chinensis*	—	un	—	T
双籽棕 *Arenga caudata*	—	un	—	S
云南野独活 *Miliusa tenuistipitata*	—	un	sp	T
苹婆一种 *Sterculia* sp.	—	un	—	T
滇西猴耳环 *Pithecollobium ellipticum*	—	sp	—	T
潺槁木姜子 *Litsea glutinosa*	—	un	—	T
三桠苦 *Melicope pteleifolia*	—	sol	sp	S
对叶榕 *Ficus hispida*	—	un	—	T
大果山香圆 *Turpinia pomifera*	—	un	—	T
华南吴萸 *Tetradium austrosinense*	—	un	—	T
大花哥纳香 *Goniothalamus calvicarpus*	—	—	sp	T
单羽火筒树 *Leea asiatica*	—	—	cop1	S
藏药木 *Hyptianthera stricta*	—	—	sp	T
弯管花 *Chassalia curviflora*	—	—	sp	S
小花楠 *Phoebe minutiflora*	—	—	un	T
褐果枣 *Ziziphus fungii*	—	—	sol	L
粗叶榕 *Ficus hirta*	—	—	sp	T
帽瓣蒲桃 *Syzygium oblatum*	—	—	sol	T
普文楠 *Phoebe puwenensis*	—	—	sp	T
岗柃 *Eurya groffii*	—	—	sp	T
土蜜树 *Bridelia tomentosa*	—	—	sp	T
尾叶血桐 *Macaranga kurzii*	—	—	sp	T
叶轮木 *Ostodes paniculata*	—	—	sol	T
紫麻 *Oreocnide frutescens*	—	—	sp	T
小黄皮 *Clausena emarginata*	—	—	sp	Growth
老虎楝 *Trichilia connaroides*	—	—	sp	T
毛八角枫 *Alangium kurzii*	—	—	sp	T

2.17c 草本植物

2.17c Herbaceous plants

样地 Plot	样地 1 No. 1	样地 2 No. 2	样地 3 No. 3
样地面积 Sampling area	0.1hm^2	0.1hm^2	0.1hm^2
种名 Species	样地 1 No. 1 德氏多度 Drude abundance	样地 2 No. 2 德氏多度 Drude abundance	样地 3 No. 3 德氏多度 Drude abundance
穿鞘花 Amischotolype hispida	sp	—	—
刺苞老鼠簕 Acanthus leucostachyus	sol	—	sp
柊叶 Phrynium rheedei	sp	—	—
毛线柱苣苔 Rhynchotechum vestitum	sol	—	—
箭叶海芋 Alocasia longiloba	un	—	un
尖叶沿阶草 Ophiopogon griffithii	sp	—	—
越南万年青 Aglaonema pierreanum	sp	—	—
长叶实蕨 Bolbitis heteroclita	sp	sp	sp
老虎须 Tacca chantrieri	un	—	—
大柱球子草 Peliosanthes macrostegia	sp	—	—
柳叶箬 Isachne globosa	sol	—	sp
竹叶草 Oplismenus compositus	sp	—	—
毛蕨 Cyclosorus gongylodes	—	sol	—
大野芋 Colocasia gigantea	—	un	—
芋一种 Colocasia sp.	—	sp	—
闭鞘姜 Costus speciosus	—	un	—
小果野芭蕉 Musa acuminata	—	sp	sp
宽唇姜 Alpinia platvchilus	—	sol	—
黑顶姜柏 Selaginella picta	—	sp	—
头花蓼 Polygonum capitatum	—	sp	—
飞机草 Eupatorium odoratum	—	sp	—
尖苞柊叶 Phrynium placentarium	—	sp	sp
厚叶秋海棠 Begonia dryadis	—	sol	—
狗脊蕨 Woodwardia japonica	—	sp	—
簇叶沿阶草 Ophiopogon tsaii	—	sp	—
云南山壳骨 Pseuderanthemum crenulatum	—	sp	—
滇南冠唇花 Microtoena affinis	—	sp	—
大叶仙茅 Curculigo capitulata	—	sp	sp

续表

种名 Species	样地 1 No. 1 德氏多度 Drude abundance	样地 2 No. 2 德氏多度 Drude abundance	样地 3 No. 3 德氏多度 Drude abundance
金毛狗 *Cibotium barometz*	—	—	sp
木根沿阶草 *Ophiopogon xylorrizus*	—	—	sp
秀竹 *Microstegium ciliatum*	—	—	cop1
匍匐球子草 *Peliosanthes sinica*	—	—	sp
山姜一种 *Alpinia* sp.	—	—	sp
山菅兰 *Dianella ensifolia*	—	—	sp

2.17d 藤本植物及附生植物

2.17d Liana plants and epiphyte plants

样地 Plot	样地 1 No. 1	样地 2 No. 2	样地 3 No. 3
样地面积 Sampling area	0.1hm²	0.1hm²	0.1hm²

种名 Species	样地 1 No. 1	样地 2 No. 2	样地 3 No. 3	生长型 Growth form
牛眼马钱 *Strychnos angustifolia*	+	—	—	L
毛绒苞藤 *Congea tomentosa*	+	—	—	L
土蜜藤 *Bridelia stipularis*	+	—	—	L
微花藤 *Iodes cirrhosa*	+	—	—	L
细毛银背藤 *Argyreia strigillosa*	+	—	—	L
天仙藤 *Fibraurea tinctoria*	+	—	—	L
楔翅藤 *Sphenodesme pentandra*	+	—	—	L
全缘刺果藤 *Byttneria integrifolia*	+	—	—	L
毛胡椒 *Piper puberulum*	+	—	—	E
防己叶菝葜 *Smilax menispermoides*	+	—	—	L
假蒟 *Piper sarmentosum*	+	+	—	E
副萼翼核果 *Ventilago denticulata*	+	—	—	L
海金沙 *Lygodium japonicum*	+	+	—	L
褐果枣 *Ziziphus fungii*	+	—	—	L
大叶钩藤 *Uncaria macrophylla*	+	—	—	L
华绒苞藤 *Congea chinensis*	+	—	—	L
瓦韦一种 *Lepisorus* sp.	+	—	—	E
豆瓣绿 *Peperomia reflexa*	+	—	—	E

续表

种名 Species	样地 1 No. 1	样地 2 No. 2	样地 3 No. 3	生长型 Growth form
巢蕨 *Neottopteris nidus*	+	+	+	E
圆锥菝葜 *Smilax bracteata*	+	—	—	L
飞龙掌血 *Toddalia asiatica*	—	+	+	L
刺果藤 *Byttmeria grandifolia*	—	+	—	L
扁担藤 *Tetrastigma planicaule*	—	—	+	L
龙须藤 *Bauhinia championii*	—	+	—	L
薄叶匍茎榕 *Ficus sarmentosa* var. *lacrymans*	—	+	—	E
纤花轮环藤 *Cyclea debiliflora*	—	+	—	L
垂子买麻藤 *Gnetum pendulum*	—	+	—	L
螳螂跌打 *Pothos scandens*	—	+	—	E
团叶槲蕨 *Drynaria bonii*	—	+	—	E
麦穗石豆兰 *Bulbophyllum careyanum*	—	+	—	E
膜叶星蕨 *Bosmania membranacea*	—	+	—	E
萼翅藤 *Getonia floribunda*	—	—	+	L
黄花胡椒 *Piper flaviflorum*	—	—	+	E
长叶银背藤 *Argyreia capitata*	—	—	+	L
石豆兰一种 *Bulbophyllum* sp.	—	—	+	E
叉子股 *Luisia* sp.	—	—	+	E
指叶毛兰 *Eria pannea*	—	—	+	E
瓦韦 *Lepisorus thunberginus*	—	—	+	E
厚叶伏石蕨 *Lemmaphyllum carnosum*	—	—	+	E

注（Note）：+，在样方内存在，—，在样方内不存在 "+" means present in the plot, "—" means not present in the plot

（2）云南龙脑香+千果榄仁林

云南龙脑香+千果榄仁林主要分布在盈江县拉邦坝海拔 500m 以下地区。云南龙脑香为优势树种或代表树种，群落高达 40～50m。该地区人为干扰较严重，仅能在沟箐有小面积片断，我们在盈江县拉邦坝做了一个 10m×100m 样方，见表 2.18。

表 2.18 云南龙脑香+千果榄仁林综合样地表
Table 2.18 Synthetic plot table of *Dipterocarpus retusus+Terminalia myriocarpa* forest

2.18a 乔木层

2.18a Tree layer

地点 Location：盈江县拉邦坝 Labangba, Yingjiang　　海拔 Altitude：310m

坡向 Slope aspect：西南 SW　　坡度 Slope degree：18°　　样地面积 Sampling area：0.1hm^2

种名 Species	株数 Indiv.	最高树木 Highest tree	最大胸径 Largest DBH
云南龙脑香 *Dipterocarpus retusus*	6	42	104
千果榄仁 *Terminalia myriocarpa*	1	35	88
南亚含笑 *Michelia doltsopa*	1	28	80
常绿臭椿 *Ailanthus fordii*	1	19	44
紫叶琼楠 *Beilschmiedia purpurascens*	2	16	36
八宝树 *Duabanga grandiflora*	3	21	48
浆果乌桕 *Sapium baccatum*	1	15	24
大果榕 *Ficus auriculata*	4	8	20
大叶龙角 *Hydnocarpus annamensis*	2	11	24
长柄油丹 *Alseodaphne petiolaris*	5	8	18
歪叶榕 *Ficus cyrtophylla*	4	8	22
红光树 *Knema furfuracea*	2	9	16
木奶果 *Baccaurea ramiflora*	4	13	18
合计（13 种）Total（13 species）	36		

2.18b 幼树-灌木层种类

2.18b Species in the sapling-shrub layer

种名 Species	高度 Height（m）	德氏多度 Drude abundance	生长型 Growth form
缅桐 *Sumbaviopsis albicans*	3	sp	T
大肉实树 *Sarcosperma arboreum*	2.5	sol	T
粗毛水东哥 *Saurauia macrotricha*	3.5	un	T
叶下珠 *Phyllanthodendron urinavia*	1.8	sp	S
秋枫 *Bischofia javanica*	3.5	un	T
中平树 *Macaranga denticulata*	2.5	sp	T
云南厚壳桂 *Cryptocarya yunnanensis*	3.5	un	T
大叶斑鸠菊 *Vernonia volkameriaefolia*	2	sp	S

续表

种名 Species	高度 Height（m）	德氏多度 Drude abundance	生长型 Growth form
腺萼木 *Mycetia glandulosa*	1.5	sp	S
对叶榕 *Ficus hispida*	3.5	un	T
尾叶血桐 *Macaranga kurzii*	2	sp	T
岭罗麦 *Tarennoidea wallichii*	2.5	sp	T
滇南九节 *Psychotria henryi*	1.5	sp	S
白花山丹 *Ixora henryi*	1	sp	S
三桠苦 *Melicope pteleifolia*	1.5	sp	S
羊脆木 *Pittosporum kerrii*	3	un	T
大花哥纳香 *Goniothalamus calvicarpus*	3	un	T
大叶紫珠 *Callicarpa macrophylla*	4	un	T
灰布荆 *Vitex canescens*	3	un	T

合计（19 种）Total（19 species）

2.18c　草本植物

2.18c　Herbaceous plants

种名 Species	平均高度 Average height（m）	德氏多度 Drude abundance
秀竹 *Microstegium ciliatum*	0.7	cop1
象头蕉 *Musa wilsonii*	1.5	cop1
穿鞘花 *Amischotolype hispida*	0.6	sp
柊叶 *Phrynium rheedei*	0.7	sp
金毛狗 *Cibotium barometz*	1.8	sp
长叶实蕨 *Bolbitis heteroclita*	0.4	sp
艾纳香 *Blumea balsamifera*	0.7	sp
耳草一种 *Hedyotis* sp.	0.3	sp
多花山壳骨 *Pseuderanthemum polyanthum*	0.5	sp
光泽锥花 *Gomphostemma lucidum*	0.4	sp
滇南冠唇花 *Microtoena patchouli*	0.3	sp
闭鞘姜 *Costus speciosus*	1	un
大盖球子草 *Peliosanthes macrostegia*	0.2	sp
水蔗草 *Apluda mutica*	0.8	sp
心叶稷 *Panicum notatum*	0.8	sp

合计（15 种）Total（15 species）

2.18d 藤本植物及附生植物

2.18d Liana plants and epiphyte plants

种名 Species	德氏多度 Drude abundance	生长型 Growth form
翼核果 *Ventilaga leiocarpa*	sp	L
螳螂跌打 *Pothos scandens*	sp	E
羽叶金合欢 *Acacia pennata*	sol	L
崖姜蕨 *Pseudodrynaria coronans*	sp	E
铁角蕨一种 *Asplenium* sp.	sp	E
合计（5 种）Total（5 species）		

该群落以云南龙脑香占优势，伴生有千果榄仁、常绿臭椿、八宝树、红光树等。灌木层主要是乔木幼树，灌木有腺萼木、大叶斑鸠菊、滇南九节、白花山丹、三桠苦等。草本植物有秀竹、野芭蕉、穿鞘花、柊叶、长叶实蕨、金毛狗、多花山壳骨等。藤本植物有翼核果、羽叶金合欢；附生植物有螳螂跌打、崖姜蕨等。

2.2 云南热带山地雨林的物种组成

热带山地雨林为热带雨林的山地变型，该类森林中热带低地雨林的成分约占60%，外貌和结构多具雨林特点，但缺乏散生巨树，板根和茎花现象少见，树蕨（桫椤）类植物丰富。云南的热带山地雨林主要分布在海拔 900～1300m 的湿润山地或受逆温影响的山地海拔 1300～1800m 的一些沟谷。

热带山地雨林群落高达 30（35）m，散生巨树不明显，乔木分 2～3 个层次，以上层乔木覆盖度最大，构成主要林冠层，板根和茎花现象少见，附生植物丰富。热带山地雨林在植物区系组成上以樟科、大戟科、壳斗科、豆科、茜草科、山茶科等占优势，若按乔木重要值，以樟科、木兰科、大戟科、壳斗科、单室茱萸科等为主。

云南的热带山地雨林在南部以八蕊单室茱萸-大萼楠林、云南拟单性木兰-云南裸花林、云南胡桐-滇楠林为主要群系；在东南部以滇木花生-云南蕈树林为主要群系；在西南部以糖胶树-缅漆林为主要群系。

我们以研究较多的云南南部的热带山地雨林为例，进行论述。

（1）黄棉木-华夏蒲桃林

黄棉木-华夏蒲桃林分布在西双版纳勐养地区海拔 1100～1300m 山地。

黄棉木-华夏蒲桃林因分布海拔较低，群落结构比较接近热带季节性雨林。该群落有 3 个相对明显的乔木层。乔木上层由 25～40m 的高大树木组成，盖度达

70%～80%，以伞形树冠为主，为群落的林冠层。该层主要树种有黄棉木、橄榄、滇南杜英、合果木、高山榕、思茅黄肉楠、普文楠、紫叶琼楠、百日青。黄棉木在上层乔木中数量最多，在群落中重要值最大，是该群落乔木层的优势树种。乔木中层高10～25m，盖度为50%～70%。优势种是华夏蒲桃，其他有假广子、滇边蒲桃、假鹊肾树、小叶藤黄、山木患、滨木患、笔罗子等。乔木下层主要由高度为5～10m的小树组成，盖度为30%～40%。优势种主要有琼滇簕茜、滇银柴、毒鼠子、山香圆、山油柑等（表2.19）。

表 2.19 黄棉木-华夏蒲桃林综合样地表
Table 2.19 Synthetic plot table of Metadina trichotoma-Syzygium cathayense forest
2.19a 乔木层重要值
2.19a Tree layers with importance value index of species

地点 Location	勐养 Mengyang			
海拔 Altitude（m）	1100～1200			
样地面积 Sampling area	5（10m×50m）			

种名 Species	相对多度 RA	相对显著度 RD	相对频度 RF	重要值 IVI
黄棉木 *Metadina trichotoma*	9.41	9.38	4.35	23.14
华夏蒲桃 *Syzygium cathayense*	4.95	9.93	3.48	18.36
假广子 *Knema elegans*	6.44	4.57	4.35	15.35
合果木 *Paramichelia baillonii*	0.99	11.95	1.74	14.68
滇边蒲桃 *Syzygium forrestii*	5.45	5.90	2.61	13.95
橄榄 *Canarium album*	0.50	10.45	0.87	11.82
思茅黄肉楠 *Actinodaphne henryi*	2.97	4.28	2.61	9.86
假鹊肾树 *Streblus indicus*	5.45	1.78	2.61	9.83
滇银柴 *Aporosa yunnanensis*	3.96	1.32	3.48	8.76
刺栲（红锥）*Castanopsis hystrix*	1.98	4.57	1.74	8.29
滇南杜英 *Elaeocarpus austroyunnanensis*	0.50	6.49	0.87	7.86
高山榕 *Ficus altissima*	0.50	5.86	0.87	7.22
云南崖摩 *Amoora yunnanensis*	2.48	1.81	1.74	6.02
岭罗麦 *Tarennoidea wallichii*	1.98	1.10	2.61	5.69
紫叶琼楠 *Beilschmiedia purpurascens*	1.98	1.00	2.61	5.59
越南安息香 *Styrax tonkinensis*	1.98	1.51	1.74	5.23
银柴 *Aporosa dioica*	1.98	0.45	2.61	5.04
琼滇簕茜 *Benkara griffithii*	2.97	0.26	1.74	4.97
小叶藤黄 *Garcinia cowa*	2.48	0.70	1.74	4.92

续表

种名 Species	相对多度 RA	相对显著度 RD	相对频度 RF	重要值 IVI
粗丝木 Gomphandra tetrandra	1.49	0.58	2.61	4.67
笔罗子 Meliosma rigida	1.98	0.88	1.74	4.60
普文楠 Phoebe puwenensis	0.50	2.16	1.74	4.40
樱叶杜英 Elaeocarpus prunifolioides	0.99	1.50	1.74	4.23
百日青 Podocarpus neriifolius	0.99	1.44	1.74	4.17
山油柑 Acronychia pedunculata	1.98	0.41	1.74	4.13
细齿桃叶珊瑚 Aucuba chlorascens	1.98	0.23	1.74	3.95
滨木患 Arytera littoralis	1.98	1.09	0.87	3.94
山木患 Harpullia cupanioides	1.49	0.30	1.74	3.53
泰国黄叶树 Xanthophyllum siamense	0.99	0.72	1.74	3.45
长柄油丹 Alseodaphne petiolaris	0.99	1.53	0.87	3.39
柴桂 Cinnamomum tamala	0.99	0.63	1.74	3.36
山香圆 Turpinia montana	1.49	0.12	1.74	3.35
毛狗骨 Diplospora fruticosa	1.49	0.11	1.74	3.33
毒鼠子 Dichapetalum gelonioides	1.49	0.08	1.74	3.30
毛臀形果 Prunus arborea	0.99	0.23	1.74	2.96
单叶泡花树 Meliosma simplicifolia	0.99	0.22	1.74	2.95
滇紫金牛 Ardisia yunnanensis	0.99	0.17	1.74	2.90
红果樫木 Dysoxylum gotadhora	0.99	0.17	1.74	2.90
滇藏杜英 Elaeocarpus braceanus	0.99	0.83	0.87	2.69
版纳柿 Diospyros xishuangbannaensis	0.99	0.62	0.87	2.48
多花白头树 Garuga floribunda var. gamblei	0.50	0.83	0.87	2.20
网叶山胡椒 Lindera metcalfiana var. dictyophylla	0.99	0.17	0.87	2.03
红光树 Knema furfuracea	0.99	0.08	0.87	1.94
木奶果 Baccaurea ramiflora	0.99	0.08	0.87	1.94
大叶蒲葵 Livistona saribus	0.99	0.00	0.87	1.86
高檐蒲桃 Syzygium oblatum	0.50	0.28	0.87	1.65
齿叶枇杷 Eriobotrya serrata	0.50	0.27	0.87	1.64
盆架树 Alstonia rostrata	0.50	0.18	0.87	1.55
长叶荆 Vitex burmensis	0.50	0.12	0.87	1.49
水同木 Ficus fistulosa	0.50	0.11	0.87	1.48
大叶白颜树 Gironniera subaequalis	0.50	0.07	0.87	1.43
滇印杜英 Elaeocarpus varunua	0.50	0.07	0.87	1.43

续表

种名 Species	相对多度 RA	相对显著度 RD	相对频度 RF	重要值 IVI
红豆一种 Ormosia sp.	0.50	0.05	0.87	1.42
五月茶 Antidesma bunius	0.50	0.05	0.87	1.42
火烧花 Mayodendron igneum	0.50	0.04	0.87	1.41
破布叶 Microcos paniculata	0.50	0.04	0.87	1.41
假苹婆 Sterculia lanceolata	0.50	0.04	0.87	1.40
阔叶蒲桃 Syzygium megacarpum	0.50	0.03	0.87	1.40
多脉樫木 Dysoxylum lukii	0.50	0.02	0.87	1.39
大参 Macropanax dispermus	0.50	0.02	0.87	1.38
滇茜树 Aidia yunnanensis	0.50	0.02	0.87	1.38
盘叶罗伞 Brassaiopsis fatsioides	0.50	0.02	0.87	1.38
龙果 Pouteria grandifolia	0.50	0.02	0.87	1.38
披针叶楠 Phoebe lanceolata	0.50	0.02	0.87	1.38
疖腮树 Heliciopsis terminalis	0.50	0.02	0.87	1.38
共计（65 种）Total（65 species）	100	100	100	300

2.19b 幼树-灌木层种类

2.19b Species in the sapling-shrub layer

种名 Species	相对多度 RA	相对频度 RF	种名 Species	相对多度 RA	相对频度 RF
幼树 Sapling					
假广子 Knema elegans	5.03	7.09	大叶白颜树 Gironniera subaequalis	1.68	2.84
云南胡桐 Calophyllum polyanthum	4.70	6.38	思茅木姜子 Litsea szemaois	1.68	2.84
毒鼠子 Dichapetalum gelonioides	4.03	4.26	山油柑 Acronychia pedunculata	1.34	2.84
红果樫木 Dysoxylum gotadhora	3.69	4.26	罗伞 Brassaiopsis glomerulata	1.01	2.84
紫叶琼楠 Beilschmiedia purpurascens	2.01	4.26	披针叶楠 Phoebe lanceolata	13.42	2.13
云南崖摩 Amoora yunnanensis	5.71	2.84	黄棉木 Metadina trichotoma	2.01	2.13
滇边蒲桃 Syzygium forrestii	2.01	2.84	毛叶茜树 Aidia pycnantha	1.68	2.13
小花八角 Illicium micranthum	2.01	2.84	粗丝木 Gomphandra tetrandra	1.34	2.13

续表

种名 Species	相对多度 RA	相对频度 RF	种名 Species	相对多度 RA	相对频度 RF
染木树 *Saprosma ternata*	1.34	2.13	黄檀一种 *Dalbergia* sp. 2	1.34	0.71
山香圆 *Turpinia montana*	1.34	2.13	普文楠 *Phoebe puwenensis*	1.01	0.71
黑皮柿 *Diospyros nigrocortex*	1.01	2.13	青藤公 *Ficus langkokensis*	1.01	0.71
假海桐 *Pittosporopsis kerrii*	6.71	1.42	山木患 *Harpullia cupanioides*	1.01	0.71
黄檀一种 *Dalbergia* sp. 1	3.36	1.42	五瓣子楝树 *Decaspermum fruticosum*	1.01	0.71
西蜀苹婆 *Sterculia lanceifolia*	3.02	1.42	刺栲 *Castanopsis hystrix*	0.67	0.71
红豆一种 *Ormosia* sp.	1.68	1.42	耳叶柯 *Lithocarpus grandifolius*	0.67	0.71
印度栲 *Castanopsis indica*	1.68	1.42	景洪暗罗 *Polyalthia cheliensis*	0.67	0.71
假苹婆 *Sterculia lanceolata*	1.34	1.42	百日青 *Podocarpus neriifolius*	0.34	0.71
毛狗骨柴 *Diplospora fruticosa*	1.34	1.42	茶 *Camellia sinensis*	0.34	0.71
木奶果 *Baccaurea ramiflora*	1.34	1.42	柴桂 *Cinnamomum tamala*	0.34	0.71
滨木患 *Arytera littoralis*	1.01	1.42	大叶蒲葵 *Livistona saribus*	0.34	0.71
野荔枝 *Litchi chinensis*	1.01	1.42	滇银柴 *Aporosa yunnanensis*	0.34	0.71
毛麻楝 *Chukrasia tabularis* var. *velutina*	0.67	1.42	多脉樫木 *Dysoxylum lukii*	0.34	0.71
毛臀形果 *Prunus arborea*	0.67	1.42	割舌树 *Walsura robusta*	0.34	0.71
米子兰 *Aglaia odorata*	0.67	1.42	红光树 *Knema furfuracea*	0.34	0.71
破布叶 *Microcos paniculata*	2.69	0.71	华夏蒲桃 *Syzygium cathayense*	0.34	0.71
水同木 *Ficus fistulosa*	2.01	0.71	假鹊肾树 *Streblus indicus*	0.34	0.71

续表

种名 Species	相对多度 RA	相对频度 RF	种名 Species	相对多度 RA	相对频度 RF
截头石栎 *Lithocarpus truncatus*	0.34	0.71	茜树 *Randia cochiachinensis*	0.34	0.71
盘叶罗伞 *Brassaiopsis fatsioides*	0.34	0.71	思茅黄肉楠 *Actinodaphne henryi*	0.34	0.71
细基丸 *Polyalthia cerasoides*	0.34	0.71	小林乌口树 *Tarenna sylvistris*	0.34	0.71
老挝天料木 *Homalium eylanicum* var. *laoticum*	0.34	0.71	樱叶杜英 *Elaeocarpus prunifolioides*	0.34	0.71
龙果 *Pouteria grandifolia*	0.34	0.71			

共计（61 种）Total（61 species）

灌木 Shrub

种名 Species	RA	RF	种名 Species	RA	RF
椴叶山麻杆 *Alchornea tiliifolia*	16.33	4.37	小绿刺 *Capparis urophylla*	10.88	0.79
加辣荍 *Garrettia siamensis*	14.97	1.98	毛杜茎山 *Maesa permollis*	1.36	0.79
琼滇簕茜 *Benkara griffithii*	12.25	1.19	北酸脚杆 *Pseudodissochaeta septentrionalis*	0.68	0.40
虎克粗叶木 *Lasianthus hookeri*	10.20	2.38	异色假卫矛 *Microtropis discolor*	1.36	0.79
细腺萼木 *Mycetia gracilis*	6.80	1.98	纽子果 *Ardisia virens*	2.04	0.40
云南九节 *Psychotria yunnanensis*	5.44	1.98	亮叶山小橘 *Glycosmis lucida*	1.36	0.40
滇南九节 *Psychotria henryi*	3.40	1.98	单羽火筒树 *Leea asiatica*	0.68	0.40
粗叶榕 *Ficus hirta*	3.40	1.19	弯管花 *Chassalia curviflora*	0.68	0.40
聚果九节 *Psychotria morindoides*	3.40	1.19	紫珠 *Callicarpa bodinieri*	0.68	0.40
香港大沙叶 *Pavetta hongkongensis*	2.04	1.19			

共计（19 种）Total（19 species）

2.19c　草本植物

2.19c　Herbaceous plants

种名 Species	相对多度 RA	相对频度 RF	种名 Species	相对多度 RA	相对频度 RF
清秀复叶耳蕨 *Arachniodes spectabilis*	26.09	19.80	滇缅斑鸠菊 *Vernonia parishii*	1.74	0.99
柊叶 *Phrynium rheedei*	21.74	8.91	燕尾三叉蕨 *Tectaria simonsii*	1.74	0.99
长羽柄短肠蕨 *Allantodia siamensis*	6.52	7.92	淡竹叶 *Lophatherum gracile*	0.87	0.99
野靛棵 *Justicia patentiflora*	5.65	8.91	美果九节 *Psychotria calocarpa*	0.87	0.99
苦竹 *Pleioblastus amarus*	5.22	6.93	斑鸠菊 *Vernonia esculenta*	0.44	0.99
线柱苣苔 *Rhynchotechum obovatum*	4.78	6.93	大叶仙茅 *Curculigo capitulata*	0.44	0.99
攀援孔药花 *Porandra scandens*	4.78	2.97	光叶鳞盖蕨 *Microlepis calvescens*	0.44	0.99
牛膝 *Achyranthes bidentata*	2.61	4.95	姜一种 *Zingiber* sp. 1	0.44	0.99
网脉铁角蕨 *Asplenium finlaysonianum*	2.61	4.95	姜另一种 *Zingiber* sp. 2	0.44	0.99
长叶实蕨 *Bolbitis heteroclita*	2.61	2.97	蕨 *Pteridium aquslinum*	0.44	0.99
木根沿阶草 *Ophiopogon xylorrhizus*	2.17	3.96	卵叶蜘蛛抱蛋 *Aspidistra typica*	0.44	0.99
金毛狗 *Cibotium barometz*	2.17	1.98	马蓝 *Baphicacanthus cusia*	0.44	0.99
山菅兰 *Dianella ensifolia*	1.74	2.97	山壳骨 *Pseuderanthemum latifolium*	0.44	0.99
山稗子 *Carex baccans*	1.74	1.98	隐柄尖嘴蕨 *Belvisia henryi*	0.44	0.99

共计（28 种）Total（28 species）

2.19d　藤本植物

2.19d　Liana plants

种名 Species	相对多度 RA	相对频度 RF	种名 Species	相对多度 RA	相对频度 RF
刺果藤 *Byttneria grandifolia*	29.13	24.24	厚果崖豆藤 *Millettia pachycarpa*	2.91	3.03
独子藤 *Celastrus monospermus*	10.68	6.06	十字崖爬藤 *Tetrastigma cruciatum*	2.91	3.03
全缘刺果藤 *Byttneria integrifolia*	9.71	15.15	抱茎菝葜 *Smilax ocreata*	1.94	3.03
皱皮枣 *Zizyphus rugosa*	9.71	10.61	当归藤 *Embelia parviflora*	0.97	1.52
大叶玉叶金花 *Mussaenda macrophylla*	6.80	4.55	多脉酸藤子 *Embelia vestita*	0.97	1.52
柳叶五层龙 *Salacia cochinchinensis*	5.83	7.58	瘤皮酸藤子 *Embelia scandens*	0.97	1.52
崖豆藤一种 *Millettia* sp.	3.88	3.03	水密花 *Combretum punctatum*	0.97	1.52
粉背菝葜 *Smilax hypoglauca*	3.88	1.52	翼梗五味子 *Schisandra henryi*	0.97	1.52
瓜馥木 *Fissistigma oldhamii*	2.91	4.55	翼核果 *Ventilago leiocarpa*	0.97	1.52
滇南素馨 *Jasminum wangii*	2.91	3.03	玉叶金花一种 *Mussaenda* sp.	0.97	1.52

共计（20种）Total（20 species）

　　幼树-灌木层由胸径 5cm 以下的幼树、灌木组成，盖度为 20%～30%，幼树主要有假广子、云南胡桐、毒鼠子；灌木种类占优势的是椴叶山麻杆、虎克粗叶木等。

　　草本层较为繁茂，盖度为 50%～70%，组成种类丰富，频度和多度较高的是清秀复叶耳蕨、柊叶、野靛棵、长羽柄短肠蕨等，在有倒木或较湿润的沟边，柊叶发展成为高约 2m 的单优势层。

　　层间植物木质藤本较为丰富，但是种类组成单一，以梧桐科的刺果藤和全缘刺果藤最为常见，附生植物主要集中在乔木中层和下层。

　　调查发现，群落中板根和茎花现象很少见。

　　在 2500m² 的样地中有植物 163 种，分属于 74 科 127 属。其中胸径大于 5cm（乔木层）的树种有 65 种，占样地物种数的 39.9%。

（2）黄棉木-假海桐林

群落高 25～35m。乔木上层盖度达到 70%～80%，以黄棉木、湄公栲占优势，其他有西南木荷、多花白头树、长柄油丹、毛叶油丹、缅漆、斯里兰卡天料木、新乌檀、合果木、大叶白颜树、野波罗蜜等；乔木中层高 10～25m，盖度为 50%～70%。较占优势的树种有普文楠、木奶果；下层主要由高度为 5～10m 的小树组成，盖度为 30%～40%，以假海桐占优势，其他有披针叶楠、滇边蒲桃、滇银柴、思茅黄肉楠、大果山香圆等（表 2.20）。

表 2.20　黄棉木-假海桐林乔木层重要值

Table 2.20　Importance value of tree species in the *Metadina trichotoma-Pittosporopsis kerrii* forest

地点 Location	勐腊广纳里 Guangnali, Mengla			
海拔 Altitude（m）	920			
样地面积 Sampling area	5（10m×50m）			

种名 Species	株数 Indiv.	相对多度 RA	相对显著度 RD	相对频度 RF	重要值 IVI
假海桐 *Pittosporopsis kerrii*	28	12.84	4.36	4.10	21.30
黄棉木 *Metadina trichotoma*	16	7.34	9.04	4.10	20.48
湄公栲 *Castanopsis mekongensis*	8	3.67	8.37	3.28	15.32
大叶蒲葵 *Livistona saribus*	8	3.67	6.38	4.10	14.15
普文楠 *Phoebe puwenensis*	10	4.59	6.20	3.28	14.07
披针叶楠 *Phoebe lanceolata*	11	5.05	2.50	4.10	11.65
木奶果 *Baccaurea ramiflora*	11	5.05	2.99	1.64	9.68
西南木荷 *Schima wallichii*	4	1.83	4.36	2.46	8.65
华南石栎（泥柯）*Lithocarpus fenestratus*	4	1.83	3.94	2.46	8.23
红光树 *Knema furfuracea*	7	3.21	1.87	2.46	7.54
环纹榕 *Ficus annulata*	3	1.38	4.04	1.64	7.06
滇边蒲桃 *Syzygium forrestii*	4	1.83	2.31	2.46	6.60
多花白头树 *Garuga floribunda* var. *gamblei*	5	2.29	1.69	2.46	6.44
黄心树 *Machilus gamblei*	6	2.75	1.20	2.46	6.41
截头石栎 *Lithocarpus truncatus*	4	1.83	2.94	1.64	6.41
小叶藤黄 *Garcinia cowa*	6	2.75	1.58	0.82	5.15
滇银柴 *Aporosa yunnanensis*	4	1.83	1.54	1.64	5.01
云南黄杞 *Engelhardia spicata*	2	0.92	2.27	1.64	4.83

续表

种名 Species	株数 Indiv.	相对多度 RA	相对显著度 RD	相对频度 RF	重要值 IVI
长柄油丹 Alseodaphne petiolaris	3	1.38	1.70	1.64	4.72
思茅黄肉楠 Actinodaphne henryi	3	1.38	0.86	2.46	4.70
岭罗麦 Tarennoidea wallichii	3	1.38	0.44	2.46	4.28
新乌檀 Neonauclea griffithii	2	0.92	1.67	1.64	4.23
梨果破布叶 Microcos chungii	3	1.38	1.07	1.64	4.09
南亚泡花树 Meliosma arnottiana	2	0.92	1.25	1.64	3.81
滇南木姜子 Litsea garrettii	3	1.38	0.63	1.64	3.65
毛叶油丹 Alseodaphne andersonii	2	0.92	0.98	1.64	3.54
劲直刺桐 Erythrina stricta	1	0.46	2.24	0.82	3.52
大果山香圆 Turpinia pomifera	3	1.38	0.47	1.64	3.49
粉花羊蹄甲 Bauhinia variegata var. candida	2	0.92	0.79	1.64	3.35
野荔枝 Litchi chinensis	2	0.92	1.58	0.82	3.32
云南厚壳桂 Cryptocarya yunnanensis	2	0.92	0.61	1.64	3.17
缅漆 Semecarpus reticulatus	2	0.92	0.53	1.64	3.09
羽叶白头树 Garuga pinnata	1	0.46	1.76	0.82	3.04
合果木 Paramichelia baillonii	2	0.92	0.32	1.64	2.88
滇印杜英 Elaeocarpus varunua	2	0.92	1.06	0.82	2.80
云南石梓 Gmelina arborea	1	0.46	1.45	0.82	2.73
斯里兰卡天料木 Homalium ceylanicum	1	0.46	1.33	0.82	2.61
狭叶一担柴 Colona thorelii	2	0.92	0.83	0.82	2.57
印度栲 Castanopsis indica	1	0.46	1.18	0.82	2.46
南酸枣 Choerospondias axillaris	2	0.92	0.56	0.82	2.230
稠琼楠 Beilschmiedia roxburghiana	1	0.46	0.94	0.82	2.22
一担柴 Colona floribunda	1	0.46	0.82	0.82	2.10
越南割舌树 Walsura pinnata	2	0.92	0.33	0.82	2.07
野波罗蜜 Artocarpus lakoocha	2	0.92	0.31	0.82	2.05
柴龙树 Apodytes dimidiata	2	0.92	0.30	0.82	2.04
南方紫金牛 Ardisia thyrsiflora	2	0.92	0.25	0.82	1.99
杯状栲 Castanopsis calathiformis	1	0.46	0.60	0.82	1.88
酸苔菜 Ardisia solanacea	1	0.46	0.56	0.82	1.84
印度血桐 Macaranga indica	1	0.46	0.51	0.82	1.79

续表

种名 Species	株数 Indiv.	相对多度 RA	相对显著度 RD	相对频度 RF	重要值 IVI
大叶白颜树 Gironniera subaequalis	1	0.46	0.49	0.82	1.77
樱叶杜英 Elaeocarpus prunifolioides	1	0.46	0.37	0.82	1.65
紫叶琼楠 Beilschmiedia purpurascens	1	0.46	0.37	0.82	1.65
香花木姜子 Litsea panamanja	1	0.46	0.35	0.82	1.63
白肉榕 Ficus vasculosa	1	0.46	0.32	0.82	1.60
西南猫尾木 Markhamia stipulata	1	0.46	0.30	0.82	1.58
毛银柴 Aporosa villosa	1	0.46	0.25	0.82	1.53
蒙自黄檀 Dalbergia henryana	1	0.46	0.24	0.82	1.52
红果樫木 Dysoxylum gotadhora	1	0.46	0.22	0.82	1.50
金毛榕 Ficus fulva	1	0.46	0.22	0.82	1.50
滇南溪桫 Chisocheton siamensis	1	0.46	0.19	0.82	1.47
毛八角枫 Alangium kurzii	1	0.46	0.18	0.82	1.46
水东哥 Saurauia tristyla	1	0.46	0.16	0.82	1.44
龙果 Pouteria grandifolia	1	0.46	0.16	0.82	1.44
小花楠 Phoebe minutiflora	1	0.46	0.16	0.82	1.44
大叶木槿 Hibiscus macrophyllus	1	0.46	0.13	0.82	1.41
滇南柃 Eurya austroyunnanensis	1	0.46	0.12	0.82	1.40
木紫珠 Callicarpa arborea	1	0.46	0.12	0.82	1.40
微毛布荆 Vitex quinata var. puberula	1	0.46	0.12	0.82	1.40
共计（68 种）Total（68 species）	218	100	100	100	300

灌木主要有密花火筒、弯管花、腺萼木、黑面神、毛果算盘子、三桠苦、杜茎山等。

草本植物常见种有线柱苣苔、野靛棵、穿鞘花、柊叶、尖苞柊叶、越南万年青、大叶仙茅、清秀复叶耳蕨、长叶实蕨、鳞柄毛蕨等。

藤本植物比较丰富，常见种有蛇藤、瓜馥木、秤钩风、水密花、厚果崖豆藤、巴豆藤、柳叶五层龙、甜果藤、微花藤、扁担藤等。附生植物常见种有黄花胡椒。

（3）八蕊单室茱萸-大萼楠林

八蕊单室茱萸-大萼楠林分布区年均温一般为 16～17℃，年降水量较大（1700～2000mm）（郑征等，2007），土壤为山地黄壤。该群系主要分布在景洪勐宋地区海拔 1500m 以上山地，沿山地沟谷分布。

该群落的乔木上层高 22～35m，盖度达 80% 以上，为群落的林冠层，主要树种有八蕊单室茱萸、文山蓝果树、中缅木莲、平伐含笑、长蕊木兰、香子含笑、云南胡桐等；乔木中层高 11～20m，盖度 70%～80%，优势树种是大萼楠、红果樫木、短药蒲桃、焰序山龙眼等；乔木下层高 5～10m，盖度 40%～50%；优势种主要有碟腺棋子豆、瘤果厚壳桂、沧源木姜子、轮叶木姜子、南方紫金牛等（表 2.21，图 2.4）。

表 2.21　八蕊单室茱萸-大萼楠林综合样地表

Table 2.21　Synthetic plot table of *Mastixia euonymoides-Phoebe megacalyx* forest

2.21a　乔木层重要值

2.21a　Tree layers with importance value index of species

地点 Location	景洪勐宋 Mengsong, Jinghong			
海拔 Altitude（m）	1650～1780			
样地面积 Sampling area	5（25m×20m）			

种名 Species	相对多度 RA	相对频度 RF	相对显著度 RD	重要值 IVI
八蕊单室茱萸 *Mastixia euonymoides*	0.76	1.64	23.46	25.86
大萼楠 *Phoebe megacalyx*	9.13	4.1	6.00	19.22
短药蒲桃 *Syzygium globiflorum*	9.51	4.1	3.01	16.62
红果樫木 *Dysoxylum gotadhora*	9.51	4.1	2.35	15.95
中缅木莲 *Manglietia hookeri*	0.38	0.82	14.14	15.34
平伐含笑 *Michelia cavaleriei*	1.9	2.46	8.73	13.09
文山蓝果树 *Nyssa wenshanensis*	1.52	2.46	7.12	11.10
李榄 *Chionanthus henryanus*	4.94	3.28	1.66	9.88
南方紫金牛 *Ardisia thyrsiflora*	4.56	4.1	0.87	9.53
爪哇肉桂 *Cinnamomum javanicum*	2.66	3.28	3.21	9.15
焰序山龙眼 *Helicia pyrrhobotrya*	4.18	3.28	0.58	8.05
云南胡桐 *Calophyllum polyanthum*	2.66	3.28	1.72	7.66
云南叶轮木 *Ostodes katharinae*	3.8	2.46	1.38	7.64
云南黄叶树 *Xanthophyllum yunnanense*	3.42	3.28	0.88	7.58
罗伞 *Brassaiopsis glomerulata*	2.28	2.46	1.90	6.64
碟腺棋子豆 *Archidendron kerrii*	3.8	2.46	0.29	6.55
瘤果厚壳桂 *Cryptocarya rolletii*	3.04	3.28	0.17	6.49
长蕊木兰 *Alcimandra cathcartii*	1.52	2.46	2.29	6.27

续表

种名 Species	相对多度 RA	相对频度 RF	相对显著度 RD	重要值 IVI
沧源木姜子 *Litsea cangyuanensis*	1.52	3.28	0.13	4.93
有梗木姜子 *Litsea lancifolia* var. *pedicellata*	2.28	2.46	0.12	4.86
大果山石榴 *Randia* sp.	2.66	1.64	0.52	4.82
香子含笑 *Michelia hedyosperma*	1.14	1.64	1.93	4.71
柳叶核果木 *Drypetes salicifolia*	0.76	1.64	2.30	4.70
俅江枳椇 *Hovenia acerba* var. *kiukiangensis*	0.76	0.82	2.82	4.40
硬壳柯 *Lithocarpus hancei*	0.76	0.82	2.56	4.14
轮叶木姜子 *Litsea verticillata*	1.52	1.64	0.03	3.19
云南单室茱萸 *Mastixia pentandra* subsp. *chinensis*	1.14	1.64	0.28	3.06
两广梭罗树 *Reevesia thyrsoidea*	1.14	1.64	0.26	3.04
岭罗麦 *Tarennoidea wallichii*	1.14	1.64	0.25	3.03
滇龙眼 *Dimocarpus yunnanensis*	0.76	1.64	0.45	2.85
草鞋木 *Macaranga henryi*	1.52	0.82	0.17	2.51
瑞丽润楠 *Machilus shweliensis*	0.38	0.82	1.27	2.47
毛叶油丹 *Alseodaphne andersonii*	0.38	0.82	0.91	2.11
木姜子一种 *Litsea* sp.	0.76	0.82	0.39	1.97
越南割舌树 *Walsura pinnata*	0.38	0.82	0.73	1.93
假细毛樟 *Cinnanmomum* sp.	0.76	0.82	0.27	1.85
棱枝杜英 *Elaeocarpus glabripetalus* var. *alatus*	0.38	0.82	0.61	1.81
毛棉杜鹃 *Rhododendron moulmainense*	0.76	0.82	0.22	1.80
中华桫椤 *Alsophila costularis*	0.76	0.82	0.18	1.76
稠琼楠 *Beilschmiedia roxburghiana*	0.38	0.82	0.45	1.65
多脉藤春 *Alphonsea tsangyuanensis*	0.38	0.82	0.43	1.63
青冈 *Cyclobalanopsis* sp.	0.38	0.82	0.38	1.58
单叶泡花树 *Meliosma simplicifolia*	0.38	0.82	0.33	1.53
云南瘿椒树 *Tapiscia yunnanensis*	0.38	0.82	0.28	1.48
长柄油丹 *Alseodaphne petiolaris*	0.38	0.82	0.27	1.47
窄叶南亚枇杷 *Eriobotrya bengalensis* var. *angustifolia*	0.38	0.82	0.27	1.47
云南裸花 *Gymnanthes remota*	0.38	0.82	0.26	1.46
多花含笑 *Michelia floribunda*	0.38	0.82	0.19	1.39

续表

种名 Species	相对多度 RA	相对频度 RF	相对显著度 RD	重要值 IVI
野柿 *Diospyros kaki* var. *silvestris*	0.38	0.82	0.18	1.38
坚核桂樱 *Laurocerasus jenkinsii*	0.38	0.82	0.15	1.35
文山蓝果树 *Nyssa wenshanensis*	0.38	0.82	0.14	1.34
李榄琼楠 *Beilschmiedia linocieroides*	0.38	0.82	0.12	1.31
大果榕 *Ficus auriculata*	0.38	0.82	0.09	1.29
割舌树 *Walsura robusta*	0.38	0.82	0.08	1.28
亮叶波罗蜜 *Artocarpus nitidus* subsp. *griffithii*	0.38	0.82	0.08	1.28
单果柯 *Lithocarpus pseudoreinwardtii*	0.38	0.82	0.04	1.24
团香果 *Lindera latifolia*	0.38	0.82	0.03	1.23
刚毛尖子木 *Oxyspora vagans*	0.38	0.82	0.03	1.23
滇南木姜子 *Litsea garrettii*	0.38	0.82	0.02	1.22
银叶锥 *Castanopsis argyrophylla*	0.38	0.82	0.01	1.21
方枝假卫矛 *Microtropis tetragona*	0.38	0.82	0.01	1.20
大叶黑桫椤 *Alsophila gigantea*	0.38	0.82	0.01	1.20
总计（62 种）Total（62 species）	100	100	100	300

2.21b 幼树-灌木层种类

2.21b Species in the sapling-shrub layer

样地面积 Sampling area: 5（5m×5m）

种名 Species	频度 Freq.	种名 Species	频度 Freq.
幼树（46 种）Sapling（46 species）			
云南胡桐 *Callophyllum polyanthum*	100	大参 *Macropanax dispermus*	60
李榄 *Chionanthus henryanus*	100	碧绿米仔兰 *Aglaia perviridia*	40
云南黄叶树 *Xanthophyllum yunnanensis*	100	山地五月茶 *Antidesma montana*	40
碟腺棋子豆 *Archidendron kerrii*	80	南方紫金牛 *Ardisia thyrsiflora*	40
红果樫木 *Dysoxylum gotadhora*	80	有梗木姜子 *Litsea lancifolia* var. *pedicellata*	40
焰序山龙眼 *Helicia pyrrhobotrya*	80	子列玛樟 *Litsea* sp.	40
瘤果厚壳桂 *Cryptocarya rolletii*	80	轮叶木姜子 *Litsea verticillata*	40
网叶山胡椒 *Lindera metcalfiana* var. *dictyophylla*	60	单叶泡花树 *Meliosa simplicifolia*	40

续表

种名 Species	频度 Freq.	种名 Species	频度 Freq.
方枝假卫矛 *Microtropis tetragona*	40	大萼楠 *Phoebe megacalyx*	20
绒毛叶轮木 *Ostodes kuangii*	40	乌口树 *Randia wallichii*	20
短药蒲桃 *Syzygium globiflorum*	40	中华鹅掌柴 *Schefflera chinensis*	20
中国狗牙花 *Tabernaemontana chinensis*	40	毛狗骨柴 *Diplospora fruticosa*	20
思茅黄肉楠 *Actinodaphne henryi*	20	假苹婆 *Sterculia lanceaefolia*	20
桫椤 *Alsophila costularis*	20	**灌木（18 种）Shrub（18 species）**	
粗壮琼楠 *Beilschmiedia robusta*	20	矾叶九节 *Psychotria simlocifolia*	100
银叶锥 *Castanopsis argyrophylla*	20	盘叶罗伞 *Brassaiopsis fatsioides*	80
大叶桂 *Cinnamomum iners*	20	细腺萼木 *Mycetia gracilis*	60
滇龙眼 *Dimocarpus yunnanensis*	20	疏毛短萼齿木 *Brachytome hirtellata* var. *glabrescens*	60
卵叶山枇杷 *Eriobotria obovata*	20	虎克粗叶木 *Lasianthus hookeri*	60
窄叶南亚枇杷 *Eriobotria bengalensis* f. *angustifolia*	20	刚毛尖子木 *Oxyspora vagans*	60
平滑榕 *Ficus laevis*	20	无苞粗叶木 *Lasianthus lucidus*	40
锥叶榕 *Ficus subulata*	20	滇南素馨 *Jasminum wangii*	40
潞西山龙眼 *Helicia tsaii*	20	锥序酸脚杆 *Medinilla himalayana*	20
团香果 *Lindera latifolia*	20	云南酸脚杆 *Medinilla yunnanensis*	20
石栎 *Lithocarpus* sp.	20	硬毛锥花 *Gomphostemma stellato-hirsutum*	20
黑木姜子 *Litsea atrata*	20	滇南九节 *Psychotria henryi*	20
滇南木姜子 *Litsea garrettii*	20	香味粗叶木 *Lasianthus lucidus* var. *inconspicuus*	20
圆锥木姜子 *Litsea liyuingii*	20	锡金粗叶木 *Lasianthus sikkinensis*	20
沧源木姜子 *Litsea cangyuanensis*	20	山微籽 *Baliospermum montanum*	20
草鞋木 *Macaranga henryi*	20	瑞香一种 *Wikstroemia* sp.	20
八蕊单室茱萸 *Mastixia euonymoides*	20	版纳粗叶木 *Lasianthus rhinocerotis* subsp. *xishuangbannaensis*	20
云南单室茱萸 *Mastixia pentandra* subsp. *chinensis*	20	虎刺 *Damancanthus indicus*	20
滇南灰木 *Symplocos hookeri*	20		

* 当地名称 Local name

2.21c 草本植物
2.21c Herbaceous plants

样地面积 Sampling area：5（5m×5m）

种名 Species	频度 Freq.	种名 Species	频度 Freq.
毛柄短肠蕨 *Diplazium dilatatum*	80	山麦冬一种 *Liriope* sp.	40
小羽短肠蕨 *Allantodia metteniana*	20	野靛棵 *Justicia patentiflora*	20
山姜一种 *Alpinia* sp.	40	羽裂星蕨 *Microsorium dilatatum*	80
穿鞘花 *Amischotolype hispida*	20	沿阶草 *Ophiopogon graminifolia*	40
勐海魔芋 *Amorphophalus bannaensis*	20	木根沿阶草 *Ophiopogon xylorrizus*	20
复叶耳蕨 *Arachniodes spectabilis*	60	蛇根叶 *Ophiorrhiziphyllon macrobotryum*	100
天南星 *Arisaema erubescens*	80	赤车 *Pallionia* sp.	20
卵叶蜘蛛抱蛋 *Aspidistra typica*	20	球子草 *Peliosanthes sinica*	20
齿果铁角蕨 *Asplenium cheilosorum*	20	光茎胡椒 *Piper glabricaule*	80
歪叶秋海棠 *Begonia angustinei*	40	枸子 *Piper yunnanensis*	20
粗喙秋海棠 *Begonia crassirostris*	20	火炭母 *Polygonum chinensis*	20
掌叶秋海棠 *Begonia palmata*	40	攀援孔药花 *Porandra scandens*	80
轴脉蕨一种 *Clenitopsis* sp.	80	星月蕨 *Pronephrium nudatum*	60
线蕨 *Colysis pothifolia*	40	山壳骨 *Pseuderanthemum latifolium*	40
大叶仙茅 *Curculigo capitulata*	20	翼柄马兰 *Pterocanthus alatus*	20
双盖蕨 *Diplazium donianum*	40	线柱苣苔 *Rhynchotechum obovatum*	80
光脚短肠蕨 *Allantodia doederileinii*	40	明萼草 *Rungia henryi*	60
长叶竹根七 *Disporopsis longifolia*	20	海南草珊瑚 *Sarcandra hainanensis*	40
疏齿楼梯草 *Elatostem cuneata*	60	菝葜 *Smilax china*	40
大托楼梯草 *Elatostema megacephalum*	40	长苞马兰 *Strobilanthes echinata.*	80
可爱花 *Eranthemum pulchellum*	20	紫云菜 *Strobilanthes stolonifera*	80
毛果蝎子草 *Girardina palmata*	20	花叶爵床 *Strobilanthes fluviatilis*	40
舞花姜 *Globba racemosa*	60	云南马兰 *Strobilanthes yunnanensis*	20
锥花 *Gomphostemma arbosculum*	40	长柱开口箭 *Tupistra grandistigma*	20

合计（48 种）Total（48 species）

2.21d 藤本植物和附生植物

2.21d Liana plants and epiphyte plants

样地面积 Sampling area: 5（25m×20m）

种名 Species	频度 Freq.	种名 Species	频度 Freq.
藤本植物（24 种）Liana plants		附生植物 Epiphyte plants	
链珠藤 *Alyxis balansae*	20	5 种兰科植物 Orchidaceae (5 spp.)	
银背藤 *Argyreia capitata*	40	石柑 *Pothos chinensis*	80
棒花羊蹄甲 *Bauhinia claviflora*	20	巢蕨 *Neottopteris nidus*	80
闷奶果 *Bousigonia angustifolia*	40	狮子尾 *Rhaphidophora hongkongensis*	60
独子藤 *Celastrus monospermus*	20	秀丽曲苞芋 *Gonatanthus ornatus*	40
省藤地一种 *Clamus* sp.	40	宿苞石仙桃 *Pholidota imbricata*	40
拓藤 *Maclura fruticosa*	20	爬树龙 *Rhaphidophora decursiva*	40
藤竹 *Dinochloa bannaensis*	40	喙花姜 *Rhynchanthus beesianus*	40
思茅藤 *Epigeum auritum*	60	倒挂草 *Asplenium normale*	40
买麻藤 *Gnetum montanum*	40	大花藏丁香 *Hymenodictyon parasiticus*	40
垂子买麻藤 *Gnetum pendulum*	40	齿叶吊石苣苔 *Lysionotus serratus*	40
绞股兰 *Gynostemma pentaphylla*	20	小叶岩爬香 *Piper arboricola*	20
菠萝香藤 *Kadsura anomosma*	20	藤麻 *Procris crenata*	20
厚果崖豆藤 *Millettia pachycarpa*	20	勐海胡椒 *Piper chaudocanum*	20
油麻藤 *Mucuna interrupta*	20	翠茎冷水花 *Pilea hilliana*	20
单叶藤橘 *Paramignya confertifolia*	20	显苞芒毛苣苔 *Aeschynanthus bracteatus*	40
黄花胡椒 *Piper flaviflorum*	40	芒毛苣苔 *Aeschynanthus acuminatus*	20
风车果 *Pristimera cambodiana*	20		
多籽五层龙 *Salacia polysperma*	20		
蒙自崖爬藤 *Tetrastigma henryi*	40		
毛枝崖爬藤 *Tetrastigma obovatum*	20		
巨叶青牛胆 *Tinomiscium* sp.	20		
小叶信筒子 *Embelia parviflora*	20		

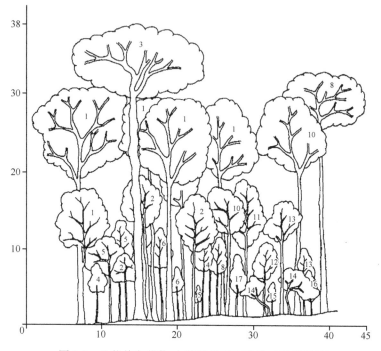

图 2.4　八蕊单室茱萸-大萼楠林垂直结构（李保贵绘）

Fig. 2.4　The profile of *Mastixia euonymoides-Phoebe megacalyx* forest (Drawn by Li Baogui)

1. 长蕊木兰 *Alcimandra cathcartii*；2. 大萼楠 *Phoebe megacalyx*；3. 八蕊单室茱萸 *Mastixia euonymoides*；4. 焰序山龙眼 *Helicia pyrrhobotrya*；5. 滇南灰木 *Symplocos hookeri*；6. 碟腺棋子豆 *Archidendron kerrii*；7. 李榄 *Chionanthus henryanus*；8. 云南胡桐 *Calophyllum polyanthum*；9. 草鞋木 *Macaranga henryi*；10. 短药蒲桃 *Syzygium globiflorum*；11. 青冈一种 *Cyclobalanopsis* sp.；12. 云南黄叶树 *Xanthophyllum yunnanense*；13. 红果樫木 *Dysoxylum gotadhora*；14. 瘤果厚壳桂 *Cryptocarya rolletii*；15. 刚毛尖子木 *Oxyspora vagans*；16. 银叶锥 *Castanopsis argyrophylla*；17. 有梗木姜子 *Litsea lancifolia* var. *pedicellata*

纵坐标为高度（m），横坐标为样线长度（m）Ordinate: Height(m), Abscissa: Length of sampling line（m）

　　幼树-灌木层由 5m 以下的幼树、灌木组成，盖度约 50%。幼树种类丰富，灌木不多。

　　草本层较为繁盛，盖度 50%～70%，组成种类也多。优势度较大的主要有毛柄短肠蕨、紫云菜、疏齿楼梯草、明萼草、大托楼梯草等。

　　藤本植物种类不多，但木质藤本十分丰富，主要有买麻藤、黄花胡椒、垂子买麻藤、岩豆藤、菠萝香藤等。

　　层间附生植物也十分丰富，在树木的枝条和茎秆上附生有丰富的苔藓和其他植物。优势度较大的有巢蕨、狮子尾、爬树龙和储藏根发达的小叶树萝卜等（王洪等，2001）。

（4）云南拟单性木兰-云南裸花林

该群系分布在景洪勐宋地区海拔 1500m 以上山地。

群落高度为 20～25（30）m，上层乔木有云南拟单性木兰、十蕊槭、百日青、十蕊枫、金叶子、红花木莲、文山蓝果树、长蕊木兰等；乔木下层高度为 5～20m，盖度 70%～80%，主要由中小径级的乔木组成。优势度较大的有云南裸花、云南黄叶树、短药蒲桃、粗丝木、云南胡桐、滇龙眼、钝叶桂、网叶山胡椒等，其中云南裸花是该层中占绝对优势的种类（表 2.22，图 2.5）。

表 2.22　云南拟单性木兰-云南裸花林综合样地表

Table 2.22　Synthetic plot table of *Parakmeria yunnanensis-Gymnanthes remota* forest

2.22a　乔木层重要值

2.22a　Tree layers with importance value index of species

地点 Location	景洪勐宋 Mengsong, Jinghong
海拔 Altitude（m）	1650～1700
样地面积 Sampling area	5（25m×20m）

种名 Species	重要值 IVI
云南裸花 *Gymnanthes remota*	23.17
文山蓝果树 *Nyssa wenshanensis*	20.5
云南拟单性木兰 *Parakmeria yunnanensis*	14.60
云南黄叶树 *Xanthophyllum yunnanense*	12.78
短药蒲桃 *Syzygium globiflorum*	12.21
屏边水锦树 *Wendlandia pingpienensis*	11.35
爪哇肉桂 *Cinnamomum javanicum*	10.26
云南胡桐 *Calophyllum polyanthum*	10.15
云南单室茱萸 *Mastixia pentandra* subsp. *chinensis*	9.49
单果柯 *Lithocarpus pseudoreinwardtii*	8.36
红花木莲 *Manglietia insignis*	7.70
十蕊枫 *Acer laurinum*	7.67
子捏青冈 *Cyclobalanopsis* sp.	5.86
云南叶轮木 *Ostodes katharinae*	5.80
薄叶青冈 *Cyclobalanopsis saravanensis*	5.16
瑞丽润楠 *Machilus shweliensis*	5.00
云南黄杞 *Engelhardia spicata*	4.96
长蕊木兰 *Alcimandra cathcartii*	4.94

续表

种名 Species	重要值 IVI
多花含笑 *Michelia floribunda*	4.83
百日青 *Podocarpus neriifolius*	4.75
金叶子 *Craibiodendron stellatum*	4.42
滇龙眼 *Dimocarpus yunnanensis*	4.28
粗丝木 *Gomphandra tetrandra*	4.26
钝叶桂 *Cinnamomum bejolghota*	4.17
枝花流苏树 *Chionanthus ramiflorus*	3.52
刺栲 *Castanopsis hystrix*	3.43
木姜子一种 *Litsea* sp. 1	3.39
薄叶青冈 *Cyclobalanopsis saravanensis*	3.37
网叶山胡椒 *Lindera metcalfiana* var. *dictyophylla*	3.27
银叶锥 *Castanopsis argyrophylla*	2.99
勐海柯 *Lithocarpus fohaiensis*	2.92
两广梭罗树 *Reevesia thyrsoidea*	2.88
南方紫金牛 *Ardisia thyrsiflora*	2.86
思茅茜树 *Randia griffithii*	2.84
西南木荷 *Schima wallichii*	2.80
微毛山矾 *Symplocos wikstroemiifolia*	2.77
红果樫木 *Dysoxylum gotadhora*	2.76
云南臀果木 *Pygeum henryi*	2.69
木姜子另一种 *Litsea* sp. 2	2.44
碟腺棋子豆 *Archidendron kerrii*	2.43
金叶柃 *Eurya obtusifolia* var. *aurea*	2.42
李榄 *Chionanthus henryanus*	2.40
倒卵叶枇杷 *Eriobotrya obovata*	2.37
毛棉杜鹃 *Rhododendron moulmainense*	2.30
巨果枫 *Acer thomsonii*	2.21
八角枫 *Alangium chinense*	2.10
锈毛杜英 *Elaeocarpus howii*	1.95
巴布润楠 *Machilus* sp.	1.79
厚皮香 *Ternstroemia gymnanthera*	1.72
大叶鼠刺 *Itea macrophylla*	1.68

续表

种名 Species	重要值 IVI
粗壮琼楠 *Beilschmiedia robusta*	1.57
截果柯 *Lithocarpus truncatus*	1.56
羊脆木 *Pittosporum kerrii*	1.45
坚核桂樱 *Laurocerasus jenkinsii*	1.41
潞西山龙眼 *Helicia tsaii*	1.35
毛狗骨柴 *Diplospora fruticosa*	1.35
大花野茉莉 *Styrax grandiflorus*	1.34
歧序安息香 *Bruinsmia polysperma*	1.33
小叶藤黄 *Garcinia cowa*	1.27
桃叶柃 *Eurya prunifolia*	1.24
毛叶脚骨脆 *Casearia velutina*	1.22
竹节树 *Carallia brachiata*	1.21
小叶肉实树 *Sarcosperma griffithii*	1.20
刚毛尖子木 *Oxyspora vagans*	1.20
阔叶肖楠 *Platea latifolia*	1.20
小叶青冈 *Cyclobalanopsis myrsinifolia*	1.20
云南崖摩 *Amoora yunnanensis*	1.19
合果木 *Paramichelia baillonii*	1.19
茶梨 *Anneslea fragrans*	1.19
总计（69 种）Total（69 speices）	300

* 当地名称 Local name

2.22b　幼树-灌木层种类
2.22b　Species in the sapling-shrub layer

样地面积 Sampling area: 5（5m×5m）

种名 Species	频度 Freq.	种名 Species	频度 Freq.
幼树（46 种）Sapling（46 species）			
云南胡桐 *Calophyllum polyanthum*	100	滇龙眼 *Dimocarpus yunnanensis*	80
爪哇肉桂 *Cinnamomum javanicum*	100	红果樫木 *Dysoxylum gotadhora*	80
南方紫金牛 *Ardisia thyrsiflora*	80	云南裸花 *Gymnanthera remota*	80
刺栲 *Castanopsis hystrix*	80	短药蒲桃 *Syzygium globiflorum*	80

种名 Species	频度 Freq.	种名 Species	频度 Freq.
十蕊槭 *Acer decandrum*	60	有梗木姜子 *Litsea lancifolia* var. *pedicellata*	20
网叶山胡椒 *Lindera metcalfiana* var. *dictyophylla*	60	圆锥木姜子 *Litsea liyuyingii*	20
杯状栲 *Castanopsis calathiformis*	40	沧源木姜子 *Litsea cangyuanensis*	20
钝叶桂 *Cinnamomum bejolghota*	40	单叶泡花树 *Meliosa simplicifolia*	20
瘤果厚壳桂 *Cryptocarya rolletii*	40	绒毛叶轮木 *Ostodes kuangii*	20
李榄 *Chionanthus henryanus*	40	云南拟单性木兰 *Parakmeria yunnanensis*	20
轮叶木姜子 *Litsea verticifolia*	40	阔叶肖榄 *Platea latifolia*	20
大参 *Macropanax dispermus*	40	思茅茜树 *Randia griffithii*	20
云南单室茱萸 *Mastixia pentandra* subsp. *chinensis*	40	乌口树 *Randia wallichii*	20
猴耳环 *Pithecellobium clypearia*	40	微毛山矾 *Symplocos yunnanensis*	20
百日青 *Podocarpus neriifolius*	40	毛狗骨柴 *Diplospora fruticosa*	20
云南黄叶树 *Xanthophyllum yunnanensis*	40	屏边水锦树 *Wendlandia pingpienensis*	20
多脉藤春 *Alphonsea tsangyuanensis*	20	假苹婆 *Sterculia lanceifolia*	20
长柄油丹 *Alseodaphne petiolaris*	20	**灌木（11 种）Shrub（11 species）**	
滇南紫金牛 *Ardisia yunnanensis*	20	三桠苦 *Melicope pteleifolia*	100
粗壮琼楠 *Beilschmiedia robusta*	20	密毛箭竹 *Eargesia plurisetosa*	60
银叶锥 *Castanopsis argyrophylla*	20	无苞粗叶木 *Lasianthus lucidus*	60
大叶桂 *Cinnamomum iners*	20	矾叶九节 *Psychotria symplocifolia*	60
青冈 *Cyclobalanopsis* sp. 1	20	尾叶血桐 *Macaranga kurzii*	40
薄叶青冈 *Cyclobalanopsis saravanensis*	20	刚毛尖子木 *Oxyspora vagans*	40
碟腺棋子豆 *Archidendron kerrii*		乌饭叶菝葜 *Smilax myrtillus*	40
杜英 *Elaeocarpus sikkinensis*	20	疏毛短萼齿木 *Brachytome hirtellata* var. *glabrescens*	20
粗丝木 *Gomphandra tetrandra*	20	硬毛锥花 *Gomphostemma stellato-hirsutum*	20
潞西山龙眼 *Helicia tsaii*	20	西南粗叶木 *Lasianthus henryi*	20
灰叶冬青 *Ilex tephrophylla*	20	管萼粗叶木 *Lasianthus inodorus*	20
圆叶石栎 *Lithocarpus pseudorinwardtii*	20		

2.22c 草本植物
2.22c Herbaceous plants

样地面积 Sampling area：5（5m×5m）

种名 Species	频度 Freq.	种名 Species	频度 Freq.
骨碎补 *Davallia mariesii*	60	攀援孔药花 *Porandra scandens*	20
凤尾蕨一种 *Pteris* sp.	40	筋子 *Piper yunnanensis*	20
沿阶草 *Ophiopogon graminifolia*	40	球子草 *Peliosanthes sinica*	20
蛇根叶 *Ophiorrhiziphyllon macrobotryum*	40	边缘鳞盖蕨 *Microlepia marginata*	20
舞花姜 *Globba racemosa*	40	指叶毛兰 *Eria pannea*	20
线蕨 *Colysis pothifolia*	40	小叶信筒子 *Embelia parviflora*	20
紫云菜 *Strobilanthes stolonifera*	20	鳞毛蕨一种 *Dryopteris* sp.	20
云南马兰 *Strobilanthus yunnanensis*	20	石莲姜槲蕨 *Drynaria propinqua*	20
长苞马兰 *Strobilanthus echinata*	20	红线蕨 *Diacalpe aspidioides*	20
海南草珊瑚 *Sarcandra hainanensis*	20	射干 *Belamcanda chinensis*	20
紫轴凤尾蕨 *Pteris aspericaulis*	20	卵叶蜘蛛抱蛋 *Aspidistra typica*	20

2.22d 藤本植物和附生植物
2.22d Liana plants and epiphyte plants

样地面积 Sampling area：5（25m×20m）

种名 Species	频度 Freq.	种名 Species	频度 Freq.
藤本植物（22 种）Liana plants（22 species）			
牛栓藤 *Connaris paniculatus*	80	爬尼蛇藤 *Papilionaceae* sp.	20
独子藤 *Celastrus monospermum*	60	黑风藤 *Fissistigma polyanthum*	20
思茅藤 *Epigeum auritum*	60	小萼瓜馥木 *Fissistigma polyanthoides*	20
买麻藤 *Gnetum montanum*	60	垂子买麻藤 *Gnetum pendulum*	20
链珠藤 *Alyxis balansae*	40	滇缅岩豆藤 *Milletia dorwardii*	20
棒花羊蹄甲 *Bauhinia claviflora*	40	油麻藤 *Mucuna interrupta*	20
省藤 *Calamus henryanus*	40	小花清风藤 *Sabia parviflora*	20
羽叶黄檀 *Dalbergia pinnata*	40	桐叶千金藤 *Stephania hernandifolia*	20
菠萝香藤 *Kadsura anamosma*	40	蒙自崖爬藤 *Tetrastigma henryi*	20
厚果岩豆藤 *Milletia pachycarpa*	40	**附生植物（12 种）Epiphyte plants（12 species）**	
多籽五层龙 *Salacia polysperma*	40	倒挂草 *Asplenium normale*	80
闷奶果 *Bousigonia angustifolia*	20	狮子尾 *Raphidophora hongkongensis*	60
南蛇藤 *Celastrus paniculatus*	20	宿苞石仙桃 *Pholidota imbricata*	40

续表

种名 Species	频度 Freq.	种名 Species	频度 Freq.
羊耳蒜 *Liparis* sp.	20	拟龙骨一种 *Polypodiastrum* sp.	20
齿叶吊石苣苔 *Lysionotus serratus*	20	爬树龙 *Rhaphidophora decursiva*	20
巢蕨 *Neottopteris phyllitis*	20	多蕊木 *Tupidanthus calyptratus*	20
草胡椒 *Peperomia heyneana*	20	书带蕨 *Vittaria flexuosa*	20
黄花胡椒 *Piper flaviflorum*	20		

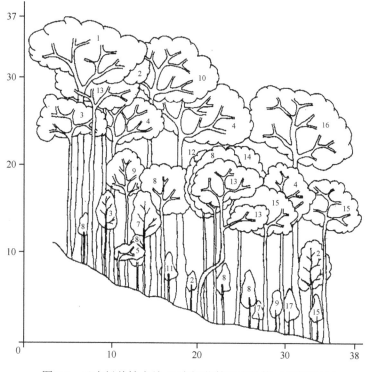

图 2.5　云南拟单性木兰-云南裸花林垂直结构（李保贵绘）

Fig. 2.5　The profile of *Parakmeria yunnanensis-Gymnanthes remota* forest formation(Drawn by Li Baogui)

1. 云南拟单性木兰 *Parakmeria yunnanensis*；2. 云南胡桐 *Callophyllum polyanthum*；3. 云南黄叶树 *Xanthophyllum yunnanensis*；4. 文山蓝果树 *Nyssa wenshanensis*；5. 碟腺棋子豆 *Archidendron kerrii*；6. 方枝假卫矛 *Microtropis tetragona*；7. 屏边水锦树 *Wendlandia pingpienensis*；8. 云南裸花 *Gymnanthes remota*；9. 短药蒲桃 *Syzygium globiflorum*；10. 多花含笑 *Michelia floribunda*；11. 滇龙眼 *Dimocarpus yunnanensis*；12. 云南单室茱萸 *Mastixia pentandra* subsp. *chinensis*；13. 两广梭罗树 *Reevesia thyrsoidea*；14. 红果樫木 *Dysoxylum gotadhora*；15. 粗丝木 *Gomphandra tetrandra*；16. 十蕊槭 *Acer decandrum*；17. 绒毛叶轮木 *Ostodes kuangii*

纵坐标为高度（m），横坐标为样线长度（m）Ordinate: Height(m), Abscissa: Length of sampling line（m）

幼树-灌木层盖度 30%～40%，以上层乔木的幼树和幼苗占优势，灌木次之。优势度较大的幼树主要有云南裸花、云南胡桐和云南黄叶树等；灌木种类有无苞粗叶木、管萼粗叶木、乌饭叶菝葜、密毛箭竹、三桠苦等。草本植物不发达，缺乏优势种。

该类型群落中的藤本植物在种类上比沟谷类型群落中的略少，径级也略小些，但木质藤本仍较为发达而壮观，主要种类有买麻藤、省藤、菠萝香藤、闷奶果等。

层间的附生植物通常较少，多度略大的主要有狮子尾、宿苞石仙桃等。

2.3　云南东南部与南部、西南部热带雨林的植物区系组成比较

2.3.1　热带雨林植物区系优势科的比较

云南东南部热带季节性雨林（望天树+番龙眼林）的乔木层在科的组成上，按种数主要由樟科、番荔枝科、楝科、大戟科、桑科、无患子科、橄榄科、柿树科、茜草科等组成；按重要值主要由大戟科、无患子科、柿树科、龙脑香科、番荔枝科、樟科、楝科、橄榄科、桑科、茜草科等组成（表 2.23）。在植物区系上与东南亚热带雨林很接近，属于热带亚洲或东南亚热带雨林的一个类型。

表 2.23　云南东南部热带季节性雨林植物科组成、种丰富度和重要值

Table 2.23　Families of the tropical seasonal rain forest with references to their species richness and importance values in southeastern Yunnan

科名 Family name	种数 No. of species	科名 Family name	累积重要值 Accumulative IVI[*]
樟科 Lauraceae	10	大戟科 Euphorbiaceae	56.45
番荔枝科 Annonaceae	6	无患子科 Sapindaceae	38.56
楝科 Meliaceae	6	柿树科 Ebenaceae	25.76
大戟科 Euphorbiaceae	5	龙脑香科 Dipterocarpaceae	25.75
桑科 Moraceae	4	番荔枝科 Annonaceae	23.06
无患子科 Sapindaceae	4	樟科 Lauraceae	20.17
橄榄科 Burseraceae	3	楝科 Meliaceae	15.16
柿树科 Ebenaceae	3	橄榄科 Burseraceae	13.56
茜草科 Rubiaceae	3	桑科 Moraceae	10.20
卫矛科 Celastraceae	2	茜草科 Rubiaceae	8.45
龙脑香科 Dipterocarpaceae	2	卫矛科 Celastraceae	8.15

续表

科名 Family name	种数 No. of species	科名 Family name	累积重要值 Accumulative IVI*
唇形科 Labiatae	2	唇形科 Labiatae	8.0
梧桐科 Sterculiaceae	2	云实科 Caesalpiniaceae	6.55
荨麻科 Urticaceae	2	梧桐科 Sterculiaceae	4.94
夹竹桃科 Apocynaceae	1	天料木科 Samydaceae	4.56
冬青科 Aquifoliaceae	1	棕榈科 Palmae	4.43
五加科 Araliaceae	1	桃金娘科 Myrtaceae	4.42
云实科 Caesalpiniaceae	1	藤黄科 Clusiaceae	4.39
大风子科 Flacourtiaceae	1	檀香科 Santalaceae	4.31
藤黄科 Clusiaceae	1	荨麻科 Urticaceae	4.09
桃金娘科 Myrtaceae	1	五加科 Araliaceae	2.69
棕榈科 Palmae	1	大风子科 Flacourtiaceae	2.16
芸香科 Rutaceae	1	夹竹桃科 Apocynaceae	1.75
天料木科 Samydaceae	1	芸香科 Rutaceae	1.23
檀香科 Santalaceae	1	冬青科 Aquifoliaceae	1.21
种数合计 Total species	65	重要值合计 Total IVI	300

* 累积重要值=该科树种重要值累加值（Accumulative IVI= The total sum of IVI of each tree species in a family）

　　云南南部热带季节性雨林，包括低丘雨林（如箭毒木+龙果林）和沟谷雨林（如番龙眼+千果榄仁林），其乔木树种科的组成显示（表 2.24），在低丘雨林，按种数大戟科和樟科排名在前，楝科次之，桑科、无患子科、番荔枝科再次；按重要值则樟科排名第一，桑科、榆科次之，其后是番荔枝科、大戟科、楝科；在沟谷雨林，按种数大戟科、桑科和樟科并列第一，楝科、番荔枝科次之，按重要值则大戟科排名第一，无患子科第二，使君子科、桑科次之，漆树科、番荔枝科、樟科等再次。二者虽在科的组成上一致，但排名次序上各有侧重。

表 2.24　云南南部热带季节性雨林科的组成、种丰富度和重要值

Table 2.24　Families of the tropical seasonal rain forest with references to their species richness and importance values in southern Yunnan

低丘雨林 Lower hill seasonal rain forest			沟谷雨林 Ravine seasonal rain forest		
科名 Family name	种数 No. of species	累积重要值 Accumulative IVI	科名 Family name	种数 No. of species	累积重要值 Accumulative IVI
樟科 Lauraceae	12	39.05	无患子科 Sapindaceae	3	32.11
桑科 Moraceae	7	26.35	大戟科 Euphorbiaceae	13	37.67

低丘雨林 Lower hill seasonal rain forest			沟谷雨林 Ravine seasonal rain forest		
科名 Family name	种数 No. of species	累积重要值 Accumulative IVI	科名 Family name	种数 No. of species	累积重要值 Accumulative IVI
榆科 Ulmaceae	4	26.07	使君子科 Combretaceae	2	19.17
番荔枝科 Annonaceae	6	24.3	桑科 Moraceae	13	19.13
大戟科 Euphorbiaceae	13	23.31	漆树科 Anacardiaceae	6	16.55
楝科 Meliaceae	10	16.87	番荔枝科 Annonaceae	8	14.96
无患子科 Sapindaceae	6	14.95	樟科 Lauraceae	13	14.28
玉蕊科 Lecythidaceae	1	11.85	肉豆蔻科 Myristicaceae	4	11.25
茜草科 Rubiaceae	6	11.58	柿树科 Ebenaceae	3	9.91
藤黄科 Clusiaceae	2	11.31	榆科 Ulmaceae	5	8.76
肉豆蔻科 Myristicaceae	5	10.81	橄榄科 Burseraceae	2	8.64
四数木科 Tetramelaceae	1	8.1	梧桐科 Sterculiaceae	2	8.11
蝶形花科 Papilionaceae	4	7.73	藤黄科 Clusiaceae	3	7.34
桃金娘科 Myrtaceae	5	7.00	楝科 Meliaceae	9	7.10
芸香科 Rutaceae	3	6.05	紫葳科 Bignoniaceae	3	5.79
山榄科 Sapotaceae	2	5.88	唇形科 Labiatae	1	5.47
椴树科 Tiliaceae	2	5.59	苦木科 Simaroubaceae	2	5.19
茶茱萸科 Icacinaceae	2	4.86	茜草科 Rubiaceae	4	4.83
远志科 Polygalaceae	1	3.95	桃金娘科 Myrtaceae	1	3.55
漆树科 Anacardiaceae	3	2.91	玉蕊科 Lecythidaceae	1	3.22
梧桐科 Sterculiaceae	1	2.76	五加科 Araliaceae	3	3.2
禾本科 Gramineae	1	2.49	杜英科 Elaeocarpaceae	4	3.11
槭树科 Aceraceae	1	2.44	壳斗科 Fagaceae	5	3.03
紫葳科 Bignoniaceae	2	2.21	棕榈科 Palmae	1	2.59

续表

低丘雨林 Lower hill seasonal rain forest			沟谷雨林 Ravine seasonal rain forest		
科名 Family name	种数 No. of species	累积重要值 Accumulative IVI	科名 Family name	种数 No. of species	累积重要值 Accumulative IVI
橄榄科 Burseraceae	2	2.17	蝶形花科 Papilionaceae	1	2.56
天料木科 Samydaceae	1	1.82	含羞草科 Mimosaceae	2	2.43
壳斗科 Fagaceae	2	1.45	夹竹桃科 Apocynaceae	2	2.23
粘木科 Ixonanthaceae	1	1.36	蔷薇科 Rosaceae	2	1.91
蔷薇科 Rosaceae	1	1.24	荨麻科 Urticaceae	3	1.86
野牡丹科 Melastomataceae	1	1.19	山榄科 Sapotaceae	2	1.74
夹竹桃科 Apocynaceae	2	1.12	省沽油科 Staphyleaceae	2	1.62
紫金牛科 Myrsinaceae	2	1.1	锦葵科 Malvaceae	1	1.59
棕榈科 Palmae	2	1.04	海桑科 Sonneratiaceae	1	1.2
荨麻科 Urticaceae	1	0.73	茶茱萸科 Icacinaceae	1	0.98
毒鼠子科 Dichapetalaceae	1	0.7	芸香科 Rutaceae	2	0.83
茶科 Theaceae	1	0.7	木兰科 Magnoliaceae	1	0.77
含羞草科 Mimosaceae	2	0.69	远志科 Polygalaceae	1	0.68
省沽油科 Staphyleaceae	1	0.65	毒鼠子科 Dichapetalaceae	1	0.54
木犀科 Oleaceae	1	0.65	五桠果科 Dilleniaceae	1	0.48
五加科 Araliaceae	2	0.64	紫草科 Boraginaceae	1	0.37
唇形科 Labiatae	1	0.61	云实科 Caesalpiniaceae	1	0.36
使君子科 Combretaceae	1	0.50	椴树科 Tiliaceae	1	0.3
柿树科 Ebenaceae	1	0.37	木犀科 Oleaceae	1	0.2
胡桃科 Juglandaceae	1	0.36			
红树科 Rhizophoraceae	1	0.34			
山龙眼科 Proteaceae	1	0.32			
山柑科 Capparidaceae	1	0.3			

　　云南南部与东南部的热带季节性雨林在群系或植物群落层面，无论在含种数较多的科上，还是重要值较大的科上，都比较接近，无明显差异。在含种数上，它们都以主产热带、分布到亚热带的科为主；在重要值上，除了典型热带科在二者中的重要值较大，其他重要值较大的科也都为主产热带但也分布到亚热带的科。在云南南部的热带季节性雨林，典型热带科肉豆蔻科在种数和重要值上有显著地位，并且还有四数木科；在云南东南部的热带季节性雨林，却有一些亚热带到温带分布的科排名在前。这显示了云南南部的热带季节性雨林的热带性质更强。云南西南部与云南南部的热带季节性雨林在植物区系组成上更为接近。

2.3.2　云南南部、东南部和西南部热带雨林植物区系相似性的比较

　　根据陈勇（2010）、岩香甩等（2013）、李耀利等（2002）的资料，整理获得云南南部（113 科 395 属 753 种）、东南部（110 科 384 属 660 种）和西南部（108科 402 属 775 种）的热带季节性雨林（即含龙脑香科植物的热带季节性雨林）的植物区系组成，并对云南南部、东南部和西南部的热带季节性雨林的植物区系进行了相似性比较（表 2.25）。

表 2.25　云南南部、东南部和西南部龙脑香热带季节性雨林植物区系相似性的比较

Table 2.25　Comparison of floristic similarities of the floras of the tropical dipterocarp seasonal rain forests in southern, southeastern and southwestern Yunnan

龙脑香热带季节性雨林植物区系 Floras of the tropical dipterocarp seasonal rain forests	云南东南部 Southeastern Yunnan 相似性 Similarity coefficient （%）*	云南南部 Southern Yunnan 相似性 Similarity coefficient （%）*	云南西南部 Southwestern Yunnan 相似性 Similarity coefficient （%）*
科相似性 Similarity coefficient at family level			
云南东南部 Southeastern Yunnan	100		
云南南部 Southern Yunnan	87.27	100	
云南西南部 Southwestern Yunnan	86.11	95.37	100
属相似性 Similarity coefficient at generic level			
云南东南部 Southeastern Yunnan	100		
云南南部 Southern Yunnan	66.93	100	
云南西南部 Southwestern Yunnan	63.80	81.77	100
种相似性 Similarity coefficient at specific level			
云南东南部 Southeastern Yunnan	100		

续表

龙脑香热带季节性雨林植物区系 Floras of the tropical dipterocarp seasonal rain forests	云南东南部 Southeastern Yunnan 相似性 Similarity coefficient （%）*	云南南部 Southern Yunnan 相似性 Similarity coefficient （%）*	云南西南部 Southwestern Yunnan 相似性 Similarity coefficient （%）*
云南南部 Southern Yunnan	41.06	100	
云南西南部 Southwestern Yunnan	37.12	68.79	100

*A 与 B 的相似系数=A 与 B 共同具有的分类群/含分类群较少的 A 或 B×100

Similarity coefficient between A and B=The number of taxa shared by both A and B divided by the lower number of taxa of A or B, multiplied by 100

　　比较显示，在科、属、种相似性上，云南南部、西南部和东南部的热带季节性雨林的相似性分别为 86.11%～95.37%、63.80%～81.77%、37.12%～68.79%，在科上的差别小，在属上南部和西南部之间相似性更大，在种上南部与东南部之间相似性为 41.06%，而南部与西南部之间相似性为 68.79%，明显较大。这些特点反映了云南的热带季节性雨林在科组成上基本一致，在属、种组成上已有分异。云南南部与西南部的热带季节性雨林在属、种上的相似性显著更高，尽管这两个地区地理上离得更远，而在云南南部与东南部的热带季节性雨林之间存在明显的生物地理分异（朱华，2011b；Zhu，2013）。

第3章 云南热带雨林的生态外貌特征

3.1 热带季节性雨林

云南南部和西南部的热带季节性雨林主要受西南季风的影响，气候的干、湿季节性变化明显；云南东南部的热带雨林受西南季风和东南季风的共同影响，气候的干、湿季节性变化没有南部和西南部强烈，但仍明显。由于受季风气候影响的程度不同，云南南部、西南部和东南部的热带季节性雨林在生态外貌特征，特别是在上层乔木中落叶树种的比例上有一定差异。

3.1.1 云南东南部热带季节性雨林的生态外貌特征

以云南东南部的龙脑香热带季节性雨林——望天树+番龙眼林为例，依据样地内记录的所有植物种类统计了它们的生活型谱（表3.1）。该群落中大高位芽植物

表 3.1 望天树+番龙眼林生活型谱

Table 3.1 Life form spectrum of *Parashorea chinensis*+*Pometia pinnata* forest

生长型 Growth form	生活型 Life form	种数 No. of species		百分比 Percentage （%）
		常绿（E）	落叶（D）	
乔木 Tree	大高位芽 Megaphanerophyte（>30m）	11	2	7.14
	中高位芽 Mesophanerophyte（8~30m）	49	0	26.92
	小高位芽 Microphanerophyte（2~8m）	40	2	23.08
	（乔木合计 Tree total）	（104）		（57.14）
灌木 Shrub	矮高位芽 Nanophanerophyte（<2m）	10		5.49
草本 Herb	草本高位芽+地上芽 Herbaceous phanerophyte+Chamaephyte	22		12.09
	地下芽 Geophyte	3		1.65
	地面芽 Hemicryptophyte	3		1.65
	（草本植物合计 Herbaceous plants total）	（28）		（15.38）
藤本植物 Liana plants	藤本高位芽 Liana phanerophyte	28		15.38
附生植物 Epiphyte plants	附生高位芽 Epiphyte phanerophyte	12		6.59
总计 All		182		100

注（note）：E. 常绿 Evergreen；D. 落叶 Deciduous

占 7.14%，如四瓣崖摩、橄榄、三角榄、毛麻楝、多花白头树、大叶白颜树、狭叶坡垒、番龙眼、变叶翅子树、望天树等。它们都是高 30m 以上的大乔木，在群落中常为散生巨树。在大高位芽植物中，落叶树种有毛麻楝和多花白头树 2 种，占 15.4%。这反映了云南东南部的龙脑香热带雨林上层乔木中有落叶树种，该雨林应是一种热带季节性雨林。中高位芽植物占 26.92%，为各生活型最高比例，如屏边桂、猴面石栎、毛叶藤春、细子龙、星毛崖摩、绢毛波罗蜜、梭果玉蕊、华溪杪、金叶子、岩生厚壳桂、喙果皂帽花、滇龙眼、黑毛柿、傣柿、版纳柿、网脉核果木等，它们是乔木中层的主要种类。中高位芽植物全为常绿种类。小高位芽植物占 23.08%，如倒卵叶黄肉楠、碧绿米仔兰、云南崖摩、五月茶、狗骨头、膜叶嘉赐树、齿叶黄皮、长棒柄花、树火麻、盘叶罗伞、水同木、对叶榕、尖尾榕、倒卵叶紫麻、肥荚红豆、绒毛肉实树、硬核、长梗三宝木等，它们是乔木下层的主要构成种类。在小高位芽植物中，落叶树种仅树火麻和翅果麻 2 种，约占 5%。

矮高位芽植物相当于灌木，占总种数的 5.49%。草本植物中，地上芽（多年生，高度＜0.25m）与草本高位芽植物（多年生，高度＞0.25m）不易清楚区别，我们把它们合在一起计算，它们共占 12.09%，是草本植物的主要成分。其他如地下芽和地面芽植物仅各占 1.65%。藤本植物占总种数的 15.38%，而附生植物占 6.59%。

对非龙脑香热带季节性雨林，以番龙眼-中国无忧花林群系为例（表 3.2），该群落的高位芽植物占 91.4%（包括藤本植物及附生植物），其中大高位芽植物占 4.8%，如缅漆、八宝树、番龙眼、毛麻楝等 8 种；中高位芽植物占 27.1%，如缅桐、大叶木兰、滇南溪杪、山木患等 45 种；小高位芽植物占 12.6%，如版纳柿、大叶守宫木、大叶水东哥、木瓜榕等 21 种。

表 3.2 番龙眼-中国无忧花林生活型谱

Table 3.2 Life form spectrum of *Pometia pinnata-Saraca dives* forest

生长型 Growth form	生活型 Life form	种数 No. of species	百分比 Percentage（%）
乔木 Tree	大高位芽 Megaphanerophyte	8	4.8
	中高位芽 Mesophanerophyte	45	27.1
	小高位芽 Microphanerophyte	21	12.6
	（乔木合计 Tree total）	（74）	（44.50）
灌木 Shrub	矮高位芽 Nanophanerophyte	19	11.4
草本 Herb	草本高位芽 Herbaceous phanerophyte	23	13.8
	地上芽 Chamaephyte	10	6.0
	地下芽 Geophyte	3	1.8
	一年生草本 Therophyte	1	0.6
	（草本植物合计 Herbaceous plants total）	（37）	（22.2）

续表

生长型 Growth form	生活型 Life form	种数 No. of species	百分比 Percentage（%）
藤本植物 Liana plants	木质藤本 Woody liana	23	13.8
	草质藤本 Herbaceous liana	2	1.2
	藤本高位芽合计 （Liana phanerophyte total）	25	15.0
附生植物 Epiphyte plants	附生高位芽 Epiphyte phanerophyte	11	6.6
总计 All		166	100

草本高位芽植物占 13.8%，如闭鞘姜、大托楼梯草、假糙苏、舞花姜等 23 种；草本地上芽植物占 6.0%，如海芋、黄腺羽蕨、轴脉蕨、紫轴凤尾蕨等 10 种；草本地下芽植物占 1.8%，为老虎须、开口箭、伞柱开口箭 3 种；一年生草本占 0.6%，如叶下珠。

藤本植物占总种数的 15.0%，其中木质藤本占总种数的 13.8%，如扁蒴藤、长节珠、刺果藤、毛枝翼核果等 23 种；草质藤本占总种数的 1.2%，如假蒟、掌叶海金沙等 2 种。

附生植物占 6.6%，如石柑、团叶槲蕨、球兰、粗茎崖角藤等 11 种。

在叶级谱上，对番龙眼-中国无忧花林的统计得出，大叶植物占所有生活型的 5.4%，但在乔木层中仅有 1 种，即五桠果叶木姜子，其他都为草本植物；中叶植物占所有生活型的 80.1%，其中在乔木中占 86.5%；小叶植物占所有生活型的 13.3%，在乔木中占 12.2%。中叶植物占显著优势（表 3.3）。叶型组成（表 3.4）中，单叶植物占 80.1%，在乔木层树种中占 77.0%，如木奶果、黄叶树、金钩花、缅漆；复叶植物在乔木层中占 23.0%，如中国无忧花、番龙眼。在叶质上，革质叶在乔木层中占 56.8%，纸质叶占 36.4%，膜质叶占 6.8%。在叶缘构成中，全缘叶植物占乔木树种的 81.1%，非全缘叶植物占 18.9%。在叶尖类型中，渐尖叶占乔木树种的 75.7%。

表 3.3　番龙眼-中国无忧花林叶级谱

Table 3.3　Leaf size spectrum of *Pometia pinnata-Saraca dives* forest

	叶级 Leaf size	大叶 Macrophyll	中叶 Mesophyll	小叶 Microphyll	鳞叶 Leptophyll
乔木 Tree	种数 No. of species	1	64	9	—
	百分比 Percentage（%）	1.3	86.5	12.2	—
灌木 Shrub	种数 No. of species	—	14	5	—
	百分比 Percentage（%）	—	73.7	26.3	—

续表

叶级 Leaf size		大叶 Macrophyll	中叶 Mesophyll	小叶 Microphyll	鳞叶 Leptophyll
草本 Herb	种数 No. of species	7	27	2	1
	百分比 Percentage（%）	18.9	73.0	5.4	2.7
藤本植物 Liana plants	种数 No. of species	—	19	5	1
	百分比 Percentage（%）	—	76.0	20.0	4.0
附生植物 Epiphyte plants	种数 No. of species	1	10	—	—
	百分比 Percentage（%）	9.1	90.9	—	—
总计 All	种数 No. of species	9	134	21	2
	百分比 Percentage（%）	5.4	80.1	13.3	1.2

表 3.4　番龙眼-中国无忧花林叶型、叶质、叶缘、叶尖谱

Table 3.4　The spectrums of leaf type, leaf texture, leaf margin, leaf apex of *Pometia pinnata-Saraca dives* forest

叶类型及特性 Types and features of leaves		叶型 Leaf type		叶质 Leaf texture				叶缘 Leaf margin		叶尖 Leaf apex		
		单叶 Simp.	复叶 Comp.	革质 Leath.	纸质 Pap.	膜质 Memb.	肉质 Succu.	全缘 Ent.	非全缘 Non-ent.	渐尖 Acum.	尾尖 Caud.	非渐尾尖 Non-caud.
乔木 Tree	种数 No. of species	57	17	42	27	5	—	60	14	56	5	13
	百分比 Percentage（%）	77.0	23.0	56.8	36.4	6.8	—	81.1	18.9	75.7	6.8	17.5
灌木 Shrub	种数 No. of species	16	3	2	14	3	—	10	9	8	8	3
	百分比 Percentage（%）	84.2	15.8	10.5	73.7	15.8	—	52.6	47.4	42.1	42.1	15.8
草本 Herb	种数 No. of species	34	3	11	25	1	—	22	15	25	9	3
	百分比 Percentage（%）	91.9	8.1	29.7	67.6	2.7	—	59.5	40.5	67.6	24.3	8.1
藤本植物 Liana plants	种数 No. of species	15	10	13	12	—	—	19	6	12	2	11
	百分比 Percentage（%）	60.0	40.0	52.0	48.0	—	—	76.0	24.0	48.0	8.0	44.0

续表

叶类型及特性 Types and features of leaves		叶型 Leaf type		叶质 Leaf texture				叶缘 Leaf margin		叶尖 Leaf apex		
		单叶 Simp.	复叶 Comp.	革质 Leath.	纸质 Pap.	膜质 Memb.	肉质 Succu.	全缘 Ent.	非全缘 Non-ent.	渐尖 Acum.	尾尖 Caud.	非渐尾尖 Non-caud.
附生植物 Epiphyte plants	种数 No. of species	11	—	3	5	—	3	11	—	7	1	3
	百分比 Percentage（%）	100	—	27.3	45.4	—	27.3	100	—	63.6	9.1	27.3
总计 All	种数 No. of species	133	33	71	83	9	3	122	44	108	25	33
	百分比 Percentage（%）	80.1	19.9	42.8	50.0	5.4	1.8	73.5	26.5	65.1	15.0	19.9

3.1.2 云南南部热带季节性雨林的生态外貌特征

云南南部的龙脑香热带季节性雨林以望天树林群系为例（朱华，1992），以 2 个 50m×50m 共 0.5hm² 样地资料为例，统计了它们所有维管植物的生活型。样方 I 有维管植物 197 种，样方 II 有 182 种，两样方共有维管植物 265 种（朱华，1992）。在木本高位芽植物中，常绿种类占 93.8%，落叶种类仅占 6.2%，并且主要在大高位芽植物中。例如，19 种大高位芽植物中落叶有 5 种，约占 1/4，在群落外貌上表现为干季上层乔木部分落叶，中层及下层常绿（表 3.5）。

表 3.5 望天树林生活型谱

Table 3.5 Life form spectrum of *Parashorea chinensis* forest

生长型 Growth form	生活型 Life form	种数 No. of species		百分比 Percentage（%）
		常绿（E）	落叶（D）	
乔木 Tree	大高位芽 Megaphanerophyte（>30m）	14	5	7.2
	中高位芽 Mesophanerophyte（8~30m）	71	1	27.1
	小高位芽 Microphanerophyte（2~8m）	32	0	12.1
	（乔木合计 Tree total）	（123）		（46.42）
灌木 Shrub	矮高位芽 Nanophanerophyte（<2m）	22		8.3
草本 Herb	草本高位芽 Herbaceous phanerophyte	11		4.2
	地下芽 Geophyte	5		1.9

续表

生长型 Growth form	生活型 Life form	种数 No. of species		百分比 Percentage （%）
		常绿（E）	落叶（D）	
草本 Herb	地面芽 Hemicryptophyte	0		0
	地上芽 Chamaephyte	20		7.5
	（草本植物合计 Herbaceous plants total）	（36）		（13.58）
藤本植物 Liana plants	藤本高位芽 Liana phanerophyte	61		23.1
附生植物 Epiphyte plants	附生高位芽 Epiphyte phanerophyte	22		8.3
腐寄生植物 Parasatic plants		1		0.4
总计 All		265		100

  非龙脑香热带季节性雨林以箭毒木+龙果林 0.4hm² 样地为例（表 3.6），情况与龙脑香热带季节性雨林类似，但在乔木层中有更高比例的落叶树种，如在乔木上层中有 4 种落叶，中层乔木中有 5 种落叶，下层乔木常绿。落叶树种在上、中层乔木中占种数的 13.64%，明显体现了热带季节性雨林的特征。

表 3.6 箭毒木+龙果林生活型谱

Table 3.6 Life form spectrum of *Antiaris toxicaria+Pouteria grandifolia* forest

生长型 Growth form	生活型 Life form	种数 No. of species		百分比 Percentage （%）
		常绿（E）	落叶（D）	
乔木 Tree	大高位芽 Megaphanerophyte	13	4	9.7
	中高位芽 Mesophanerophyte	44	5	28.0
	小高位芽 Microphanerophyte	27	0	14.5
	（乔木合计 Tree total）	（93）		（53.14）
灌木 Shrub	矮高位芽 Nanophanerophyte	17		9.7
草本 Herb	草本高位芽 Herbaceous phanerophyte	8		4.6
	地下芽 Geophyte	3		1.9
	地面芽 Hemicryptophyte	0		0
	地上芽 Chamaephyte	15		8.6
	（草本植物合计 Herbaceous plants total）	（26）		（14.86）
藤本植物 Liana plants	藤本高位芽 Liana phanerophyte	32		18.3
附生植物 Epiphyte plants	附生高位芽 Epiphyte phanerophyte	7		4.0
总计 All		175		100

云南南部的热带季节性雨林，根据研究，高位芽植物占 87.5%～89.7%，其中，藤本高位芽植物占 18.3%～23.1%，大高位芽植物占 7.2%～9.7%，中高位芽植物占 27%～28%，小高位芽植物占 12%～15%，矮高位芽植物占 8.3%～9.7%，草本高位芽植物占 4.2%～4.6%（朱华等，2015）。

在叶级谱上，对望天树林所有生活型的 265 种植物的叶级进行统计（复叶按小叶计），总的特点是：中叶占优势，占 67.5%，小叶占 23%，大叶占 7.2%，微叶占 1.5%，巨叶和鳞叶各占 0.4%。若按各生活型分别统计，则中叶在各层中都是最多的，在乔木层中比例最高，大叶在附生植物中最多，占 18.2%，在草本中次之，在灌木中最少，藤本和灌木的叶级变幅较小，附生植物和草本植物的叶级变幅较大（朱华，1992）。分层统计的结果明显反映了叶片性质与林内微环境垂直变化的关系，革质叶在大高位芽植物中所占比例最高，占 73.7%。从上层到下层，革质叶比例急剧下降，纸质叶增多，至矮高位芽植物时革质叶仅占 13.6%，纸质叶占 86.4%。大高位芽常绿种类主要是革质叶，能反射过强阳光，免遭灼烧和减少蒸腾，其纸质叶（多为复叶）一般是落叶树种。小高位芽和矮高位芽植物处于林冠庇荫之下，纸质叶对弱光的吸收最为有效。叶缘在各层中的变化不大，叶尖本身的变异较大，大、中高位芽植物幼株的叶子，一般是尾尖，即所谓的滴水尖，但长成大树后，往往又变成渐尖或钝。若按成年植株统计，各层都以非尾尖占优势。板根主要存于大高位芽植物中，在统计的 19 种大高位芽植物中，8 种有大板根，7 种有小板根；72 种中高位芽植物中，仅 2 种有大板根，12 种有小板根，这也反映了该雨林的上层很接近典型雨林。

对望天树林 2 个样方（0.5hm²）中 145 种木本植物（乔木和灌木）的叶质、叶缘、叶尖和板根的统计见表 3.7。总的特点是：纸质叶占 54.48%，革质叶占 45.52%；全缘叶占 80%。以成熟植物叶统计，非滴水叶尖占 88.28%。

龙脑香（望天树林）与非龙脑香季节性雨林（箭毒木＋龙果林）的叶级谱和叶型谱比较见表 3.8。望天树林分布在沟箐，生境更为湿润，为沟谷雨林群系组，而箭毒木＋龙果林分布在低丘上，属于低丘雨林群系组，生境相对较干，木本植物种类的叶级谱中小叶比例更高。

总的来说，云南南部的热带季节性雨林，按木本植物统计，中叶占 71%，小叶占 20%～24%，大叶占 5.5%～7.5%。若乔木和灌木分别统计，灌木的小叶占比较乔木高。在叶型统计上，复叶占 21.4%～24.5%。

望天树林属于沟谷雨林群系组，箭毒木＋龙果林属于低丘雨林群系组，比较二者发现，低丘雨林的附生植物相对较少，小、矮高位芽植物相对多一些，在叶级谱上小叶比例也相对高一些，大叶比例低一些。这反映了低丘雨林在生态上较沟

表 3.7 望天树林植物叶类型、叶质、叶缘、叶尖、根型

Table 3.7 Leaf texture, leaf margin, leaf apex and root type of *Parashorea chinensis* forest

叶类型及特性 Types and features of leaf		叶质 Leaf texture		叶缘 Leaf margin		叶尖 Leaf apex		根型 Root type		种数 No. of species
		纸质 Pap.	革质 Leath.	全缘 Ent.	非全缘 Non-ent.	尾尖 Caud.	非尾尖 Non-caud.	板根 Buttress	非板根 Non-buttress	合计 Total
乔木 Tree	种数 No. of species	60	63	97	26	14	109	29	94	123
	百分比 Percentage（%）	48.78	51.22	78.86	11.14	11.38	88.62	23.58	76.42	
灌木 Shrub	种数 No. of species	19	3	19	3	3	19			22
	百分比 Percentage（%）	86.36	13.64	86.36	13.64	13.64	86.36			
乔木+灌木 Tree+Shrub	种数 No. of species	79	66	116	29	17	128			145
	百分比 Percentage（%）	54.48	45.52	80	20	11.72	88.28			

表 3.8　云南南部热带季节性雨林木本植物叶级谱和叶型谱

Table 3.8　Leaf size and leaf form spectrums of the the woody plants in tropical seasonal rain forest in southern Yunnan

森林类型 Forest type		小叶 Microphyll		中叶 Mesophyll		大叶 Macrophyll		单叶 Simple leave		复叶 Compound leave		合计（种）Total species
		种数 No. of species	百分比 Percentage（%）	种数 No. of species	百分比 Percentage（%）	种数 No. of species	百分比 Percentage（%）	种数 No. of species	百分比 Percentage（%）	种数 No. of species	百分比 Percentage（%）	
望天树林 *Parashorea chinensis* forest（0.5hm²）	总计 All	29	19.9	105	71.9	11	7.5	114	78.6	31	21.4	145
箭毒木+龙果林 *Antiaris toxicaria+Pouteria grandifolia* forest（0.4hm²）	总计 All	26	23.6	78	70.9	6	5.5	83	75.5	27	24.5	110

谷雨林受干旱影响更强，沟谷雨林更接近典型热带雨林，而低丘雨林则表现为向半常绿季雨林过渡。

3.1.3 云南西南部热带季节性雨林的生态外貌特征

根据刘伦辉和余有德（1980）、王达明等（1985）的研究，云南西南部的热带季节性雨林主要就是含阿萨姆娑罗双（即云南娑罗双）和云南龙脑香的热带雨林。刘伦辉和余有德（1980）依据对阿萨姆娑罗双林 0.38hm² 取样面积的研究，该样地记载了 157 种植物，群落高可达 35～50m，最上层乔木林冠相对平整，乔木层清楚地分为 3 个亚层。样地中记录了木本植物 69 种，占 44%，灌木 25 种，占 16%，草本植物 19 种，藤本植物 33 种，附生植物 11 种。样地中，胸径＞30cm 的乔木有 16 种，其中落叶和半落叶树种 5 种，占 31.3%，比云南南部和东南部的季节性雨林高，并含有季雨林特征树种榆绿木（*Anogeissus acuminata*）。根据《云南植被》（吴征镒，1987 年）的统计，阿萨姆娑罗双林（云南娑罗双）群落的乔木占 38.8%，灌木占 17.7%，草本植物占 14%，藤本植物占 23.5%，附生植物占 6%。

云南西南部热带季节性雨林的调查研究工作比较薄弱，仍缺少数据资料。

3.2 热带山地雨林

以分布在云南南部景洪勐宋海拔 1650～1780m 的热带中山雨林群落（八蕊单室茱萸-大萼楠林和云南拟单性木兰-云南裸花林）0.5hm² 样地上记录的 261 种植物为例，生活型组成见表 3.9。高位芽植物共占 77.32%，其中，藤本高位芽植物占 13.0%，大高位芽植物占 4.6%，中高位芽植物占 23.4%，小高位芽植物占 20.7%，矮高位芽植物占 8.4%，草本高位芽植物占 9.2%。

表 3.9 热带中山雨林群落植物生活型谱

Table 3.9 Life form spectrum of the tropical middle montane rain forest

生长型 Growth form	生活型 Life form	种数 No. of species	百分比 Percentage（%）
乔木 Tree	大高位芽 Megaphanerophyte	12	4.6
	中高位芽 Mesophanerophyte	61	23.4
	小高位芽 Microphanerophyte	54	20.7
	（合计 Total）	（127）	（48.7）
灌木 Shrub	矮高位芽 Nanophanerophyte	22	8.4

续表

生长型 Growth form	生活型 Life form	种数 No. of species	百分比 Percentage（%）
草本 Herb	草本高位芽 Herbaceous phanerophyte	24	9.2
	地下芽 Geophyte	5	1.9
	地上芽 Chamaephyte	25	9.6
	（合计 Total）	（54）	（20.7）
藤本植物 Liana plants	藤本高位芽 Liana phanerophyte	34	13.0
附生植物 Epiphyte plants	附生高位芽 Epiphyte phanerophyte	24	9.2
总计 All		261	100

在叶级谱上（表 3.10），群落的中叶占 68.2%，小叶占 26.1%，大叶占 5.7%。若按生活型分别统计，乔木的中叶占 76.4%，小叶占 22.8%；灌木的中叶占 40.9%，小叶占 59.1%，小叶占比较乔木高。

表 3.10　热带中山雨林群落植物叶级谱

Table 3.10　Leaf size spectrum of the tropical middle montane rain forest

叶级 Leaf size		大叶 Macrophyll	中叶 Mesophyll	小叶 Microphyll	合计 Total
乔木 Tree	种数 No. of species	1	97	29	127
	百分比 Percentage（%）	0.8	76.4	22.8	
灌木 Shrub	种数 No. of species	—	9	13	22
	百分比 Percentage（%）	—	40.9	59.1	
草本 Herb	种数 No. of species	9	32	13	54
	百分比 Percentage（%）	16.7	59.2	24.1	
藤本植物 Liana plants	种数 No. of species	1	28	5	34
	百分比 Percentage（%）	3.0	82.4	14.7	
附生植物 Epiphyte plants	种数 No. of species	4	12	8	24
	百分比 Percentage（%）	16.7	50.0	33.3	
总计 All	种数 No. of species	15	178	68	261
	百分比 Percentage（%）	5.7	68.2	26.1	

表 3.11 统计了该热带中山雨林群落乔木和灌木的叶型、叶质、叶缘构成。总的特点是：单叶占 89.9%，复叶占 10.1%；纸质叶占 45.6%，革质叶占 54.4%；全缘叶占 76.5%，非全缘叶占 23.5%。

表 3.11　热带中山雨林群落植物叶型、叶质、叶缘谱

Table 3.11　The spectrums of leaf type, leaf texture and leaf margin of the tropical middle montane rain forest

叶类型及特性 Types and features of leaf		叶型 Leaf type		叶质 Leaf texture		叶缘 Leaf margin		合计种数 Total species
		单叶 Simp.	复叶 Comp.	纸质 Pap.	革质 Leath.	全缘 Ent.	非全缘 Non-ent.	
乔木 Tree	种数 No. of species	113	14	51	76	97	30	127
	百分比 Percentage（%）	89.0	11.0	40.2	59.8	76.4	23.6	
灌木 Shrub	种数 No. of species	21	1	17	5	17	5	22
	百分比 Percentage（%）	95.4	4.6	77.3	22.7	77.3	22.7	
合计 Total	种数 No. of species	134	15	68	81	114	35	149
	百分比 Percentage（%）	89.9	10.1	45.6	54.4	76.5	23.5	

　　山地雨林群落以单叶、全缘的中叶为主的常绿大、中高位芽植物组成为特征，层间木质藤本仍丰富，属于热带雨林的一种山地变型（类型）。该热带中山雨林群落符合山地雨林的特征，与该地区较低海拔的典型热带季节雨林相比，它的大、中高位芽植物和藤本高位芽植物比例相对减少，草本植物比例相对增加；在叶特征上，单叶、革质和非全缘叶比例相对增加，板根现象少见，表现出向热带山地常绿阔叶林（季风常绿阔叶林）过渡的特征。

　　表 3.12 对分布在勐养海拔 1100～1200m 处的热带低山雨林（黄棉木-华夏蒲桃林）与海拔 1650～1780m 处的热带中山雨林植物生长型构成进行了比较。低山雨林群落中乔木、灌木的种数百分比相对更高，而草本植物和附生植物在热带中山雨林群落中的种数百分比相对更高。在叶级谱上（表 3.13），低山雨林更为多样化，中山雨林小叶比例更高。叶型、叶缘、叶质的比较见表 3.14，低山雨林的复叶、纸质叶和全缘叶的比例明显高于中山雨林。

表 3.12　热带低山雨林与热带中山雨林植物生长型的比较

Table 3.12　Comparison of growth forms between the tropical lower montane rain forest and tropical middle montane rain forest

森林类型 Forest type	热带低山雨林 * Tropical lower montane rain forest 海拔 Altitude1100～1200m	热带中山雨林 ** Tropical middle montane rain forest 海拔 Altitude1650～1780m
生长型 Growth form	百分比 Percentage（%）	百分比 Percentage（%）
乔木及幼树 Tree & Sapling	55.2	48.7

续表

森林类型 Forest type	热带低山雨林* Tropical lower montane rain forest 海拔 Altitude1100～1200m	热带中山雨林** Tropical middle montane rain forest 海拔 Altitude1650～1780m
生长型 Growth form	百分比 Percentage（%）	百分比 Percentage（%）
灌木 Shrub	12.3	8.4
草本植物 Herb	17.2	20.7
藤本植物 Liana plants	12.3	13.0
附生植物 Epiphyte plants	3.07	9.2
总计 All	100	100

* 以黄棉木-华夏蒲桃林样地统计；** 以八蕊单室茱萸-大萼楠林和云南拟单性木兰-云南裸花林统计

*Data from *Metadina trichotoma-Syzygium cathayense* forest; **Data from *Mastixia euonymoides-Phoebe megacalyx* forest and *Parakmeria yunnanensis-Gymnanthes remota* forest

表 3.13　热带低山雨林和热带中山雨林群落乔木叶级谱比较

Table 3.13　Comparison of leaf scale spectrums between the tropical lower montane rain forest and tropical middle montane rain forest

叶级 Life scale	鳞叶 Leptophyll	微叶 Nanophyll	小叶 Microphyll	中叶 Mesophyll	大叶 Macrophyll	巨叶 Gigantophyll	合计 Total
热带低山雨林 Tropical lower montane rain forest（%）*	0	1.1	16.7	77.8	3.3	1.1	100
热带中山雨林 Tropical middle montane rain forest（%）**	0	0	22.8	76.4	0.8	0	100

* 与 ** 同前表 * & ** same as the former table

表 3.14　热带低山雨林和热带中山雨林群落乔木叶缘、叶质、叶型组成的比较

Table 3.14　Comparison of leaf margin, leaf texture and leaf type between the tropical lower montane rain forest and tropical middle montane rain forest

	叶缘 Leaf margin		叶质 Leaf texture		叶型 Leaf type	
	全缘 Ent.	非全缘 Non-ent.	革质 Leath.	纸质 Pap.	单叶 Simp.	复叶 Comp.
热带低山雨林* Tropical lower montane rain forest（%）	82.2	17.8	52.2	47.8	77.7	22.3
热带中山雨林** Tropical middle montane rain forest（%）	76.4	23.6	59.8	40.2	89.0	11.0

* 与 ** 同前表 * & ** same as the former table

3.3 小　　结

　　云南热带季节性雨林在群落的外貌特征上，西南部因降雨量季节性变化大，受更强烈的季节性干旱的影响，其群落的上层乔木中，落叶树种比例高，具有向热带半常绿季雨林过渡的特征；南部和东南部的热带季节性雨林具有明显的东南亚低地热带雨林的外貌和结构特征。以云南南部的热带季节性雨林为例，它与东南亚的低地热带雨林很接近，它的高位芽植物占 87.5%～89.7%，其中藤本高位芽植物占 18.3%～23.1%，大高位芽植物占 7.2%～9.7%，中高位芽植物占 27%～28%，小高位芽植物占 12%～15%，矮高位芽植物占 8.3%～9.7%，草本高位芽植物占 4.2%～4.6%。在叶级谱上，以木本植物统计，中叶约占 71%，小叶占 20%～24%，大叶占 5.5%～7.5%。若乔木和灌木分别统计，灌木的小叶占比较乔木高。在叶型统计上，复叶占 21.4%～24.5%。在高位芽植物的叶质、叶缘、叶尖和板根统计上，纸质叶占 54.48%，革质叶占 45.52%，全缘叶占 80%。以成熟植物叶统计，非滴水叶尖占 88.28%。具有板根的乔木约占 32.6%（朱华等，1998a）。

　　总体来说，云南的热带季节性雨林因地处具有山原地貌和季风气候特点的东南亚热带北缘，生态上已处于热带低地雨林分布的水分、热量和海拔极限条件。在群落学特征上，它们具有低地热带雨林的结构，接近赤道雨林的生活型谱、叶级谱及叶型和叶质特征，在性质上应属于一种热带低地雨林。由于受到气候的季节性干旱和冬季一定低温的影响，云南热带季节性雨林的上层乔木中具有一定比例的落叶树种存在，大高位芽植物和附生植物较逊色而藤本植物和中、小高位芽植物较丰富，在叶级谱上，小叶比例亦较高，这些特点又有别于生长在终年湿润的赤道地区的湿润热带雨林，被专称为"热带季节性雨林"，它是一种在热带季风气候下发育的热带雨林类型。云南热带雨林的植物区系属于亚洲热带雨林植物区系的一部分，在性质上是印度-马来西亚热带雨林北缘的类型。

第4章 云南热带雨林的物种多样性

4.1 热带雨林种数-面积关系

以云南南部西双版纳国家级自然保护区勐仑片区一个较为典型的热带季节性雨林群落为例,我们从 500m²(50m×10m)的基本样方开始,然后按每 500m² 面积递增至 4000m²,进行种类组成调查。

随着样方面积的增大,逐个记录所有胸径大于 5cm 的立木和逐种登记所有的乔木、幼树、灌木和草本种类。此外,为进一步反映幼树、灌木和草本植物的种数-面积关系,我们在每个 50m×10m 的基本样方内设置了 8 个 5m×5m 的小样方,以同样方式记录种类。扩大面积的样方调查结果见表 4.1、图 4.1 和图 4.2。

表 4.1 热带季节性雨林样方面积与种数关系

Table 4.1 The relationship between number of species and sampling area in a tropical seasonal rain forest

面积 Area	500m²	1000m²	1500m²	2000m²	2500m²	3000m²	3500m²	4000m²
乔木种数 Tree species >5cm DBH	19	24	30	37	44	49	53	55
<5cm DBH	18	26	33	35	37	37	38	38
乔木种数合计 Tree species in total	37	50	63	72	81	86	91	93
灌木种数 Shrub species	8	11	12	14	14	15	16	17
草本植物种数 Herbaceous plant species	17	19	21	24	25	25	25	26
总计 All	62	80	96	110	120	126	132	136

种数-面积曲线(图 4.1)在 2500m² 时开始趋于平缓,意味着 2500m² 面积已接近群落最小面积,能在本质上反映群落在这个局部地段的植物区系组成。

由小样方反映的幼树+灌木种数-面积曲线和草本植物种数-面积曲线(图 4.2)分别在约 100m² 和 75m² 时开始趋于平缓。通常采用的在样方 4 个角和中心各设置一个 5m×5m 小样方进行幼树、灌木层和草本层的调查是可取的。

Drees(1954)研究了印度尼西亚邦加岛的热带雨林原始林和次生林的种数-面积关系,认为 2500m² 已接近群落局部地段的最小物种表现面积,作为获得反映该地段群落种类组成特征的样方表的面积是适合的。这与我们的研究结果,即西双版纳热带雨林以 2500m² 作为最适取样面积是一致的。

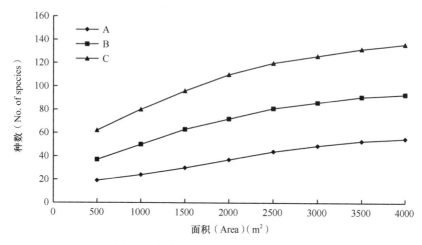

图 4.1　热带季节性雨林种数-面积曲线

Fig. 4.1　Species-area curves for the tropical seasonal rain forest

A. 乔木 Tree，≥5cm DBH；B. 乔木及幼树 Tree and sapling；C. 乔木、灌木、草本植物合计 Tree, shrub and herbaceous plant in total

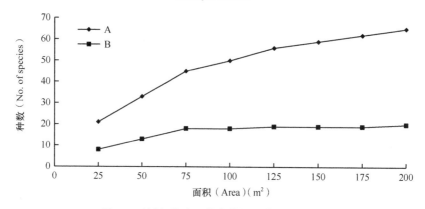

图 4.2　幼树-灌木、草本植物种数-面积曲线

Fig. 4.2　Species-area curves of sapling-shrub and herbaceous plants

A. 幼树+灌木 Sapling and shrub；B. 草本植物 Herbaceous plant

　　同样面积的样方，种数有一定变化，特别是当样方面积较小时，种数变化更明显，即使样方是取自同一森林类型也是如此（图 4.3），这是热带雨林物种多样性的一种表现。根据 10 个取自典型热带雨林地段的 $0.25hm^2$ 面积的样方资料，在一个 $0.25hm^2$ 面积的样方内，有维管植物 150～200 种，其中胸径在 5cm 以上的树木是 44～63 种（如果包括幼树幼苗，则树木种数是 80～90 种），藤本植物34～40 种，灌木 15～20 种，草本植物 15～25 种，附生植物 5～20 种。然而，当样方面积进一步扩大时，种数增加的幅度就减小了。例如，在图 4.3 中，即使样

方面积达 0.4hm², 其种数仍在 0.25hm² 面积样方的种数范围内。因此, 我们推荐 0.25hm² 作为云南热带雨林群落的最适样方面积。

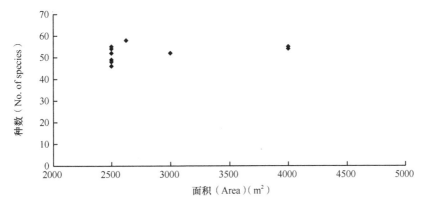

图 4.3　不同面积样方的乔木种数（≥5cm DBH）

Fig. 4.3　The number of tree species (over 5cm DBH) in plots of different sizes

取自非邻接样方的乔木种数-面积曲线（图 4.4）在约 1hm² 时开始趋于平缓, 这意味着为体现一个具体森林类型基本的植物区系组成, 至少 1hm² 的累积取样面积是必需的。如果最适单个样方面积是 0.25hm², 对于一个具体森林类型, 至少 4 个这样的样方是需要的, 以便一个群落综合表被编制用以体现基本的植物区系组成, 也能便于统计植物种的存在度及其他群落综合指数。

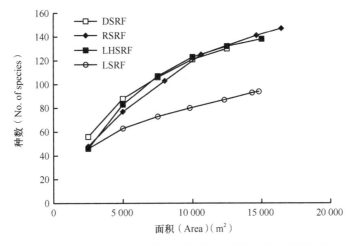

图 4.4　云南南部热带季节性雨林的乔木种数-面积关系曲线

Fig. 4.4　Tree species-area curves for the tropical seasonal rain forest of southern Yunnan

DSRF. 龙脑香季节性雨林 Dipterocarp seasonal rain forest; RSRF. 沟谷季节性雨林 Ravine seasonal rain forest; LHS-RF. 低丘季节性雨林 Lower hill seasonal rain forest; LSRF. 石灰岩季节性雨林 Seasonal rain forest on limestone

从表 4.1 可见，胸径在 5cm 以上的树种并不保持与包括幼树、幼苗在内的所有树种同样幅度的种数随面积增加而增加。这是因为在群落局部地段上乔木层种类组成并不都与下面的幼树、幼苗种类组成一致。这或许能部分地用 Richards（1952）所讨论的热带雨林"更新镶嵌"现象来解释。然而，更有可能的是，发生在热带北缘的云南热带雨林，有更多的林冠植物区系组成浮动。此外，我们也可清楚地看到，胸径在 5cm 以上的树种所代表的物种多样性仅是群落物种多样性的一部分。实际上群落物种多样性 50% 以上是由幼树、灌木、草本、藤本等非立木种类体现的，林冠层的乔木树种仅构成群落物种多样性的一部分。

4.2 热带雨林种数-个体关系

热带雨林群落不同乔木层乔的种数-个体关系见表 4.2。从乔木种数-个体关系的比较看，在同样面积（0.25hm²）的热带雨林群落样方中，龙脑香林（望天树林）的乔木种数-个体关系比值（4.2株/种）与箭毒木+龙果林相当（4.0株/种），稍高于番龙眼林+千果榄仁（3.0株/种），低于石灰岩季节性雨林（6.8株/种）。也就是说，石灰岩季节性雨林平均每个乔木树种具有更多的株数，树种多样性相对较低。

表 4.2　热带雨林不同乔木层乔木的种数-个体关系

Table 4.2　Species-individuals in different tree strata of the tropical rain forest

森林类型 Forest type	样方 Plot	面积 Area （hm²）	上层乔木 Upper tree layer （>30m）			中层乔木 Middle tree layer （18~30m）			下层乔木 Lower tree layer （5~18m）			乔木层 Tree layers （>5m）
			N.I.*	N.S.	I./S.	N.I.	N.S.	I./S.	N.I.	N.S.	I./S.	I./S.
望天树林 *Parashorea chinensis* forest	Dipt-I	0.25	18	10	1.8	28	13	2.2	140	41	3.4	5.0
	Dipt-II	0.25	36	5	7.2	48	19	2.5	193	44	4.4	3.3
	平均 Average	0.25	27	7.5	4.5	38	16	2.3	166.5	42.5	3.9	4.2
番龙眼+千果榄仁林 *Pometia* *pinnata+Terminalia* *myriocarpa* forest	94-1-3	0.25	34	18	1.9	84	35	2.4	76	27	2.8	3.4
	94-1-2	0.25	31	14	2.2	48	28	1.7	29	21	1.4	3.7
	94-1-1	0.25	24	14	1.7	31	21	1.5	41	26	1.6	2.0
	平均 Average	0.25	29.7	15.3	1.9	54.3	28	1.9	48.7	24.7	1.9	3.0
箭毒木+龙果林 *Antiaris toxicaria +* *Pouteria grandifolia* forest	931206	0.25	22	6	3.6	91	31	2.9	69	35	2.0	3.5
	92-1	0.25	45	17	2.6	72	25	2.9	90	26	3.5	4.5
	平均 Average	0.25	33.5	11.5	3.1	81.5	28	2.9	79.5	30.5	2.8	4.0

续表

森林类型 Forest type	样方 Plot	面积 Area （hm²）	上层乔木 Upper tree layer （>30m）			中层乔木 Middle tree layer （18~30m）			下层乔木 Lower tree layer （5~18m）			乔木层 Tree layers （>5m）
			N.I.*	N.S.	I./S.	N.I.	N.S.	I./S.	N.I.	N.S.	I./S.	I./S.
石灰岩季节性雨林 Seasonal rain forest on limestone	HW-9202	0.25	2	1	2	27	9	3	135	13	10.4	8.6
	HW-9203	0.25	9	7	1.3	46	11	4.2	63	11	5.7	4.9
	平均 Average	0.25	5.5	4	1.7	36.5	10	3.6	99	12	8.1	6.8

* N.I.：株数 Number of individual；N.S.：种数 Number of species；I./S.：株/种 Number of individual per species

4.3　热带雨林树种的频度和存在度分布

热带季节性雨林群落乔木树种的频度见表4.3，龙脑香林（望天树林）乔木树种的频度分布与非龙脑香林（番龙眼+千果榄仁林和箭毒木+龙果林）接近，在样方内45%~60%的种类仅有1株；25%~40%的种类每种有2~5株；<15%的种类每种有6~10株；不到10%的种类每种有10株以上，亦即群落中大多数种类具有较小的种群，优势种不明显（Cao & Zhang，1997；Paijmans，1970），这是热带雨林的特征。

表 4.3　热带季节性雨林乔木树种的频度

Table 4.3　Frequency of tree species in plots of the tropical seasonal rain forest

	样方 Plot		株数 Number of individual				
			1	2~5	6~10	11~20	>20
望天树林 *Parashorea chinensis* forest	Dipt-I	种数 No. of species	26	21	5	0	5
		百分比 Percentage（%）	45.6	36.8	8.8	0	8.8
	Dipt-II	种数 No. of species	33	14	5	2	2
		百分比 Percentage（%）	58.9	25	8.9	3.6	3.6
番龙眼+千果榄仁林 *Pometia* *pinnata+Terminalia* *myriocarpa* forest	94-1-3	种数 No. of species	31	19	8	0	2
		百分比 Percentage（%）	51.7	31.7	13.3	0	3.3
	94-1-2	种数 No. of species	27	17	4	0	0
		百分比 Percentage（%）	56	35	9	0	0
	94-1-1	种数 No. of species	28	18	1	1	0
		百分比 Percentage（%）	58	37.5	2.1	2.1	0
箭毒木+龙果林 *Antiaris toxicaria* + *Pouteria grandifolia* forest	931206	种数 No. of species	25	18	6	2	1
		百分比 Percentage（%）	48.1	34.6	11.5	3.8	1.9

续表

	样方 Plot		株数 Number of individual				
			1	2～5	6～10	11～20	＞20
箭毒木＋龙果林	92-1	种数 No. of species	18	20	2	3	3
Antiaris toxicaria + *Pouteria grandifolia* forest		百分比 Percentage（%）	39	43	4.3	6.5	6.5
石灰岩季节性雨林	HW-9202	种数 No. of species	7	8	0	0	4
Seasonal rain forest on limestone		百分比 Percentage（%）	36.8	42.1	0	0	21.1
	HW-9203	种数 No. of species	11	7	1	2	2
		百分比 Percentage（%）	47.8	30.4	4.3	8.7	8.7

存在度是树种种群分布格局的另一项指标，显示树种种群在同一群落不同地段的分布情况。云南热带雨林乔木树种的存在度见图4.5。比较三个群系的热带季节性雨林均有较一致的树种存在度分布。存在度小的种类（Ⅰ和Ⅱ级）占总种数的70%以上，以Ⅰ级占比最大，达50%以上，反映了树种在热带雨林中分布很

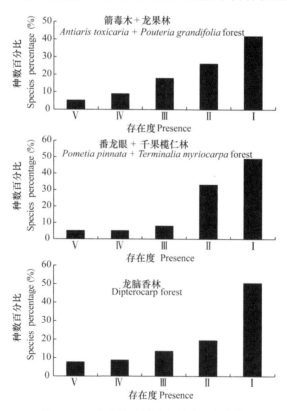

图4.5　云南热带雨林乔木树种的存在度

Fig. 4.5　Presence diagrams of tree species of the tropical rain forest in Yunnan

不均匀，主要是由于物种多样性高和多数树种的种群较小。这与金振洲和欧晓昆（1997）对西双版纳季节雨林主要组成种类的统计结果一致。存在度较大的种类（Ⅳ和Ⅴ级）占不到10%，尤以沟谷雨林更为显著，其存在度小的种类占80%以上。

4.4　热带雨林乔木种群分布格局

不同热带雨林群落乔木树种的种序图见图4.6。除石灰岩季节性雨林外，各热带雨林群落的乔木种序图都显示了一个长尾，表示群落中小种群树种占大多数，即多数树种只具有1～2个个体，树种多样性丰富，并且含有较多稀有种。

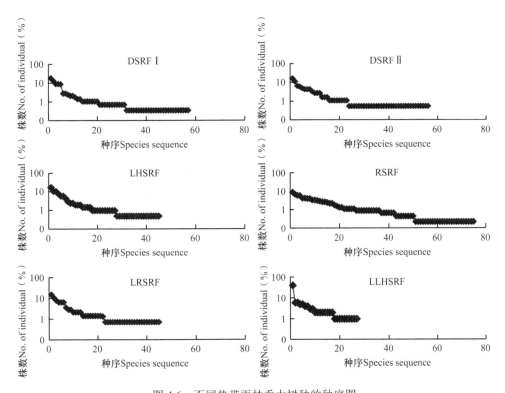

图4.6　不同热带雨林乔木树种的种序图

Fig. 4.6　Species sequence diagrams of tree species from different tropical rain forest types

DSRF. 龙脑香季节性雨林 Dipterocarp seasonal rain forest；RSRF. 沟谷季节性雨林 Ravine seasonal rain forest；LHS-RF. 低丘季节性雨林 Lower hill seasonal rain forest；LRSRF. 石灰岩沟谷季节性雨林 Limestone ravine seasonal rain forest；LLHSRF. 石灰岩低丘季节性雨林 Limestone lower hill seasonal rain forest

4.5　热带雨林物种多样性

各热带雨林群系物种多样性的比较见表4.4、表4.5。

表 4.4 不同热带雨林群系种多样性的比较

Table 4.4 Comparison of species diversity among different tropical rain forest formations

森林类型 Forest type	样方 Plot	面积 Area（m²）	海拔 Alt.（m）	坡度 Slope degree（°）	种数 N.S.	株数 N.I.	香农-维纳指数 H'	香农均衡度 E
石灰岩季节性雨林 Seasonal rain forest on limestone								
A. 番龙眼+油朴林 Pometia pinnata+Celtis philippensis forest	102-16	2400	700	0~5	45	140	3.2627	0.8571
	HW-9203	2500	700	25	23	118	2.4269	0.774
	HW-9202	2500	740	10	19	164	2.0464	0.693
B. 轮叶戟+油朴林 Lasiococca comberi var. pseudoverticillata+Celtis philippensis forest	940301	2500	800	40	27	102	2.5277	0.7669
非石灰岩季节性雨林 Seasonal rain forest on non-limestone								
C. 番龙眼+千果榄仁林 Pometia pinnata+Terminalia myriocarpa forest	94-1-2	2500	650	5~10	49	108	3.586	0.9263
	94-1-3	2500	675	30	57	194	3.573	0.8727
	94-1-1	2500	700	25	48	96	3.599	0.9297
	931206	2500	650	10	52	182	3.3765	0.8545
D. 箭毒木+龙果林 Antiaris toxicaria+Pouteria grandifolia forest	92-1	2500	680	30	46	207	3.1594	0.825
E. 龙脑香季节性雨林 Dipterocarp seasonal rain forest	Dipt-I	2500	700	20	57	284	3.3563	0.8338
	Dipt-II	2500	800	30	56	186	3.1157	0.7706

注（Note）：H'，Shannon-Wiener's diversity indexes；E，Evenness indexes of Pielou，Base: 2.718283

表 4.5　云南不同热带雨林群落植物种数的比较

Table 4.5　Comparison of species number among different tropical rain forest communities in Yunnan

样方 Plot	云南大学样方*		97-11		Dipt-I		Dipt-II		92-1		931206		HW-9202		HW-9203	
群落类型 Forest type	沟谷季节性雨林 RSRF		沟谷季节性雨林 RSRF		龙脑香季节性雨林 DSRF I		龙脑香季节性雨林 DSRF II		低丘季节性雨林 LHSRF		低丘季节性雨林 LHSRF		石灰岩季节性雨林 LSRF		石灰岩季节性雨林 LSRF	
地点 Location	勐养自然保护区 Nature Reserve Mengyang		勐仑植物园 XTBG Menglun		勐腊自然保护区 Nature Reserve Mengla		勐腊自然保护区 Nature Reserve Mengla		勐仑自然保护区 Nature Reserve Menglun		勐仑城子 Chengzi Menglun		勐醒回洼 Huiwa Mengxing		勐醒回洼 Huiwa Mengxing	
面积 Area (m²)	2500		2500		2500		2500		2500		2500		2500		2500	
生长型 Growth form	种数 No. of species	百分比 Species percentage (%)	种数 No. of species	百分比 Species percentage (%)	种数 No. of species	百分比 Species percentage (%)	种数 No. of species	百分比 Species percentage (%)	种数 No. of species	百分比 Species percentage (%)	种数 No. of species	百分比 Species percentage (%)	种数 No. of species	百分比 Species percentage (%)	种数 No. of species.	种数 百分比 Species percentage (%)
乔木及幼树 Tree & Sapling	98	44.7	75	53.6	89	45.4	91	50.3	81	53.3	70	51.9	35	48.6	43	50
灌木 Shrub	43	19.6	13	9.3	19	9.7	16	8.8	14	9.2	11	8.2	7	9.7	7	8.1
草本 Herb	37	16.9	25	17.9	28	14.3	19	10.5	25	16.4	13	9.6	12	16.7	20	23.3
藤本植物 Liana plants	35	16	20	14.3	41	20.9	40	22.1	26	17.1	35	25.9	13	18.1	15	17.4
附生植物 Epiphyte plants	6	2.7	7	5	19	9.7	15	8.3	6	3.9	6	4.4	5	6.9	1	1.2
总计 (All)	219	100	140	100	196	100	181	100	152	100	135	100	72	100	86	100

* 党承林和王宝荣, 1997

不同热带雨林群落单位面积（2500m²）上植物种数的比较见表4.5。处于沟谷的季节性雨林单位面积上植物种数最多，变化幅度也最大（龙脑香雨林为181～196种，番龙眼+千果榄仁林为140～219种）；其次是低丘季节性雨林（135～152种）；石灰岩季节性雨林单位面积上植物种数相对较少（72～86种）。

4.6　小　　结

在物种多样性上，不同群落有一定差异。根据10个0.25hm²样方的统计，在0.25hm²取样面积内有维管植物150～200种，其中胸径在5cm以上的树木是44～63种（如果包括幼树、幼苗，则树木种数是80～90种），藤本植物30～40种，灌木15～20种，草本植物15～25种，附生植物5～20种；乔木物种多样性指数为3.1594～3.599（朱华等，1998b）。在1hm²取样面积上，记录胸径在5cm以上的树木约150种，10cm以上的树木120种（Cao et al.，1996）。然而，在一个20hm²龙脑香热带季节性雨林样地中记录到DBH≥1cm的树木468种，其中DBH≥10cm的树木339种，DBH≥30cm的树木215种（兰国玉等，2008）。

云南热带季节性雨林乔木种序图显示了一个长尾（Cao & Zhang，1997；Zhu et al.，2004），意味着一个样地内它们的多数种类只有1～2个个体。树种的频度分布显示，在0.25hm²取样面积内，40%～60%的种类仅有1株；30%～40%的种类每种有2～5株；＜15%的种类每种有6～10株；不到10%的种类每种有10株以上。这些特征均反映了云南的热带季节性雨林物种多样性十分丰富，在一个局部地段上，它们的多数种类均只有1～2个个体，稀有种丰富。在20hm²的勐腊大样地内，个体数量大于1000的大种群树种仅有13种，它们占该样地树种总数的2.78%，却占个体总数的56.34%；样地内个体数量仅为1株的树种却有69个，占树种总数的14.74%，但仅占个体总数的0.07%（Lan et al.，2012）。如果按照Hubbell和Foster（1986）关于稀有种的定义，即平均每公顷个体数少于1的种被认为是稀有种，则云南热带雨林20hm²的大样地内就有230个稀有种，占总树种数的49.14%，稀有种几乎占样地内树种总数的一半，但却只占个体总数的1.24%（Lan et al.，2012）。

我们的研究支持热带雨林的一个群落是由林窗、建成和成熟三个演替阶段构成的镶嵌体，它的林冠总是处在一个连续的植物区系组成的浮动状态（Whitmore，1989，1990）。单个样方仅是群落景观实体的一个小斑块，它代表的也仅是该群落植物区系的时间和空间浮动的一小部分。对云南热带季节性雨林物种多样性样方的调查发现，按常规如果只针对树种（胸径5cm以上）进行调查，仅能记录群落中植物多样性的一部分，群落中植物多样性的一大部分仍体现在幼树、灌木、草本、藤本植物等非立木种类上，因此建议在做森林样地调查时，应进行所有生活型的调查。正如 Spicer 等（2020）的比较发现，热带森林中，树种的种数占所有植物生长型种数的 30%，如果只关注树种的调查会低估森林群落的物种多样性。

第5章 云南热带雨林植物区系地理

从生物地理学角度，研究云南热带雨林的植物区系地理，阐明它的性质、特点及与东南亚热带雨林、中国热带北缘其他植被的植物区系关系，对全面了解云南的热带雨林、探讨它们的起源与演化具有重要意义。

5.1 云南南部热带雨林种子植物区系及其特征

（1）科的组成特征

以云南南部勐腊县的龙脑香热带季节性雨林（望天树林群系和青梅林群系）为例进行分析。经过充分的植物区系采集调查、标本整理鉴定，在该龙脑香林记录到维管植物122科355属642种及变种，其中，种子植物占109科340属622种及变种。

种子植物中，含10种以上的科有17个，按种数多少排列为茜草科、樟科、大戟科、番荔枝科、桑科、兰科、楝科、葡萄科、夹竹桃科、荨麻科等，它们是该龙脑香热带季节性雨林植物区系的优势科或主要组成科（表5.1）。

表 5.1 云南南部热带雨林含 10 种以上的种子植物科

Table 5.1 The families with more than 10 species of seed plants in the tropical rain forest of southern Yunnan

科名 Family	属/种 Genera/Species	科的代表性指数 The representative index of the family*
茜草科 Rubiaceae	25/53	0.87
樟科 Lauraceae	11/35	1.56
大戟科 Euphorbiaceae	18/28	0.56
番荔枝科 Anonaceae	12/28	1.29
桑科 Moraceae	5/25	1.79
兰科 Orchidaceae	18/23	0.14
楝科 Meliaceae	8/22	1.57
葡萄科 Vitaceae	4/15	2.14
夹竹桃科 Apocynaceae	9/13	0.87
荨麻科 Urticaceae	6/12	2.14
芸香科 Rutaceae	6/12	1.33

科名 Family	属/种 Genera/Species	科的代表性指数 The representative index of the family*
壳斗科 Fagaceae	4/12	1.33
爵床科 Acanthaceae	10/11	0.44
蝶形花科 Papilionaceae	6/11	0.09
胡椒科 Piperaceae	2/10	0.33
天南星科 Araceae	6/10	0.50
杜英科 Elaeocarpaceae	2/10	2.86
总计 Total	152/330	

* 占该科世界总种数的百分比=在该热带雨林的种数/该科世界总种数×100（The representative index of the family =the number of species of the family in the tropical rain forest divided by the number of total species of the family in the world，multiplied by 100）

在这些优势科中，按各科占该科世界种数百分比值大小重新排名，顺序是：杜英科、葡萄科和荨麻科、桑科、楝科、樟科、芸香科、壳斗科、番荔枝科、茜草科等。按此顺序，排名在前面的科（即代表性指数相对较大的科）在一定程度上能反映该植物区系的地方特征，可视为该植物区系的代表科（张宏达，1962；朱华，1993a）。

若按各科在群落中的地位，亦即重要值大小，则顺序是龙脑香科、大戟科、樟科、无患子科、桑科、楝科、壳斗科、藤黄科、茶茱萸科、肉豆蔻科等。该植物区系是一个以龙脑香科植物为群落乔木优势种的热带季节性雨林植物区系。按种数，龙脑香科不是优势科，但却是群落中重要值大的科；同样，藤黄科、茶茱萸科、肉豆蔻科等种数虽不多，但在群落中有较大重要值。故该龙脑香林植物区系在群落学上带有更强的热带亚洲特点。

云南南部热带雨林种子植物科的分布区类型见表 5.2。

表 5.2　云南南部热带雨林种子植物科的分布区类型

Table 5.2　Distribution patterns of families of seed plants in the tropical rain forest of southern Yunnan

分布区类型 Distributional pattern	科数 No. of family	百分比 Percentage（%）
典型热带（分布区仅限于热带）Typical tropical (Distribution limited in tropics)	24	22.0
热带到亚热带，主产热带 Tropical to subtropical, mainly tropical	38	34.9
热带到温带，主产热带 Tropical to temperate, mainly tropical	24	22.0
热带到温带，主产亚热带 Tropical to temperate, mainly subtropical	14	12.8

分布区类型 Distributional pattern	科数 No. of family	百分比 Percentage（%）
北温带 Northern temperate	2	1.8
温带到热带山地，主产温带 Temperate to tropical mountains, mainly temperate	3	2.8
全世界，主产北温带 The world, mainly northern temperate	3	2.8
全世界，主产地中海 The world, mainly Mediterranean	1	0.9
合计 Total	109	100

典型热带（分布区仅限于热带）的科有 24 个，占 22.0%，如泛热带分布的买麻藤科、龙脑香科、牛栓藤科、肉豆蔻科、莲叶桐科、箭根薯科、铁青树科等；古热带分布的露兜树科、海桑科、玉蕊科；热带亚、非、美洲分布的六苞藤科，热带亚-澳分布的心翼果科及热带亚洲分布的四角果科、隐翼科、四数木科、五膜草科等。

主产热带但分布区延伸到亚热带甚至温带的科有 62 个，占 56.9%，如大戟科、茜草科、樟科、番荔枝科、夹竹桃科、楝科、兰科、橄榄科、桑科、葡萄科、荨麻科、爵床科、天南星科等。

主产亚热带的科有 14 个，占 12.8%，如壳斗科、木兰科、五味子科、山茶科、灰木科、金缕梅科等。

主产温带的科有 8 个，仅占 7.4%，多是一些草本植物，如菊科、毛茛科、禾本科、百合科等。

显然，该植物区系以热带和主产热带的科占绝对优势，无疑属于热带性质的植物区系。热带成分中，又以主产热带，分布区扩展到亚热带甚至温带的科占大多数，在该植物区系中具有较多种数的优势科和代表科也全属于此类科而非典型热带科，故该植物区系又有明显的热带北缘性质。若从在群落中占有较重要地位的科来看，则几乎都是热带科，并包含了最高比例的典型热带科，显示出较强的热带性。

（2）属的组成及地理成分

组成该热带季节性雨林植物区系的 340 个种子植物属中，按所含种数多少排名：榕属（*Ficus*）、粗叶木属（*Lasianthus*），10 种；胡椒属（*Piper*），9 种；木姜子属（*Litsea*），8 种；崖爬藤属（*Tetrastigma*），8 种；樟属（*Cinnamomum*）、樫木属（*Dysoxylum*）、杜英属（*Elaeocarpus*）各为 7 种；瓜馥木属（*Fissistigma*）、琼楠属（*Beilschmiedia*）、栲属（*Castanopsis*）各为 6 种等。

在群落中，上层乔木以樟属、杜英属、栲属、石栎属（*Lithocarpus*）、崖摩属（*Amoora*）等的种数较多；中、下层乔木以榕属、木姜子属、樫木属、琼楠属、藤黄属（*Garcinia*）、蒲桃属（*Syzygium*）等为主要组成成分；灌木以粗叶木属种类最多；草本植物以胡椒属，藤本植物以瓜馥木属、崖爬藤属，以及附生植物以崖角藤属（*Rhaphidophora*）最占优势。

在 340 个属中，有单型属 14 个，如胡椒科的齐头绒属（*Zippelia*）、节蒴木科的节蒴木属（*Borthwichia*）、大戟科的缅桐属（*Sumbaviopsis*）、茶茱萸科的假海桐属（*Pittosporopsis*）和麻核藤属（*Natsiatopsis*）等。少型属有 39 个，如蚁花属（*Mezzettiopsis*）、隐翼属（*Crypteronia*）、山豆根属（*Euchresta*）、鹊肾树属（*Pseudostreblus*）、翅果麻属（*Kydia*）等。云南南部龙脑香热带季节性雨林植物区系的单型和少型属合计仅占总属数的 15.6%，与中国植物区系单型属和少型属合计占中国总属数的 38.3% 相比，显得比例较低，单型属和少型属通常是较古老和孤立的成分，它们的相对贫乏反映了该热带季节性雨林植物区系相对来说不是一个古老的区系，也不是一个有长期独立演化历史的植物区系。

按照吴征镒（1991）及吴征镒等（2003，2006）对中国植物区系属的分布区类型的划分，我们统计了这 340 个种子植物属的分布区类型（世界分布属不计百分比），见表 5.3。结果显示：热带分布属（类型 2～7）共计 316 个，占所统计属数的 94.1%，热带分布属中，又以热带亚洲分布属比例最高，占所统计属数的 42.3%。因此，该植物区系的分布区类型组成显示了它的热带性质和它有强烈的热带亚洲或印度-马来西亚植物区系亲缘。

表 5.3　云南南部热带雨林种子植物属的分布区类型

Table 5.3　The areal-types of the genera of seed plants in the tropical rain forest of southern Yunnan

属分布区类型 Areal-types at generic level	属数 No. of genera	百分比 Percentage（%）
1. 全世界分布 Cosmopolitan	4	
2. 全热带分布 Pantropic	66	19.6
3. 热带亚洲至热带美洲间断分布 Tropical Asia and tropical America disjuncted	14	4.2
4. 旧世界热带分布 Old world tropic	47	14.0
5. 热带亚洲至热带澳大利亚 Tropical Asia to tropical Australia	31	9.2
6. 热带亚洲至热带非洲分布 Tropical Asia to tropical Africa	16	4.8
7. 热带亚洲分布 Tropical Asia	142	42.3
8. 北温带分布 North temperate	6	1.8
9. 东亚-北美间断分布 East Asia and north America disjuncted	6	1.8
10. 旧世界温带分布 Old world temperate	1	0.3
11. 地中海-西亚-中亚分布 Mediterranean, west Asia to central Asia	1	0.3

续表

属分布区类型 Areal-types at generic level	属数 No. of genera	百分比 Percentage（%）
12. 东亚分布 East Asia	5	1.5
13. 中国特有分布 Endemic to China	1	0.3
合计 Total	340	100

注（Note）：按吴征镒（1991）建议，世界分布属不计百分比 Cosmopolitan genera not participate in the calculation percentage in the table

（3）种的分布区类型分析

以有关分类群的专著、修订及中国植物志及其英文版（*FOC*）、云南植物志等资料为基础，我们对云南南部的龙脑香热带季节性雨林植物区系鉴定较为准确的 588 个种子植物种的分布进行了研究和统计，依地理分布归纳为 5 个分布区类型、7 个变型和 5 个亚变型（表 5.4）。下面就各种分布区类型、变型和亚变型进行具体论述。

表 5.4　云南南部热带雨林种子植物种分布区类型 [①]

Table 5.4　The ared-types of seed plant species in the tropical rain forest of southern Yunnan

种分布区类型 Areal-types at specific level	种数 No. of species	百分比 Percentage（%）
Ⅰ. 旧世界热带分布 Old world tropic	2	0.3
Ⅱ. 热带亚洲至热带澳大利亚分布 Tropical Asia to tropical Australia	17	2.9
Ⅲ. 热带亚洲分布及其变型 Tropical Asia and its varieties	（431）	（73.3）
1. 印度-马来西亚 India-Malesia	42	7.1
1a. 印度-西马来西亚 India-western Malaysia	84	14.3
2. 大陆东南亚-马来西亚 Mainland SE Asia to Malaysia	19	3.2
2a. 大陆东南亚-西马来西亚 Mainland SE Asia to western Malaysia	25	4.3
3. 南亚-大陆东南亚 S Asia to mainland SE Asia	11	1.9
3a. 喜马拉雅南坡（印度东北部）-大陆东南亚至中国云南或至华南 　　　S Himalayas（northeast India）via Mainland SE Asia to Yunnan of China or S China	114	19.4
4. 大陆东南亚至中国南部分布 Mainland SE Asia to S China	20	3.4
4a. 越南（印度支那[②]）至中国云南（华南）Vietnam (Indochina) to Yunnan of China (S China)	87	14.8
4b. 缅甸、泰国至中国云南 Burma, Thailand to Yunnan of China	29	4.9
Ⅳ. 中国特有分布及其变型 Endemic to China and its varieties	（48）	（8.2）

　　①表中所提的喜马拉雅南坡主要包括尼泊尔、锡金和不丹南部；大陆东南亚指包括缅甸、泰国、老挝和柬埔寨的整个地区（Hill，1979），马来西亚英文词用 Malesia，指西起马来半岛，包括婆罗洲（加里曼丹岛）、菲律宾、印度尼西亚，东到巴布亚新几内亚和所罗门群岛的整个地理区域，非仅马来西亚国（Malaysia）。
　　②植物地理学上常用旧名称，其他分布类型同此。

续表

种分布区类型 Areal-types at specific level	种数 No. of species	百分比 Percentage（%）
1. 中国西南至东南分布 SW to SE China	10	1.7
2. 云南、广西（或至广东南部）、海南热带地区分布 Tropical area of Yunnan, Guangxi (or to southern Guangdong) and Hainan	20	3.4
3. 云南至广西、贵州南部或四川热带至亚热带分布 Tropical and subtropical areas of Yunnan, Guangxi or to southern Guizhou, Sichuan	18	3.1
Ⅴ. 云南特有分布 Endemic to Yunnan	90	15.3
总计 All	588	100

Ⅰ. 旧世界热带分布

该类型从热带非洲或从其马达加斯加岛，经东南亚至热带澳大利亚。该类型仅有 2 种，它们是红树科的竹节树（*Carallia brachiata*）和禾本科的竹叶草（*Oplismenus compositus*）。竹节树从非洲马达加斯加，经印度、尼泊尔东部到中国云南西南至中南部、广西南部、广东中部以南及海南，向南经中南半岛、马来西亚、印度尼西亚到澳大利亚北部。

Ⅱ. 热带亚洲至大洋洲分布

该类型的范围从热带亚洲分布到澳大利亚北部（昆士兰）热带地区，有 17 种，如糖胶树（*Alstonia scholaris*）、红叶藤（*Rourea minor*）、秋枫（*Bischofia javanica*）、垂叶榕（*Ficus benjamina*）、红椿（*Toona ciliata*）、蓝树（*Wrightia laevis*）、大叶守宫木（*Sauropus macranthus*）、大叶仙茅（*Curculigo capitulata*）等。

Ⅲ. 热带亚洲分布及其变型

热带亚洲分布的范围西起印度南部和斯里兰卡，西北起喜马拉雅南坡、印度东北部，经大陆东南亚，北达中国西南部（西藏墨脱、云南西南至东南部、广西、贵州南部、广东、湖南南部、福建南部及台湾），向东南经马来半岛、印度尼西亚、菲律宾达巴布亚新几内亚，最东可到所罗门群岛。

热带亚洲或印度-马来西亚地区自第三纪以来就存在极其丰富的热带植物区系。该地区由于地理上的密切联系和气候上的一致性，从热带印度到整个马来西亚地区构成了一个有特点的相当一致的植物区系，它有 11 个特有科和大量特有属（塔赫他间，1978），最为突出的是龙脑香科在该地区有大量的种类（有 470 多种），由它们构成了该地区热带雨林及其他森林的特色。然而，热带亚洲由于地域广大，在历史上也是由几个不同的古陆和岛屿复合而成的（Hall，1998），因而不同的部分又具有各自不同的形成历史和植物区系发生演化特征。印度的前身主要是印度古陆，属于古南大陆（冈瓦纳）的一部分；喜马拉雅南坡及邻近地区是古地中海隆升起来的部分；印度支那属于华南古陆的一部分；马来半岛、苏门答腊岛、爪哇岛和婆罗洲在第三纪是由陆地连续的一个整体，称为巽他古陆，直接连着华南古陆；新几内亚岛是澳洲古陆的一部分，属于古南大陆；而菲律宾、苏拉威西岛、小巽他群岛及马鲁古群岛则是一系列太平洋岛屿。

由于不同部分的不同历史，在热带亚洲范围内形成了众多的种的分布图式，云南南部位于大陆东南亚热带北缘，其龙脑香季节性雨林植物区系中属于热带亚洲范围内分布的种有 431 个，占所统计总种数的 73.3%，是该植物区系的主体。这431 个种包括各种或大或小的分布图式，但归结起来可分为 4 个变型和 5 个亚变型。变型是在热带亚洲范围内分布区局限在各或大或小的一定地理区域，或分布区或大或小，但有共同的发生特征；以此类推，亚变型是在变型的范围内进一步区分，变型和亚变型仅是依据现有分布资料初步归纳的现有地理分布图式。下面就热带亚热带亚洲分布的各个变型、亚变型进行进一步论述。

Ⅲ-1. 印度-泛马来西亚分布（变型）

典型的印度-泛马来西亚分布种指从印度或喜马拉雅南坡经大陆东南亚分布到整个马来西亚地区，东界可达菲律宾或新几内亚岛的种类。属于该分布图式的有42 种，如油榄仁（毗黎勒）（*Terminalia bellirica*）、毛藤榕（*Ficus sagittata*）、隐翼（*Crypteronia paniculata*）、赤苍藤（*Erythropalum scandens*）、阔叶肖榄（*Platea latifolia*）、番龙眼（*Pometia pinnata*）、爪哇苦木（*Picrasma javanica*）、阔叶风车藤（*Combretum latifolium*）、滇糙叶树（*Aphananthe cuspidata*）、长节珠（*Parameria laevigata*）等。

泛马来西亚是所谓的印度-马来西亚植物区系的核心地区，与典型印度-泛马来西亚分布相近的还有 1 个亚变型，它以泛马来西亚为核心，其分布区偏于一隅。

Ⅲ-1a. 印度-西马来西亚分布（亚变型）

从印度或喜马拉雅南坡经大陆东南亚到马来半岛、苏门答腊岛、爪哇岛及婆罗洲，向东可到巴拉望岛，但不到菲律宾，向东南可达苏拉威西岛和小巽他群岛，但不到新几内亚岛。亦即相当于 Merrill 和 Dickerson 修改后的华莱士线（Wallace's line）以西的印度-马来西亚地区（Penny，1997）。

马来西亚地区由华莱士线分隔成东、西两大部分，华莱士线是一条植物地理的分界线，Merrill 和 Dickerson 修改后的华莱士线把菲律宾划归东边部分。华莱士线以西属于在第三纪动植物能沿陆地迁移的与亚洲大陆相连的部分，其地质基础是巽他古陆（Penny，1997），这也是印度至西马来西亚分布图式形成的基础。

属于印度-西马来西亚分布亚变型的有 84 种,占总种数的 14.3%。代表种如五桠果(*Dillenia indica*)、四数木(*Tetrameles nudiflora*)、拟兰(*Apostasia odorata*)、长柄杜英(*Elaeocarpus petiolatus*)、滇印杜英(*Elaeocarpus varunua*)、十字苣苔(*Stauranthera umbrosa*)、大叶水榕(*Ficus glaberrima*)、染木树(*Saprosma ternata*)、千果榄仁(*Terminalia myriocarpa*)、腋花马钱(*Strychnos axillaris*)、浆果乌桕(*Sapium baccatum*)、山乌桕(*Sapium discolor*)、箭毒木(*Antiaris toxicaria*)、阿丁枫(*Altingia excelsa*)、木奶果(*Baccaurea ramiflora*)、樫木(*Dysoxylum excelsum*)、微花藤(*Iodes cirrhosa*)、弯管花(*Chassalia curviflora*)等。

Ⅲ-2. 大陆东南亚-马来西亚分布(变型)

北界起自云南南部或缅甸北部,向南经西马来西亚至东马来西亚的新几内亚岛或(和)至菲律宾群岛。属于本分布图式的有 19 种,代表种如梭果玉蕊(*Barringtonia macrostachya*)、小花紫玉盘(*Uvaria rufe*)、大叶白颜树(*Gironniera subaequalis*)、爪哇桂樱(*Laurocerasus javanica*)、红光树(*Knema furfuracea*)、毛果锡叶藤(*Tetracera scandes*)、宽药青藤(*Illigera celebica*)等。

Ⅲ-2a. 大陆东南亚-西马来西亚分布(亚变型)

通常起自云南南部,向南经缅甸、泰国、印度支那到马来半岛、苏门答腊岛、爪哇岛或婆罗洲。属于本分布图式的有 25 种,如亮叶波罗蜜(*Artocarpus nitidus* subsp. *griffithii*)、云南风车藤(*Combretum yunnanense*)、山蕉(*Mitrephora maingayi*)、蚁花(*Mezzettiopsis creaghii*)、毛荔枝(*Nephelium lappaceum* var. *pallens*)等。

印度-泛马来西亚分布变型是热带亚洲成分的典型代表,它与大陆东南亚-马来西亚分布变型尽管分布区各有偏向和范围不同,但它们都以西马来西亚地区为核心,在发生上它们属于同类成分。这 2 个分布变型及其亚变型共 170 种,占该植物区系总种数的 28.9%,它们大都为群落的上、中层乔木和木质藤本,在群落中有较大重要值,这些均反映了云南南部的热带雨林植物区系具有较强烈的马来西亚亲缘。

Ⅲ-3. 南亚-大陆东南亚分布(变型)

南亚-大陆东南亚分布是热带亚洲的大陆分布型。典型的南亚-大陆东南亚分布种在南部从印度半岛或斯里兰卡,在西北从喜马拉雅南坡或印度东北部分布到大陆东南亚和中国云南或达到华南,属于这种典型分布的计有 11 种,如大叶藤黄(*Garcinia xanthochymus*)、单羽火筒树(*Leea asiatica*)、粗丝木(*Gomphandra tetrandra*)、红果樫木(*Dysoxylum gotadhora*)、大叶野独活(*Miliusa velutina*)、无柄钩藤(*Uncaria sessilifructus*)、锡兰臀果木(*Pygeum zeylanicum*)、滇榄(*Canarium strictum*）、多花白头树（*Garuga floribunda* var. *gamblei*）等。

与典型南亚-大陆东南亚分布相近的有一个亚变型。

Ⅲ-3a. 喜马拉雅南坡（印度东北部）-大陆东南亚至云南或至华南分布（亚变型）

从喜马拉雅南坡或印度东北部，经缅甸、泰国、印度支那到中国南部，最北达湖南南部，最东达福建南部，也有个别种类达湖北和浙江南部。该分布图式有114种，代表种如大叶钩藤（*Uncaria macrophylla*）、窄叶半枫荷（*Pterospermum lanceifolium*）、风轮桐（*Symphyllia silhetiana*）、买麻藤（*Gnetum montanum*）、印度栲（*Castanopsis indica*）、印缅黄杞（*Engelhardtia roxburghiana*）、醉魂藤（*Heterostemma alata*）、翅果麻（*Kydia calycina*）、绒苞藤（*Congea tomentosa*）、刺苞老鼠簕（*Acanthus leucostachyus*）、密花火筒（*Leea compactiflora*）、丁公藤（*Erycibe subspicata*）、方榄（*Canarium bengalense*）、一担柴（*Colona floribunda*）、异色假卫矛（*Microtropis discolor*）、野波罗蜜（*Artocarpus lakoocha*）、新乌檀（*Neonauclea griffithii*）、柴桂（*Cinnamomum tamala*）、碧绿米仔兰（*Aglaia perviridis*）、藤漆（*Pegia nitida*）、辛果漆（*Drimycarpus racemosa*）、大叶风吹楠（*Horsfieldia kingii*）、西藏弓果藤（*Toxocarpus himalensis*）、滇南马钱（*Strychnos nitida*）等。

南亚-大陆东南亚分布及其亚变型共125种，占该植物区系总种数的21.3%。这类分布图式均以喜马拉雅南坡、印度东北部至缅甸北部一带为分布的核心地区，根据其热带性质和地理分布，仍划归于热带亚洲分布类型，作为后者的一个变型。

Ⅲ-4. 大陆东南亚至中国南部分布（变型）

典型的大陆东南亚至中国南部分布即从缅甸、泰国、印度支那分布到中国云南西南至东南部、广西南部至华南。属于该分布变型的有20种，如长柱山丹（*Duperrea pavettifolia*）、假海桐（*Pittosporopsis kerrii*）、银钩花（*Mitrephora tomentosa*）、裂果金花（*Schizomussaenda henryi*）、色萼花（*Chroesthes lanceolata*）、小萼瓜馥木（*Fissistigma polyanthoides*）等。

该分布变型有两个相近的分布亚变型。

Ⅲ-4a. 越南（印度支那）至中国云南（华南）分布（亚变型）

从越南北部或中部分布到中国云南南部或华南，有些种亦分布到越南南部及柬埔寨或泰国北部。该分布图式有87种，占总种数的14.8%。代表种如橄榄（*Canarium album*）、东京波罗蜜（*Artocarpus tonkinensis*）、大叶藤（*Tinomiscium petiolare*）、四瓣崖摩（*Amoora tetrapetala*）、锡叶藤（*Tetracera asiatica* ssp. *asiatica*）、毛斗青冈（*Cyclobalanopsis chrysocalyx*）、多香木（*Polyosma cambodiana*）、缅漆（*Semecarpus reticulatus*）、毛瓜馥木（*Fissistigma maclurei*）、尖叶木（*Urophyllum chinense*）、狭叶一担柴（*Colona thorelii*）、香港鹰爪花（*Artabotrys hongkongensis*）等。

Ⅲ-4b. 缅甸、泰国至中国云南分布（亚变型）

从缅甸或泰国分布到中国云南，或从缅甸、泰国及老挝分布到中国云南，少数种可到中国贵州南部及广西、广东。该分布图式有 29 种，其中从缅甸和泰国（及老挝）分布到中国云南（或达贵州南部）的有 8 种，如滇南木姜子（*Litsea garrettii*）、思茅山橙（*Melodinus cochinchinensis*）、蛇根叶（*Ophiorrhiziphyllon macrobotryum*）、毛杜茎山（*Maesa permollis*）等；从缅甸分布到中国云南的有 8 种，如节蒴木（*Borthwickia trifoliata*）、齿叶猫尾木（*Dolichandrone stipulata* var. *velutina*）、麻核藤（*Natsiatopsis thunbergiifolia*）等，从泰国（或老挝）分布到中国云南的有 14 种，如滇南溪桫（*Chisocheton siamensis*）、单叶藤橘（*Paramignya confertifolia*）等。

大陆东南亚至中国南部分布及其亚变型合计 136 种，占总种数的 23.2%，其中，以越南或印度支那至中国云南或华南分布图式种类最多，为该类分布的主体成分。

该龙脑香热带季节性雨林植物区系以热带亚洲或属于热带亚洲分布的种类为主体，合计占总种数的 73.3%。

Ⅳ. 中国特有分布及其变型

除热带分布的种外，属于中国特有的种类的分布均不超出从中国西南至东南的分布范围。中国特有分布的种类根据具体分布式样可以分为 3 个变型。

Ⅳ-1. 中国西南至东南分布（变型）

该变型从中国西南部分布到东南地区，有 10 种，其分布范围最西起自西藏墨脱（有 2 种），经云南、广西、广东，到四川南部（3 种）、贵州南部（7 种）、海南（5种）、湖南南部（6 种）、江西南部（4 种）、台湾（2 种）、福建南部（5 种），最北达浙江南部（2 种），代表种如野柿（*Diospyros kaki* var. *silvestris*）、广东蛇根草（*Ophiorrhiza cantoniensis*）、多序楼梯草（*Elatostema macintyrei*）、臀果木（*Pygeum topengii*）等。

Ⅳ-2. 云南、广西（或至广东南部）、海南热带地区分布（变型）

通常从云南南部经广西南部（或广东南部）至海南分布。该分布图式有 20 种，除 1 种分布到西藏墨脱，1 种分布到贵州册亨外，其他各种的分布北界通常均不过北回归线，属于热带北缘性质。代表种如香港樫木（*Dysoxylum hongkongense*）、毛叶藤春（*Alphonsea mollis*）、藤春（*Alphonsea monogyna*）（达贵州册亨）、假山枇杷（*Zanthoxylum laetum*）、毛腺萼木（*Mycetia hirta*）（到西藏墨脱）等。

Ⅳ-3. 云南至广西、贵州南部或四川热带至亚热带分布（变型）

该变型主要分布在云南南部、东南部至广西西南部的热带地区，个别种也到西藏墨脱、贵州南部或四川南部，有 18 种，种类虽不多，但包含了该龙脑香季节性雨林的几个重要种类。例如，标志种版纳青梅就间断分布于西双版纳勐腊县东南部和广西西南部那坡，毛叶单室茱萸（*Mastixia trichophylla*）目前也只见于云南南部的龙脑香林和广西龙州的大青山；其他种如锈毛水东哥（*Saurauia miniata*）、云南九节（*Psychotria yunnanensis*）、孔药花（*Porandra racemosa*）、广西香花藤（*Aganosma kwangsiensis*）、细罗伞（*Ardisia tenera*）、吊石苣苔（*Lysionotus aeschynanthoides*）等。

Ⅴ. 云南特有分布

云南特有分布的种类有 90 种，它们的分布范围均不超出云南的泸水、景东、双柏至沪西一线以南，即均分布于该线以南的云南西部、西南部、中南部、南部至东南部地区。其中，有 9 种分布到景东一带，如无量山山矾（*Symplocos wuliangshanensis*）、云南酸脚杆（*Medinilla yunnanensis*）等；有 9 种分布到盈江、龙陵、瑞丽一带，如细毛樟（*Cinnamomum tenuipile*）、簇叶沿阶草（*Ophiopogon tsaii*）、普文楠（*Phoebe puwenensis*）等；有 34 种分布到绿春、金平、屏边一带，如滇短萼齿木（*Brachytome hirtellata*）、坚叶樟（*Cinnamomum chartophyllum*）、尖叶厚壳桂（*Cryptocarya acutifolia*）、云南肉豆蔻（*Myristica yunnanensis*）、少花黄叶树（*Xanthophyllum oliganthum*）等；有 17 种分布到麻栗坡、西畴及 5 种分布到富宁、广南一带，如马关黄肉楠（*Actinodaphne tsaii*）等。

在云南特有分布种中，有一些为云南南部特有分布的种类，如勐仑琼楠（*Beilschmiedia brachythyrsa*）、版纳柿（*Diospyros xishuangbannaensis*）、大果人面子（*Dracontomelon macrocarpum*）、长裂藤黄（*Garcinia lancilimba*）、山红树（*Pellacalyx yunnanensis*）、多蕊崖摩（*Amoora duodecimantha*）等。

通过分析上述植物区系成分，云南南部的热带季节性雨林植物区系具有下列特点。

1）热带分布种占绝对优势，带有明显的印度-马来西亚植物区系特点

分布区类型分析显示，云南南部龙脑香热带季节性雨林植物区系中，热带分布科占总科数的 78.9%，热带分布属占总属数的 94.1%，其中，热带亚洲分布属占总属数的 42.3%。在种的分布区类型统计中，典型的热带成分，即旧世界热带分布、热带亚洲至大洋洲分布和热带亚洲分布，加上分布局限于中国热带地区的云南南

部特有种、云南特有种的大多数、云南南部至广西西南部热带分布种、云南-广西（广东南部）至海南热带分布种，热带成分超过 90%。从该植物区系种的分布北界来看，在国内没有种类分布过长江以北，在国外，分布最北达琉球群岛和日本南端的种亦不到 10 个。该热带季节性雨林中热带分布种占绝对优势，热带性强。在热带分布种中，又明显以热带亚洲分布种占绝对优势，故该植物区系又带有明显的印度-马来西亚区系特点。

该植物区系中没有典型的东亚分布种，而分布最北达琉球群岛和日本南部的种均为分布区较广的热带亚洲到大洋洲或热带亚洲分布种。真正反映了中国特色的中国西南至华南分布及其变型的种类仅占区系总种数的 8.2%，而热带亚洲分布及其变型的种类却占 73.3%。因此，云南南部的龙脑香热带季节性雨林植物区系带有强烈的印度-马来西亚植物区系特色，属于热带亚洲区系的一部分。

2）与大陆东南亚北部邻近地区植物区系联系密切，与热带亚洲各地植物区系联系广泛

该龙脑香热带季节性雨林植物区系从与各地区共有种的数目看，最多者是大陆东南亚北部，两地共有 417 种；此外，在热带亚洲各地则与印度东北部共有 268 种，与马来半岛共有 159 种，与喜马拉雅南坡共有 134 种，与苏门答腊岛、爪哇岛共有 132 种等。

在与中国各地共有种上，与广西西南部共有 280 种，与海南共有 206 种，与广东南部共有 173 种，与贵州南部共有 115 种，与西藏东南部共有 77 种等。从两地共有种的性质来看，与大陆东南亚共有的特有种有 136 种；与印度东北部共有的南亚至大陆东南亚分布种有 124 种，其中 30 种为喜马拉雅南坡或印度东北部至中国云南（或华南）两地特有种；与广西西南部共有的云南南部至广西西南部分布的特有种有 10 种；与海南共有种中，两地共特有种仅 5 种。

云南南部本身是大陆东南亚热带北缘的一部分，其热带雨林植物区系与毗邻的大陆东南亚北部地区有最多的共有种和共特有种，显示了最密切的联系，这是不言而喻的。从两地共有种和共特有种的数目来看，与印度东北部地区的植物区系亦有极为密切的联系，两地联系密切有着历史的原因，它们在植物区系的发生上有共同之处。

与广西西南部的联系主要是通过印度-泛马来西亚分布种，两地共特有种虽不多，但大多为群落中的重要成分，而这些重要成分又都显示出了马来西亚亲缘。因此，与广西西南部的联系无疑是在热带成分上的联系，两地由于现代地理上和气候上的接近，在热带植物区系成分的发生上是一致的。

与海南岛的联系也主要通过印度-泛马来西亚分布种，经中南半岛而非广东来

联系，这种联系应发生于海南岛与中南半岛隔离之前（朱华，2020）。

马来半岛、苏门答腊岛和爪哇岛尽管与中国云南南部相距较远，并且处于不同气候地理区，但云南南部的热带季节性雨林植物区系仍显示出与它们有较密切的联系，这与马来半岛、苏门答腊、爪哇岛是在第三纪与亚洲大陆连接的冈他古陆的一部分及现在仍贯通马来半岛的横断山余脉有关系。

从该热带季节性雨林植物区系的种类在中国大陆的分布北界来看，在贵州达册亨、兴义、贞丰、望谟、罗甸一带，在湖南达通道、道县、江华、宜章一带，在福建达南靖一带，这些地区也就是中国南部南亚热带的北界，这也暗示了这些地区可能就是中国第三纪最后的热带北缘。该热带季节性雨林植物区系缺乏热带亚洲至热带非洲分布种和泛热带分布种。古热带分布种亦只有 2 种。这些成分，特别是热带亚洲-热带非洲成分，在中国南部的季雨林和干热河谷植被中却很多，显然这些成分是与古南大陆有联系的古老成分，云南南部的热带季节性雨林植物区系缺乏这类成分意味着该植物区系相对年青，并不是来自一个古老的植物区系。

3）具有热带边缘性质

云南南部的龙脑香热带季节性雨林植物区系尽管以热带成分占绝对优势，具有强的热带性质，但毕竟处于东南亚热带北缘山地，热带性强的一些科属，如龙脑香科、野牡丹科、藤黄科、棕榈科、桃金娘科、肉豆蔻科、山榄科等及玉蕊属（*Barringtonia*）、橄榄属（*Canarium*）、暗罗属（*Polyalthia*）、蜂斗草属（*Sonerila*）、新乌檀属（*Neonauclea*）等在东南亚发展了极其丰富的属种，而它们在云南南部的热带季节性雨林中仅有少数或个别属种。另外，典型亚洲热带分布种大多数在云南南部地区已是它们的分布北界，有些种类虽未到分布最北的纬度极限，但已到达其海拔极限。作为一种植被类型，该热带季节性雨林是东南亚热带雨林的北缘类型，其植物区系带有明显热带北缘性质。在中国东南部，热带植物区系向亚热带植物区系逐渐过渡和转变（Axelrod et al.，1996；Kubitzki & Krutzsch，1996）；云南南部，热带植物区系向亚热带区系的转变迅速而明显，这不但因为该地区在纬度上已是热带北缘，而且该地区本身是巨大的喜马拉雅山系的一部分，该地区低地的海拔已接近热带区系成分垂直分布的上限。

4）处于多种分布区的交会地带

在地理上，云南南部处于热带到亚热带、半湿润到半干旱的过渡位置，在地史上，该地区属于邻接古老的华南古陆的年青喜马拉雅山系末端部分，贯穿云南南部的澜沧江被认为是古南大陆（冈瓦纳古陆）与古北大陆（劳亚大陆）的一条缝线（Audley-Charles，1987），故该地区又是古南大陆与古北大陆的融合地区，因而其植物区系组成也带有明显的交错与过渡特点。许多印度-马来西亚分布种的北界从该地通过，甚至很多种类为其分布的最北点，如红光树、拟兰、光叶波罗蜜、毛果锡叶藤、爪哇桂樱等。

在南亚至大陆东南亚分布种中，很多种类也都以云南南部或至云南东南部一带为分布的东界或北部边界，如锡兰臀果木、云南波罗蜜、滇榄、辛果漆、柴桂、假卫矛等。

越南至中国云南或华南分布种中的大多数显然以云南南部为分布西界或西北边界，如锡叶藤、东京波罗蜜、橄榄、裂果金花、缅漆、尖叶木等。

中国西南至华南分布及其变型很多也以云南南部为分布的南界或西南边界，如假山枇杷、香港樫木等。

在世界植物区系分区上（塔赫他间，1978），云南南部地区处于古热带与泛北极或称北方植物界的交界线上，但被划归于热带植物区。云南南部的热带雨林植物区系中属于热带亚洲分布的种占 73.3%，把云南南部划归于古热带植物区的热带亚洲区是正确的。云南南部由于地理和地史条件决定了其是几种分布区或地理成分的交会地带。例如，其热带亚洲分布种中，包含了 4 个分布图式：印度-泛马来西亚分布、大陆东南亚-马来西亚分布、南亚-大陆东南亚分布和大陆东南亚至中国南部分布 4 个变型，故按地理成分，该植物区系处于热带亚洲北部的一个三角地带，受其西南、东南面和南面三类地理成分的影响几乎同样强烈。因此，云南南部地区在进一步的植物区系分区上，将它及其邻接的缅甸东北部、泰国北部、老挝北部一起作为一个植物区系地区，其隶属于古热带植物区的马来西亚森林植物亚区（吴征镒和王荷生，1983）是合适的。

5.2 云南东南部热带雨林种子植物区系及其特征

（1）科的组成特征

我们以云南东南部的热带雨林植被为对象，分别在绿春县大黑山、金平县翁当、马关古林箐和河口南溪河地区选择保存相对较好的热带雨林地段，共做样方 15 个，总面积达 2hm²。在样方内进行了详细的植物区系采集、记录及标本鉴定。这些样方中的植物，无疑是云南东南部热带雨林植物区系的典型代表，据此对其进行植物区系分析。

云南东南部热带雨林群落记录的种子植物 119 科 379 属 674 种（包括变种和亚种）中，含 10 种以上的科有 19 个（表 5.5），按种数的多少排列为：茜草科（49种）、樟科（35 种）、番荔枝科（31 种）、大戟科（31 种）、荨麻科（28 种）、桑科（24种）、爵床科（20 种）等。它们包含了植物 186 属 384 种，占总属数的 49.08%，占总种数的 56.97%，是该植物区系的主要组成科或优势科。在主要组成科中，按各科占该科世界种数百分比的大小排名，依次是：楝科、荨麻科、桑科、葡萄科、壳斗科、番荔枝科、樟科、芸香科等。

表 5.5　云南东南部热带雨林含 10 种以上的种子植物科
Table 5.5　The families with more than 10 species of seed plants in the tropical rain forest of southeastern Yunnan

科名 Family	种数 No. of species	属数 No. of genera	科的代表性指数 The representative index of the family*
茜草科 Rubiaceae	49	24	0.75
樟科 Lauraceae	35	11	1.23
番荔枝科 Annonaceae	31	11	1.44
大戟科 Euphorbiaceae	31	22	0.39
荨麻科 Urticaceae	28	8	2.80
桑科 Moraceae	24	6	2.18
爵床科 Acanthaceae	20	18	0.58
楝科 Meliaceae	19	9	3.36
芸香科 Rutaceae	18	7	1.09
葡萄科 Vitaceae	16	4	2.13
夹竹桃科 Apocynaceae	16	13	0.84
兰科 Orchidaceae	14	12	0.70
壳斗科 Fagaceae	13	3	1.86
无患子科 Sapindaceae	12	10	0.83
梧桐科 Sterculiaceae	12	6	0.80
蝶形花科 Papilionaceae	11	4	0.09
五加科 Araliaceae	10	5	0.83
天南星科 Araceae	10	6	0.39
萝藦科 Asclepiadaceae	10	7	0.33

* 同表 5.1 Same as table 5.1

云南东南部热带雨林种子植物区系 119 科的分布区类型分析结果（表 5.6）如下：属于典型热带分布的科有肉豆蔻科、牛栓藤科、四角果科、露兜树科、莲叶桐科、箭根薯科、红树科、八宝树科等，占总科数的 26.05%。热带至亚热带分布的科有 40 个，占总科数的 33.61%，如番荔枝科、桑科、爵床科、夹竹桃科、无患子科、梧桐科等。热带至温带分布的科有 27 个，占 22.68%。主产温带的科有 21 个，占 17.65%。总之，主产热带和亚热带的科所占的比例最高，达 82.34%。

表 5.6　云南东南部热带雨林种子植物科的分布区类型

Table 5.6　Distribution patterns of families of seed plants in the tropical rain forest of southeastern Yunnan

分布区类型 Distributional pattern	科数 No. of family	百分比 Percentage（%）
典型热带（分布区仅限于热带）Typical tropical (Distribution limited in tropics)	31	26.05
热带到亚热带，主产热带 Tropical to subtropical, mainly tropical	40	33.61
热带到温带，主产热带 Tropical to temperate, mainly tropical	27	22.68
北温带 Northern temperate	3	2.52
全世界 The world	18	15.13
总计 Total	119	100

（2）属的组成及地理成分

在所记录的云南东南部热带雨林种子植物区系 379 属中，含种数较多的属依次是榕属（*Ficus*，15 种）、崖爬藤属（*Tetrastigma*，10 种）、胡椒属（*Piper*，9 种）、瓜馥木属（*Fissistigma*，9 种）、崖豆藤属（*Millettia*，7 种）、樟属（*Cinnamomum*，7 种）等。

同样，按照吴征镒（1991）及吴征镒等（2003，2006）对中国植物区系属的分布区类型的划分，对滇东南热带雨林 379 个种子植物属的分布区类型（表 5.7）的统计结果是：热带分布属共计 353 个，占总属数（不包括世界分布属，下同）的 93.88%。在热带分布属中，以热带亚洲分布属最多，达 152 个，占总属数的 40.43%；泛热带分布属计有 70 个，占 18.62%，位居第二。温带分布属和东亚分布属共 22 属，仅占 5.85%。中国特有属仅有 1 个。属的分布区类型组成显示了滇东南热带雨林植物区系不仅具有热带性质，也具有热带亚洲植物区系的特点。

表 5.7　云南东南部热带雨林种子植物属的分布区类型

Table 5.7　The areal-types of the genera of seed plants in the tropical rain forest of southeastern Yunnan

属分布区类型 Areal-types at generic level	属数 No. of genera	百分比 Percentage（%）
1. 世界分布 Cosmopolitan	3	
2. 泛热带分布 Pantropic	70	18.61
3. 热带亚洲和热带美洲间断分布 Tropical Asia and tropical America disjuncted	19	5.05
4. 旧世界热带分布 Old world tropic	46	12.23
5. 热带亚洲至热带大洋洲分布 Tropical Asia to tropical Australia	43	11.44

续表

属分布区类型 Areal-types at generic level	属数 No. of genera	百分比 Percentage（%）
6. 热带亚洲至热带非洲分布 Tropical Asia to tropical Africa	23	6.12
7. 热带亚洲分布 Tropical Asia	152	40.43
8. 北温带分布 North temperate	5	1.33
9. 东亚和北美间断分布 East Asia and north America disjuncted	8	2.13
10. 旧世界温带分布 Old world temperate	1	0.27
12. 地中海，西亚至中亚分布 Mediterranean, west Asia to central Asia	1	0.27
14. 东亚分布 East Asia	7	1.86
15. 中国特有分布 Endemic to China	1	0.27
合计 Total	379	100

注（Note）：按吴征镒（1991）建议，世界分布属不计百分比 Cosmopolitan genera not participate in the calculation percentage in the table

（3）种的分布区类型

我们依据收集到的资料，对滇东南热带雨林 674 种（包括变种和亚种）的分布进行了分析归类和统计，结果见表 5.8。

表 5.8　云南东南部热带雨林种子植物种的分布区类型

Table 5.8　The areal-types of seed plant species in the tropical rain forest of southeastern Yunnan

种分布区类型 Areal-types at specific level	种数 No. of species	百分比 Percentage（%）
I. 泛热带分布 Pantropic	4	0.59
II. 旧世界热带分布 Old world tropic	1	0.15
III. 热带亚洲至大洋洲分布 Tropical Asia to tropical Australia	22	3.26
IV. 热带亚洲至热带非洲分布 Tropical Asia to tropical Africa	4	0.59
V. 热带亚洲分布及其变型 Tropical Asia and its varieties	（476）	（70.62）
1. 印度-泛马来西亚分布 India-Malesia	49	7.27
1a. 印度-西马来西亚分布 India-western Malaysia	77	11.42
2. 大陆东南亚-马来西亚分布 Mainland SE Asia to Malaysia	18	2.67
2a. 大陆东南亚-西马来西亚分布 Mainland SE Asia to western Malaysia	22	3.26
3. 南亚-大陆东南亚分布 South Asia to mainland SE Asia	64	9.50
3a. 喜马拉雅南坡（印度东北部）-大陆东南亚至中国云南或至华南 　　Southern Himalayas (northeast India via mainland SE Asia to Yunnan of China or S China	72	10.68

续表

种分布区类型 Areal-types at specific level	种数 No. of species	百分比 Percentage（%）
4. 大陆东南亚至中国南部分布 Mainland SE Asia to S China	42	6.23
4a. 越南（印度支那）至中国云南（华南）分布 Vietnam（Indochina）to Yunnan（S China）	109	16.17
4b. 缅甸、泰国至中国云南分布 Burma, Thailand to Yunnan of China	23	3.41
Ⅵ. 东亚分布 East Asia	11	1.63
Ⅶ. 中国特有分布及其变型 Endemic to China and its varieties	（79）	（11.72）
1. 中国西南至东南分布 SW to SE China	31	4.60
2. 云南、广西（或至广东南部）、海南热带地区分布 Tropical area of Yunnan, Guangxi (or to southern Guangdong) and Hainan	15	2.23
3. 云南至广西、贵州南部或四川热带至亚热带分布 Tropical and subtropical areas of Yunnan, Guangxi or to southern Guizhou, Sichuan	33	4.90
Ⅷ. 云南特有分布 Endemic to Yunnan	77	11.42
总计 All	674	100

与云南南部类似，云南东南部热带雨林种子植物区系中，主产热带和亚热带的科占 82.34%，热带分布属占 93.98%，典型的热带分布种占 75.21%（若加上中国特有的热带种，比例将更高）。这些数字说明云南东南部的热带雨林种子植物区系以热带成分为主。在热带分布属中，热带亚洲分布属最多，达 152 个，占总属数的 40.43%。属于热带亚洲分布及其变型的种共有 476 个，占总种数的 70.62%。其中，又以越南（印度支那）至中国云南（华南）分布成分占绝对优势，达 16.17%。可见，云南东南部与云南南部一样，是一个以亚洲热带成分为主体的植物区系。

另外，云南东南部热带雨林具有一些东亚分布种，并且中国特有分布种占 11.72%，其中国西南至华南分布种占 4.60%，这些成分比云南南部高。

云南东南部的热带雨林同样位于东南亚热带的北缘，植物区系带有明显的热带北缘性质。该种子植物区系的 19 个主要组成科中，没有典型热带分布科，而热带至亚热带分布科有 8 个，热带至温带分布科有 6 个。一些在东南亚热带核心地区才有的热带科在云南东南部热带雨林地区也不存在。云南东南部热带雨林种子植物区系在属的组成上，含种数较多的属中也缺乏热带性强的属。在种的组成上，以越南至中国云南分布类型最多，印度至西马来西亚分布类型次之，与云南南部有一定差异。

5.3 云南西南部热带雨林种子植物区系及其特征

（1）科的组成特征

以云南西南部瑞丽莫里的热带雨林为例，该热带雨林是以云南龙脑香（*Dipterocarpus retusus*，一些学者认为是纤细龙脑香 *Dipterocarpus gracilis*）为特征种的热带季节性雨林，我们通过对瑞丽莫里残存热带雨林的调查，共记录种子植物 77 科 189 属 272 种。

在种子植物中，含种数较多的科有桑科（22 种）、兰科（22）、大戟科（15）、蝶形花科（14）、壳斗科（10）、爵床科（9）等。

77 科的分布区类型见表 5.9，该植物区系以泛热带分布的科所占比例最高，有 41 科，占总科数的 53.2%，如龙脑香科、肉豆蔻科、藤黄科、红树科、梧桐科、大戟科、荨麻科、漆树科、芸香科、苦木科、橄榄科、楝科、夹竹桃科等。除泛热带分布的科外，还有旧世界热带分布科，如海桑科、八角枫科、芭蕉科；热带亚洲至热带大洋洲分布科，如姜科，以及热带亚洲分布科，如清风藤科。热带分布科合计占总科数的 67.5%，若加上主产热带的科，则热带性科占总科数的 80% 以上，故该区系仍以热带成分占优势，是一个具有热带性质的植物区系。在热带成分中，仍以分布区扩展到亚热带甚至温带的科占多数，该植物区系同样具明显的北缘特点。

表 5.9　云南西南部热带雨林种子植物科的分布区类型

Table 5.9　Distribution patterns of families of seed plants in the tropical rain forest of southwestern Yunnan

分布区类型 Distribution pattern	科数 No. of family	百分比 Percentage（%）
1. 广布（包括世界分布，但主产热带）Widespread（including cosmopolitan but mainly tropical area）	17	22.1
2. 泛热带分布 Pantropic	41	53.2
3. 东亚热带、亚热带及热带南美间断分布 Tropical & subtropical east Asia to tropical S America disjuncted	6	7.8
4. 旧世界热带分布 Old world tropic	3	3.9
5. 热带亚洲至热带澳大利亚分布 Tropical Asia to tropical Australia	1	1.3
6. 热带亚洲分布 Tropical Asia	1	1.3
7. 北温带分布 North temperate	7	9.1
8. 东亚及北美间断分布 East Asia & north America disjuncted	1	1.3
合计 Total	77	100.0

（2）属的组成及地理成分

按照吴征镒（1991）对中国种子植物区系属的分布区类型的划分及 Mabberley（1997）的《维管束植物词典》（*The Plant-Book: A Portable Dictionary of the Vascular Plants*），在该植物区系的 189 个属中，除去 6 个世界分布属外，对 183 个属的分布区类型占比进行了统计（表 5.10），结果是：热带分布属共计 159 个，占总属数的 86.84%。在热带分布属中，以热带亚洲分布属最多，占总属数的 27.32%，如八宝树属（*Duabanga*）、斑果藤属（*Stixis*）、翅子树（*Pterospermum*）、刺通草属（*Trevesia*）、顶果树属（*Acrocarpus*）、红光树属（*Knema*）、黄肉楠属（*Actinodaphne*）、假山龙眼属（*Heliciopsis*）、尖子木属（*Oxyspora*）、罗伞属（*Brassaiopsis*）、人面子属（*Dracontomelon*）、润楠属（*Machilus*）、山槟榔属（*Pinanga*）等。泛热带分布属计有 47 个，占 25.68%，位居第二位，如爱地草属（*Geophila*）、白粉藤属（*Cissus*）等。旧世界热带分布属计 28 个，占 15.30%，位居第三位。热带亚洲至大洋洲分布属占 8.74%，热带亚洲至热带非洲分布属占 6.56%。

表 5.10　云南西南部热带雨林种子植物属的分布区类型

Table 5.10　The areal-types of the genera of seed plants in the tropical rain forest of southwestern Yunnan

属分布区类型 Areal-types at generic level	属数 No. of genera	百分比 Percentage（%）
1.　世界分布 Cosmopolitan	6	
2.　泛热带分布 Pantropic	47	25.68
3.　热带亚洲至热带美洲间断分布 Tropical Asia and tropical America disjuncted	6	3.28
4.　旧世界热带分布 Old world tropic	28	15.30
5.　热带亚洲至热带澳大利亚分布 Tropical Asia to tropical Australia	16	8.74
6.　热带亚洲至热带非洲分布 Tropical Asia to tropical Africa	12	6.56
7.　热带亚洲分布 Tropical Asia	50	27.32
2～7（热带成分）合计 Total tropical elements	（159）	（86.89）
8.　北温带分布 North temperate	9	4.92
9.　东亚-北美间断分布 East Asia and north America disjuncted	9	4.92
10.　旧世界温带分布 Old world temperate	1	0.55
11.　地中海，西亚至中亚分布 Mediterranean, west Asia to central Asia	1	0.55
12.　东亚分布 East Asia	4	2.19
合计 Total	189	100

注（Note）：按吴征镒（1991）建议，世界分布属不计百分比 Cosmopolitan genera not participate in the calculation percentage in the table

温带分布属和东亚分布属共24属，占13.11%。这显示了云南西南部的热带雨林植物区系，与南部和东南部的热带雨林一样，具有热带性质和热带亚洲植物区系亲缘。

（3）种的分布区类型

对莫里热带雨林272种的分布进行了分析归类和统计（表5.11），除世界广布种外，各种的分布区类型统计情况是：以热带亚洲分布种占绝对优势，有187种，占总种数的70.30%，其中，以南亚-大陆东南亚分布及其变型的种类比例最高，占28.57%，印度-泛马来西亚分布的种类比例次之，占19.17%，大陆东南亚至中国南部分布的种占16.17%。

表5.11　云南西南部热带雨林种子植物种分布区类型

Table 5.11　The areal-types of seed plant species in the tropical rain forest of southwestern Yunnan

种分布区类型 Areal-types at specific level	种数 No. of species	百分比 Percentage（%）
世界分布 Cosmopolitan	6	0
1. 泛热带分布 Pantropic	5	1.88
2. 旧世界热带分布 Old world tropic	5	1.88
3. 热带亚洲至热带澳大利亚分布 Tropical Asia to tropical Australia	11	4.14
4. 热带亚洲至热带非洲分布 Tropical Asia to tropical Africa	3	1.13
5. 热带亚洲分布及其变型 Tropical Asia and its varieties	（187）	（70.30）
5.1 印度-泛马来西亚分布 Indo-Malesia	51	19.17
5.2 大陆东南亚-马来西亚分布 Mainland SE Asia to Malaysia	17	6.39
5.3 南亚-大陆东南亚分布 South Asia-Mainland SE Asia	34	12.78
5.3a 喜马拉雅南坡（印度东北部）-大陆东南亚至中国云南或至华南 Southern Himalayas (northeast India via mainland SE Asia to Yunnan or S China	42	15.79
5.4 大陆东南亚至中国南部分布 Mainland SE Asia to S China	43	16.17
6. 东亚分布 East Asia	11	4.14
7. 中国特有分布及其变型 Endemic to China and its varieties	（37）	（13.91）
7.1 中国西南至东南分布 SW to SE China	23	8.65
7.2 中国西南分布 SW China	14	5.26
8. 云南特有分布 Endemic to Yunnan	7	2.63
合计 Total	272	100

该热带雨林植物区系中，东亚分布种占 4.14%，如猫乳（*Rhamnella franguloides*）、香椒子（*Zanthoxylum schinifolium*）、钩藤（*Uncaria rhynchophylla*）、忍冬（*Lonicera japonica*）等。中国特有分布种占 13.91%，包括分布于中国西南部至东南部的种类，如楤木（*Aralia chinensis*）、大盖球子草（*Peliosanthes macrostegia*）等；分布于中国西南部的热带、亚热带地区的种类，如毛尖树（*Actinodaphne forrestii*）、细毛润楠（*Machilus tenuipilis*）、沧江新樟（*Neocinnamomum mekongense*）、潞西山龙眼（*Helicia tsaii*）、思茅豆腐柴（*Premna szemaoensis*）等。根据现有资料，云南特有的种类仅占 2.63%，如山木瓜（*Garcinia esculenta*）、瑞丽山龙眼（*Helicia shweliensis*）、云南七叶树（*Aesculus wangii*）等。

另外，岩香甩等（2013）对云南西南部铜壁关的龙脑香林种子植物区系进行了研究，记录了种子植物 103 科 347 属 602 种。在地理成分上，热带性质有 78 科，占总科数的 75.73%；温带性质有 9 科，占总科数的 8.74%。在属的地理成分上，热带分布属 326 属，占总属数的 93.95%，其中热带亚洲分布属最多，有 141 属，占总属数的 40.63%，其次是泛热带分布属，占总属数的 18.73%。在种的地理成分上，热带分布 559 种，占总种数的 92.86%，其中热带亚洲分布及其变型占绝对优势，共 459 种，占总种数的 76.25%（岩香甩等，2013）。该研究在热带亚洲分布种的比例上与我们对莫里热带雨林的研究结果很接近，但在属的地理成分上，莫里热带雨林中热带亚洲分布属占 27.32%，铜壁关的龙脑香林种子植物区系中占 40.63%。可能是瑞丽莫里的龙脑香热带雨林分布海拔偏高，达 1100m，显然是热带雨林沿沟箐向上分布，超越了常规热带雨林在云南西南部的分布，是局部小环境导致。由于海拔偏高，热带亚洲分布属比例相对较低，但为龙脑香热带雨林片断，物种组成仍以热带亚洲分布种占绝对优势。

与云南南部相比，云南西南部的龙脑香热带雨林地理位置更靠北，具有一些东亚和温带分布属种。

云南西南部的热带雨林种子植物区系显然也以热带分布的科和属占优势，在热带分布属中，又以热带亚洲分布属最多，显示了该热带雨林植物区系不仅具有热带性质，还带有热带亚洲植物区系的特点。在种的分布区类型构成上，以热带亚洲分布及其变型的种占绝对优势，明显体现了热带亚洲植物区系的性质。

对云南西南部瑞丽莫里热带雨林的研究显示，它以南亚-大陆东南亚分布及其变型的种类比例最高，印度-泛马来西亚分布及其变型的种类次之。该植物区系属于热带亚洲植物区系，但也带有较明显的南亚-大陆东南亚特色，也就是说，它受印度（喜马拉雅）-缅甸植物区系的强烈影响。

云南西南部的龙脑香热带雨林在云南是龙脑香热带雨林中分布最北的类型，其植物区系带有更明显的热带北缘性质。在该热带雨林种子植物区系的 16 个主要组成科中，没有典型热带科，而以主产热带、分布区或多或少超出热带的科为主。

在科和属的分布区类型构成上，有约 10% 的温带成分，在种分布区类型构成上，有约 15% 的非热带成分。

瑞丽莫里的热带雨林植物区系中热带亚洲分布及其变型的种占总种数的 70.30%，与云南南部热带雨林植物区系（占 73.3%）和东南部热带雨林植物区系（70.62%）十分接近，它们无疑都为同样性质的植物区系，同属于热带亚洲植物区系的北缘类型。

5.4 小   结

云南的热带季节性雨林中，典型热带分布的科比例不高，而是以主产热带、分布区延伸到亚热带和温带的科最多，含较多种数的优势科全都为这类科而非典型热带科。云南的热带季节性雨林在科组成上显示了热带边缘性质，是热带亚洲植物区系的北缘部分。

一个具体植物区系的亲缘和生物地理联系，主要由属和种的地理成分反映。在属和种的地理成分上，云南的热带季节性雨林中热带分布属占总属数的 90% 以上；在热带分布属中，又以热带亚洲分布属最多，可占总属数的 40%。在种层面，热带分布种占 75%～80%，并以热带亚洲分布种占绝对优势，占总种数的 70%～74%。云南南部、西南部、东南部的热带雨林在种的地理成分（分布区类型）构成上，主要由于地理位置和地质历史原因，也体现出了一定差异，东南部的热带雨林中越南（印度支那）至中国云南（华南）分布种类的比例较大，而西南部的热带雨林中南亚-大陆东南亚分布的种类占比更高。

第6章 云南热带雨林与东南亚热带雨林的比较

云南热带雨林位于大陆东南亚热带北缘，主要受印度洋季风影响，与典型热带雨林分布地区相比，不但纬度靠北，海拔较高，而且气候偏干，表现在热量和降雨偏低、气温和降雨的年较差大等特征上（表 6.1，表 6.2），并介于热带湿润与半干旱气候地区之间。云南的热带雨林按 Schimper（1903）的定义（狭义的热带雨林）显然不是典型热带雨林，而是热带雨林向热带落叶林（季雨林）的过渡类型。按 Richards（1952）的概念，则是许多方面与真正热带雨林有区别的类型，被称为亚热带雨林（subtropical rain forest）。云南的热带雨林在外貌和结构上与热带美洲的常绿季节林（evergreen seasonal forest）（Beard，1944，1955）接近，相当于 Whitmore（1984，1990）定义的东南亚热带半常绿雨林（semi-evergreen rain forest）。热带美洲的常绿季节林被 Richards 接受作为热带雨林群系的一个亚群系，参考此标准，我国植物学家采用热带季节性雨林（tropical seasonal rain forest）这一名称来代表云南的热带低地雨林，它是在季风气候下发育的东南亚热带北缘的热带雨林类型。云南的热带季节性雨林除受季节性干旱的影响外，由于纬度偏北和海拔较高，在冬季还受低温的影响，表现在区系组成上向热带山地和亚热带森林过渡。

表 6.1 不同热带森林分布区温度的比较

Table 6.1 Comparison of temperature in different areas with tropical forests

植被类型 Vegetation type	地点 Location	纬度 Latitude	年均温 AMT* （℃）	最热月 均温 HMT （℃）	最冷月 均温 CMT （℃）	极端多年平均温度	
						最大值 ETMA （℃）	最小值 ETMI （℃）
季节性雨林 Seasonal rain forest	云南，勐腊 Mengla, Yunnan	N21°1′	21	24	15.2	—	5.6
赤道湿润雨林 Evergreen rain forest in the equator	新加坡 Singapore	N1°18′	27.2	27.7	26.4	33.8	20.5
	巴西，马瑙斯 Manaus, Brazil	S3°8′	27.2	28.2	26.5	36.6	21.1
	非洲，喀麦隆 Cameroon, Africa	N4°3′	25.4	26.9	23.8	32.7	20.0
海拔或纬度极限的 雨林 Rain forest at altitudinal or latitudinal limit	乌干达 （海拔 1146m） Uganda（Alt.: 1146m）	N1°35′	21.8	22.6	20.7	36.7	9.4

续表

植被类型 Vegetation type	地点 Location	纬度 Latitude	年均温 AMT* （℃）	最热月 均温 HMT （℃）	最冷月 均温 CMT （℃）	极端多年平均温度	
						最大值 ETMA （℃）	最小值 ETMI （℃）
	巴西，里约热内卢 Rio de Janeiro, Brazil	S22°54′	22.7	25.6	20.0	35.5	13.8
热带落叶林 Tropical deciduous forest	缅甸，曼德勒 Mandalay, Myanmar	N21°59′	27.6	32.2	21.3	43.3	10.5

* 年均温 AMT：Annual mean temperature；最热月均温 HMT：The hottest average monthly temperature；最冷月均温 CMT：The coldest average monthly temperature；极端多年平均温度最大值 ETMA：Extreme multiannual average temperature maximum；极端多年平均温度最小值 ETMI：Extreme multiannual average temperature minimum

表 6.2　热带森林分布区降雨量的比较

Table 6.2　Comparison of precipitation in different areas with tropical forests

植被类型 Vegetation type	地点 Location	纬度 Latitude	11 月至翌年 4 月降雨量 N-AR（mm）*	5～10 月降雨量 M-OR（mm）	年平均降雨量 AP（mm）
季节性雨林 Seasonal rain forest	云南，勐腊 Mengla, Yunnan	N21°10′	281.6	1250.4	1532
赤道湿润雨林 Evergreen rain forest in the equator	新加坡 Singapore	N1°18′	1322	1086	2408
	刚果 Republic of the Congo	N0°3′	861	937	1798
海拔或纬度极限的雨林 Rain forest at altitudinal or latitudinal limit	特立尼达 Trinidad	N10°42′	503	1099	1602
	乌干达（1146m） Uganda（Alt.: 1146m）	N1°35′	622	873	1495
热带落叶林 Tropical deciduous forest	缅甸，曼德勒 Mandalay, Myanmar	N21°59′	90	755	845

* 年降雨量 AP：Annual precipitation；11 月至翌年 4 月降雨量 N-AR：Nov.-Apr. precipitation；5～10 月降雨量 M-OR：May-Oct. precipitation

6.1　群落垂直结构的比较

我们以云南南部的龙脑香热带季节性雨林为例来进行比较，云南南部的龙脑香热带季节性雨林与亚洲热带雨林群落垂直结构特征的比较见图 6.1。垂直结构是对热带雨林进行分类的关键（Robbins，1968），按一般标准，热带雨林的乔木层具有三层结构，这是基本的结构特点。该龙脑香热带季节性雨林与所有热带雨林一样，具有三个树（乔木）层，属于低地热带雨林。三个树层在水平和垂直方向的配置是进一步区分雨林类型的依据。在一般情况下，混交热带雨林及低地雨林分层不明显，单优雨林及山地雨林分层较明显；低地混交雨林乔木中层（B 层）具有最大层盖度，是林冠的主要构成者，单优雨林和山地雨林则趋于上层（A 层）树冠连续，构成林冠（Richards，1983）。望天树林虽为单优群落，但有混交雨林结构特征，望天树林分布于海拔 700m 以上（在同样纬度的其他地区，如此海拔已是山地雨林的范围）沟箐，但林冠主要由乔木中层构成，上层树冠不连续，高耸于林冠层之上，有明显的散生巨树（emergent），又为低地雨林的结构特征。

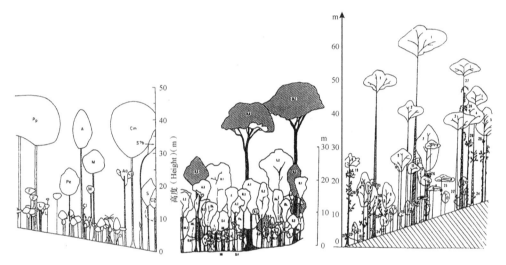

图 6.1　云南热带雨林与亚洲热带雨林群落结构的比较简图

Fig. 6.1　Comparison of profile diagram between the tropical rain forest of Yunnan and those in tropical Asia

左图：新几内亚岛热带雨林；中图：文莱低地热带雨林；右图：西双版纳龙脑香季节性雨林

Left: Tropical rain forest in New Guinea, 600m alt. (Paijmans, 1970, Fig.5); Middle: Lowland tropical rain forest in Brunei (Whitmore, 1975, Fig. 2.1); Right: Dipterocarp tropical seasonal rain forest in Xishuangbanna, southwest China, 700m alt. (Zhu, 1992, Fig.1)

6.2　生活型谱的比较

云南热带雨林，包括热带季节性雨林（低丘雨林和沟谷雨林）和热带山地雨林，与赤道热带雨林（Cain & Oliveira-Castro，1959）生活型谱的比较见图 6.2。云南热带季节性雨林的生活型谱十分接近巴西热带雨林，不同之处是藤本植物更丰富，大、中高位芽植物较逊色。云南热带季节性雨林的生活型谱基本上属于低地

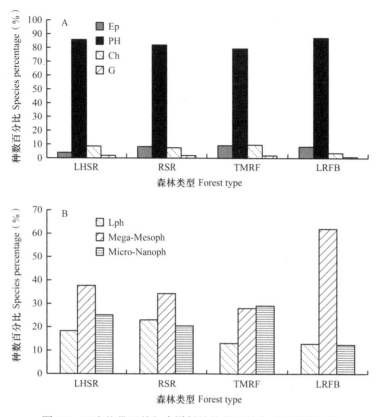

图 6.2　云南热带雨林与赤道低地热带雨林生活型谱的比较

Fig. 6.2　Comparison of life form spectra from the tropical rain forests in Yunnan and the tropical rain forest from the equatorial lowland

LHSR. 云南低丘热带季节性雨林（Lower hill tropical seasonal rain forest in Yunnan）；RSR. 云南沟谷热带季节性雨林（Ravine tropical seasonal rain forest in Yunnan）；TMRF. 云南热带山地雨林（Tropical montane rain forest in Yunnan）；LRFB. 巴西（低地）热带雨林（Lowland tropical rain forest in Brazil）（Cain & Oliviera-Castro，1959）。Ep. 附生植物（Epiphyte）；PH. 高位芽植物（Phanerophyte）；Ch. 地上芽植物（Chamaephyte）；G. 地下芽植物（Geophyte）；Lph. 藤本植物（Liana phanerophyte）；Mega-Mesoph. 大高位芽植物-中高位芽植物（Megaphanerophyte-Mesophanerophyte）；Micro-Nanoph. 小高位芽植物-矮高位芽植物（Microphanerophyte-Nanophanerophyte）

热带雨林类型，并非山地雨林，其藤本植物丰富，是季节性热带雨林的特色，大、中高位芽植物较逊色又反映了该群落在纬度和海拔上已处于极限条件，有向亚热带森林及热带山地雨林过渡的趋向。

6.3　叶级谱的比较

云南热带季节性雨林与赤道地区热带雨林叶级谱的比较见图6.3。云南热带季节性雨林叶级谱与印度东北部的（低地）热带雨林最接近，它们的小叶比例较高。热带雨林叶级谱以中叶占优势，云南热带季节性雨林也以中叶占优势，明显属于

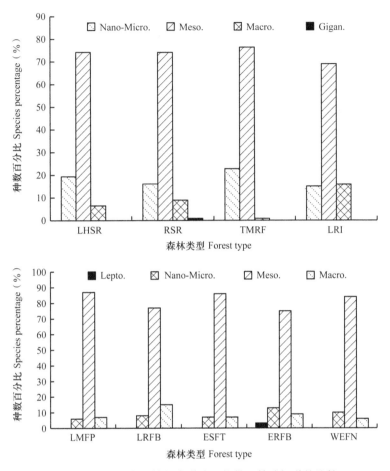

图 6.3　云南热带雨林与赤道地区热带雨林叶级谱的比较

Fig. 6.3　Comparison of leaf size spectra from the tropical rain forests in Yunnan and the tropical rain forests from the equatorial area

LHSR. 云南低丘季节性雨林（Lower hill seasonal rain forest in Yunnan）；RSR. 云南沟谷季节性雨林（Ravine seasonal rain forest in Yunnan）；TMRF. 云南山地雨林（Montane rain forest in Yunnan）；LRI. 印度低地热带雨林（Lowland evergreen rain forest in India[1]）；LMFP. 菲律宾低山雨林（Lower montane rain forest in Philippines[5]）；LRFB. 婆罗洲低地热带雨林（Lowland rain forest in Borneo[2]）；ESFT. 美洲常绿季节性雨林（Evergreen seasonal forest in Trinidad[3]）；ERFB. 巴西赤道热带雨林（Equatorial rain forest in Mucambo, Brazil[4]）；WEFN. 非洲尼日利亚热带常绿雨林（Wet evergreen forest in Nigeria, Africa[6]）

Nano-Micro. Nanophyll-Microphyll 偏小叶-小叶；Meso. Mesophyll 中叶；Macro. Macrophyll 大叶；Gigan. Gigantophyll 巨叶；Lepto. Leptophyll 微叶

[1]Proctor et al. (1998)；[2]Vareschi (1980)；[3] Grubb et al. (1964)；[4] Cain & Oliviera-Castro (1959)；[5, 6]Richards (1952)

热带雨林叶级谱。赤道地区的热带雨林，即所谓的典型的热带雨林，中叶和大叶合计占 90% 以上。云南的热带季节性雨林中叶和大叶合计占 80% 以上，但小叶比例偏高，一方面是季节性干旱的影响，另一方面也反映了该群落处于纬度和海拔极限条件，还受一定程度热量不足的影响。

6.4　叶质、叶缘、叶型的比较

叶质、叶缘的比较（表 6.3）及叶型的比较（表 6.4）显示，云南热带季节性雨林具有与赤道地区热带雨林类似的叶质、叶缘谱及叶型谱。

表 6.3　云南龙脑香季节性雨林与新几内亚岛热带雨林叶质、叶缘的比较

Table 6.3　Comparison of leaf texture and leaf margin spectra for the dipterocarp seasonal rain forest in Yunnan and the tropical rain forest in New Guinea

森林类型 Forest type	叶质 Leaf texture		叶缘 Leaf margin	
	革质 Leathery	纸质 Papery	全缘 Entire	非全缘 Non-entire
云南龙脑香季节性雨林 Dipterocarp seasonal rain forest in Yunnan	45.5%	54.5%	80%	20%
新几内亚岛热带雨林 [*] Tropical rain forest in New Guinea	50%	50%	85%	15%

*Paijmans，1970

表 6.4　云南龙脑香季节性雨林复叶与其他热带雨林复叶的比较

Table 6.4　Comparison of compound leaves between the dipterocarp seasonal rain forest in Yunnan and several other tropical rain forests

森林类型 Forest type	大高位芽植物 复叶 Megaph. comp.（%）	中高位芽植物 复叶 Mesoph. comp.（%）	小高位芽植物 复叶 Microph. comp.（%）	矮高位芽植物 复叶 Nanoph. comp.（%）	高位芽植物 复叶 All Ph. comp.（%）
云南龙脑香季节性雨林 Dipterocarp seasonal rain forest in Yunnan	31.6	19.4	25.0	13.6	21.4
菲律宾龙脑香雨林 Dipterocarp rain forest, Philippines[1]	32	17	13	—	—
巴西热带雨林 Tropical rain forest, Brazil[1]	37	27	—	14	27.9
印度低地雨林 Lowland rain forest, India[3]	—	—	—	—	19.5

续表

森林类型 Forest type	大高位芽植物 复叶 Megaph. comp.（%）	中高位芽植物 复叶 Mesoph. comp.（%）	小高位芽植物 复叶 Microph. comp.（%）	矮高位芽植物 复叶 Nanoph. comp.（%）	高位芽植物 复叶 All Ph. comp.（%）
新几内亚岛热带雨林 Tropical rain forest, New Guinea[2]	—	—	—	—	23.0

[1]Givnish (1978)；[2]Paijmans (1970)；[3]Proctor et al. (1998)；—. 无资料 No data

Givinsh（1978）认为热带雨林中复叶具有对季节性干旱及乔木迅速向上生长的适应意义。复叶通常在大高位芽植物中具有最高比例，对迅速向上生长的适应意义可能是存在的，但复叶在非季节性的湿润雨林中的比例也很高。在我们对云南热带落叶林的研究中，发现热带落叶林中复叶占乔木层树种的 31%～39%（Zhu et al.，2021），而云南的热带季节性雨林中复叶占乔木层树种的 23%～24%，显著较低，因此支持 Givinsh（1978）的观点。

6.5　种类丰富度、径级分布及种-个体关系的比较

群落种类丰富度可以由单位面积上的种数、种-面积曲线来反映。我们比较了云南南部龙脑香季节性雨林与相同或相近面积上菲律宾热带雨林群落的乔木种数（Whitford，1906；Brown & Mathews，1914）的情况。云南龙脑香季节性雨林 2 个 2500m^2 面积样方内有高 5m 以上乔木 54～55 种，菲律宾龙脑香林同样面积内有高 4m 以上乔木 61 种，菲律宾拉莫山各种龙脑香林 2100～2640m^2 林地上有高 4m 以上乔木 53～67 种，云南龙脑香季节性雨林单位面积上的乔木种数十分接近菲律宾龙脑香林。

图 6.4 为种-面积曲线的比较（云南龙脑香季节性雨林的种-面积曲线依据 4 个不同地点的样方材料综合绘制，并非标准方法的种-面积曲线），云南龙脑香季节性雨林具有比典型东南亚低地热带雨林低的单位面积种数，但比非洲热带雨林要高。

在 1hm^2 样地面积上，云南热带季节性雨林具有 119 种 DBH > 10cm 的树木（Cao et al.，1996），而在马来西亚沙捞越（Sarawak）同样面积的样地上，记录到 214～223 种 DBH > 10cm 的树木（Proctor et al.，1983），在印度尼西亚的加里曼丹岛记录到 129～149 种树木（Kartawinata et al.，1981），在巴布亚新几内亚记录到 145～184 种树木（Paijmans，1970）。

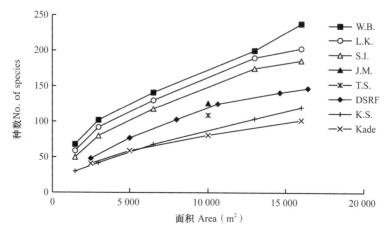

图 6.4　种-面积曲线的比较 *

Fig. 6.4　Comparison of species-area curves

DSRF：云南龙脑香季节性雨林（Dipterocarp seasonal rain forest in Yunnan）；W.B.：婆罗洲热带雨林（Tropical rain forest, Wanariset, Borneo）；L.K.：加里曼丹岛热带雨林（Tropical rain forest, Lempake, Kalimantan）；S.I.：印度尼西亚热带雨林（Tropical rain forest, Sekundur, Indonesia）；T.S.：苏拉威西岛热带雨林（Tropical rain forest, Toraut, Sulawesi）；J.M.：马来西亚热带雨林（Tropical rain forest, Jaro, Malaysia）；Kade：非洲加纳热带雨林（Tropical rain forest, Kade, Ghana）．K.S.：苏门答腊岛热带雨林（Tropical rain forest, Ketambe, Sumatra）

* 云南龙脑香季节性雨林来自胸径 5cm 以上的树种，其他热带雨林来自胸径 10cm 以上的树种；中国云南和加纳的资料来自非邻接的样方累加，其他地区的资料来自邻接的样方累加（DSRF: trees over 5cm DBH; Others: over 10cm DBH; data for Ghana and Yunnan of China are from non-contiguous plots, for all the others are from contiguous plots）

参考文献 Ref.: K.S., W.B., L.K. and S.I. from Kartawinata et al., 1981; Kartawinata, 1990. T.S. and J.M. from Whitmore & Sidiyasa, 1986. Kade from Hall & Swaine, 1981

　　Cao（1994）比较了西双版纳望天树林（5.61）与泰国热带雨林（5.25）及热带美洲厄瓜多尔（Ecuador）（4.56）的物种多样性指数（H'）及种数-个体曲线，显示望天树林的物种多样性比泰国和热带美洲厄瓜多尔的热带雨林要高。

　　表 6.5 为热带雨林各径级乔木株数的比较，云南龙脑香季节性雨林的乔木径级组成接近马来西亚低地龙脑香林，但比印度的热带雨林各径级乔木株数高。在龙脑香季节性雨林 1.04hm^2 面积上，>20cm 径级有 254 株，在马来西亚沙捞越龙脑香林为 327 株/hm^2，>40cm 径级在云南龙脑香季节性雨林、马来西亚沙捞越龙脑香林分别为 95 株/1.04hm^2、101 株/hm^2，>50cm 径级分别为 62 株/1.04hm^2、57 株/hm^2。从比较上看，云南龙脑香季节性雨林单位面积上的树木密度甚至大于马来西亚沙捞越冲积地雨林和苏拉威西岛低地雨林。这意味着云南龙脑香季节性雨林单位面积的生物量可以与赤道湿润雨林相媲美。

表 6.5　热带雨林各径级乔木株数的比较

Table 6.5　Comparison of number of individuals in different DBH classes

森林类型 Forest type	海拔 Alt. （m）	面积 Area （hm²）	径级 DBH classes				
			>10cm	>20cm	>40cm	>50cm	>80cm
云南龙脑香林 Dipterocarp forest, Yunnan	700～900	1.04	660	254	95	62	22
马来西亚沙捞越冲积地雨林 Alluvial forest, Sarawak	50	1.0	615	197	52	26	8
马来西亚沙捞越龙脑香林 Dipterocarp forest, Sarawak	200～250	1.0	778	327	101	57	8
马来西亚沙捞越"石楠"林 Heath forest, Sarawak	170	1.0	708	269	73	45	13
马来西亚沙捞越石灰岩森林 Limestone forest, Sarawak	300	1.0	644	219	64	43	5
苏拉威西岛低地雨林 Lowland rain forest, Sulawesi	100	1.0	408	237	44	--	--
新几内亚岛热带雨林 Tropical rain forest, New Guinea	600～1125	1.0	575	222	--	--	--
爪哇西部山地雨林 Montane rain forest, W Java	1450	1.0	283	162	80	59	13
印度东北部低地雨林 Lowland rain forest, NE India	530	1.0	333	139	56	33	10

注（Note）：Sarawak from Proctor et al. (1983); Sulawesi from Whitmore & Sidiyasa (1986); New Guinea from Paijmans (1970); W Java from Meijer (1959); NE India from Proctor et al. (1998)

6.6　云南热带雨林植物区系与东南亚热带雨林植物区系的比较

云南的热带雨林由于其地理位置，作为东南亚热带雨林的北部边缘类型，与东南亚热带雨林在植物区系组成上表现为既相同又有区别，以相同为主。在云南热带雨林中占有大多数的具有较多属种的热带和主产热带的科属在东南亚热带雨林中也都是占主要地位和含有丰富属种的科属，在前者中占有少数的仅含少数或个别属种的主产温带或亚热带的科属在后者中大多也处于同样情况。区别是前者作为后者的热带北缘类型，热带性强的一些科属，如龙脑香科、野牡丹科、藤黄科、棕榈科、桃金娘科、肉豆蔻科、山榄科、五桠果科等及玉蕊属、橄榄属、暗罗属（*Plyalthia*）等在东南亚热带雨林中发展了极其丰富的属种，而在云南热带雨林植物区系中仅有少数或个别属种。

若与具体的东南亚各种热带雨林群落相比较，结果更具体反映它们之间的关系。云南热带雨林群落在一定的取样面积上含乔木树种最多的前 15 科与大多数东南亚的热带雨林群落类似，在多数科的排名上也接近（表 6.6～表 6.9）。

表 6.6 云南热带季节性雨林含种数多的科

Table 6.6 The families with most tree species richness from tropical seasonal rain forests in Yunnan

低丘热带季节性雨林 Lower hill tropical seasonal rain forest 面积 Area: 1.25hm² 乔木总种数 Total no. of tree species（>5cm DBH）: 131	乔木种数百分比 No. of tree species（%）	沟谷热带季节性雨林 Ravine tropical seasonal rain forest 面积 Area: 1.46hm² 乔木总种数 Total no. of tree species（>5cm DBH）: 140	乔木种数百分比 No. of tree species（%）	龙脑香季节性雨林 Dipterocarp seasonal rain forest 面积 Area: 1.04hm² 乔木总种数 Total no. of tree species（>5cm DBH）: 125	乔木种数百分比 No. of tree species（%）
Euphorbiaceae	9.29	Euphorbiaceae	9.92	Lauraceae	11.2
Lauraceae	9.16	Moraceae	9.92	Moraceae	8
Meliaceae	7.63	Lauraceae	9.92	Euphorbiaceae	7.2
Moraceae	5.34	Meliaceae	6.34	Meliaceae	7.2
Anonnaceae	4.58	Anonaceae	5.71	Fagaceae	5.6
Sapindaceae	4.58	Anacardiaceae	4.29	Annonaceae	3.2
Rubiaceae	4.58	Ulmaceae	3.57	Myristicaceae	3.2
Myristicaceae	3.82	Fagaceae	3.57	Ebenaceae	3.2
Myrtaceae	3.82	Myristicaceae	2.86	Sapindaceae	2.24
Ulmaceae	3.05	Rubiaceae	2.86	Rubiaceae	2.24
Papilionaceae	3.05	Elaeocarpaceae	2.86	Elaeocarpaceae	2.24
Rutaceae	2.29	Sapindaceae	2.14	Burseraceae	2.24
Anacardiaceae	2.29	Ebenaceae	2.14	Clusiaceae	2.24
Clusiaceae	1.53	Guttiferae	2.14	Anacardiaceae	2.24
Sapotaceae	1.53	Bignoniaceae	2.14	Araliaceae	1.6

表 6.7　云南热带季节性雨林累计重要值大的科

Table 6.7　The families with most accumulative importance of tree species from tropical seasonal rain forests in Yunnan

低丘热带季节性雨林 Lower hill tropical seasonal rain forest 面积 Area: 1.25hm² 乔木总种数 Total no. of tree species（>5cm DBH）: 131	重要值 IVI	沟谷热带季节性雨林 Ravine tropical seasonal rain forest 面积 Area: 1.46hm² 乔木总种数 Total no. of tree species（>5cm DBH）: 140	重要值 IVI	龙脑香季节性雨林 Dipterocarp seasonal rain forest 面积 Area: 1.04hm² 乔木总种数 Total no. of tree species（>5cm DBH）: 125	重要值 IVI
Lauraceae	39.05	Euphorbiaceae	37.67	Dipterocarpaceae	68
Moraceae	26.35	Sapindaceae	32.11	Lauraceae	25.57
Ulmaceae	26.07	Combretaceae	19.17	Euphorbiaceae	24.24
Annonaceae	24.3	Moraceae	19.13	Sapindaceae	15.9
Euphorbiaceae	23.31	Anacardiaceae	16.55	Meliaceae	15.41
Meliaceae	16.87	Annonaceae	14.96	Moraceae	15.29
Sapindaceae	14.95	Lauraceae	14.28	Fagaceae	14.44
Barringtoniaceae	11.85	Myristicaceae	11.25	Clusiaceae	14.36
Rubiaceae	11.58	Ebenaceae	9.91	Icacinaceae	13.94
Clusiaceae	11.31	Ulmaceae	8.76	Myristicaceae	9.69
Myristicaceae	10.81	Burseraceae	8.64	Ebenaceae	7.46
Tetrameleaceae	8.1	Sterculiaceae	8.11	Annonaceae	6.69
Papilionaceae	7.73	Meliaceae	7.1	Rubiaceae	5.13
Myrtaceae	7	Bignoniaceae	5.79	Burseraceae	4.71
Rutaceae	6.05	Verbenaceae	5.47	Dichapetalaceae	4.7

表 6.8　亚洲热带雨林含种数较多的科

Table 6.8　The abundant families with most tree species richness from tropical rain forests in Asia

马来西亚沙捞越热带雨林 Tropical rain forest in Lambir hills, Sarawak, Malaysia 面积 Area: 52hm² 乔木总种数 Total no. of tree species（≥1cm DBH）: 1173	种数百分比 No. of species （%）	马来西亚帕松热带雨林 Tropical rain forest in Pasoh, Malaysia 面积 Area: 50hm² 乔木总种数 Total no. of tree species（≥1cm DBH）: 820	种数百分比 No. of species （%）
Euphorbiaceae	10.4	Euphorbiaceae	10.6
Dipterocarpaceae	7.4	Myrtaceae	6.09
Lauraceae	6.6	Lauraceae	5.85

续表

马来西亚沙捞越热带雨林 Tropical rain forest in Lambir hills, Sarawak, Malaysia 面积 Area: 52hm² 乔木总种数 Total no. of tree species （≥1cm DBH）: 1173	种数百分比 No. of species （%）	马来西亚帕松热带雨林 Tropical rain forest in Pasoh, Malaysia 面积 Area: 50hm² 乔木总种数 Total no. of tree species （≥1cm DBH）: 820	种数百分比 No. of species （%）
Rubiaceae	5	Rubiaceae	5.6
Annonaceae	4.6	Annonaceae	5.36
Myrtaceae	4.5	Meliaceae	5.24
Meliaceae	4.4	Anacardiaceae	3.9
Clusiaceae	4.3	Clusiaceae	3.78
Burseraceae	3.4	Myristicaceae	3.78
Myristicaceae	3.4	Dipterocarpaceae	3.65
Moraceae	3.2	Leguminosae	3.41
Ebenaceae	2.9	Moraceae	2.92
Saportaceae	2.8	Burseraceae	2.68
Anacardiaceae	2.7	Ebenaceae	2.56
Polyganaceae	2.1	Sapindaceae	2.44

注（Note）: Lambir hills, Sarawak from Lee et al., (2002); Pasoh, Malaysia from Kochummen, (1990)

表 6.9　亚洲热带雨林群落重要值大的科

Table 6.9　The families with most accumulative importance of tree species from tropical rain forests in Asia

马来西亚沙捞越热带雨林 Tropical rain forest in Lambir hills, Sarawak, Malaysia 面积 Area: 52hm²	相对显著度 BA（%）	马来西亚帕松热带雨林 Tropical rain forest in Pasoh, Malaysia 面积 Area: 50hm²	相对显著度 BA（%）
Dipterocarpaceae	41.6	Dipterocarpaceae	24.38
Burseraceae	6.6	Leguminosae	8.89
Euphorbiaceae	6.6	Euphorbiaceae	7.41
Anacardiaceae	6	Burseraceae	5.66
Myrtaceae	4.5	Fagaceae	4.57
Lauraceae	3.5	Annonaceae	3.66
Clusiaceae	2.4	Myristicaceae	3.07
Myristicaceae	2.4	Myrtaceae	2.9
Leguminosae	2.2	Sapindaceae	2.69

续表

马来西亚沙捞越热带雨林 Tropical rain forest in Lambir hills, Sarawak, Malaysia 面积 Area: 52hm^2	相对显著度 BA（%）	马来西亚帕松热带雨林 Tropical rain forest in Pasoh, Malaysia 面积 Area: 50hm^2	相对显著度 BA（%）
Saportaceae	1.8	Sterculiaceae	2.68
Moraceae	1.7	Anacardiaceae	2.56
Annonaceae	1.6	Clusiaceae	2.04
Simarubaceae	1.6	Rubiaceae	2.03
Rubiaceae	1.4	Apocynaceae	1.92
Ebenaceae	1.4	Moraceae	1.84

注（Note）: Lambir hills, Sarawak from Lee et al., (2002); Pasoh, Malaysia from Kochummen, (1990)

云南热带雨林群落中重要值大的科大多数也在各东南亚热带雨林群落中有相当的地位。例如，在云南南部的龙脑香林中，龙脑香科排名第一，大戟科排名第三，这点与在大多数东南亚热带雨林群落中的排名一样；其中樟科、无患子科、壳斗科、楝科、桑科、茶茱萸科排名偏前，在群落中的地位较显著，亦为其特点。

又如，在与马来半岛植物区系的比较上（Zhu & Roos，2004），云南南部植物区系与马来半岛植物区系的相似系数在科水平上达 83.9%，在属水平上达 64.5%，而云南南部植物区系与海南热带植物区系的相似系数在科水平上为 87.9%，在属水平上为 65.9%。虽然云南南部远离马来半岛，但它们之间植物区系的相似性并不比相距较近的云南南部与海南之间植物区系的相似性小多少。这一事实也反映了云南南部植物区系与马来西亚热带植物区系之间有着密切的联系。

云南热带雨林植物区系地处东南亚热带北缘，其植物区系也发展了自己的特点，例如，按在相近取样面积群落中的种数排名，杜英科、壳斗科、无患子科、桑科、楝科等排名较大多数东南亚热带雨林群落偏前；按重要值，樟科、无患子科、壳斗科、楝科、桑科等的比重较大。因此，云南热带雨林植物区系表现为东南亚热带雨林的热带北缘类型，具有向亚热带森林植物区系过渡的特点。

6.7 小 结

云南的热带季节性雨林具有 3 或 4 个树层，具有典型热带低地雨林的结构特征。一般情况下，多个树种混交的热带雨林及低地雨林分层不明显，单个树种占优势的单优势种热带低地雨林及山地雨林分层较明显；低地混交雨林乔木中层（B 层）具有最大层盖度，是林冠的主要构成者，单优势种雨林和山地雨林则趋于在最上层（A 层）树冠连续，构成林冠（Grubb et al.，1964；Robbins，1968；

Richards，1983；Paijmans，1970)。云南多优势树种混交的热带季节性雨林和以龙脑香科植物为单优势种的雨林均有赤道地区热带低地雨林的结构特征。

植被垂直带在延绵的山区较在小而独立的山峰或山脊高，在远离海岸的山地又较海滨山岭高，这就是所谓的海拔升高效应（mass elevation effect）(Richards，1952；Grubb，1971；Whitmore，1990)。对于云南热带季节性雨林的分布和结构特征，除海拔升高效应外，无疑还受局部地形和局部生境的影响，因云南的热带季节性雨林主要沿沟箐分布，局部生境的影响可能更为主要。

云南热带季节性雨林的生活型谱十分接近巴西热带雨林（Cain & Oliveira-Castro，1959)，不同之处是藤本植物更丰富，大、中高位芽植物较逊色（Zhu，1997)。云南热带季节性雨林的生活型谱基本上属于热带低地雨林类型，并非山地雨林；藤本植物丰富，是季风热带雨林的特色，大、中高位芽植物较逊色又反映了该群落在纬度和海拔上已处于极限条件，有向亚热带森林及热带山地雨林过渡的趋势。

与亚洲热带雨林和美洲热带雨林叶级谱（Richards，1952；Cain & Oliveira-Castro，1959；Proctor et al.，1983，1998）的比较显示，云南热带季节性雨林的叶级谱与印度东北部的（低地）热带雨林最接近，它们的小叶比例较高。热带雨林的叶级谱以中叶占优势，云南热带季节性雨林亦同样。赤道地区的典型热带雨林，中叶和大叶合计占90%以上。云南的热带季节性雨林中叶和大叶合计占80%以上，但小叶比例偏高，一方面是季节性干旱的影响，另一方面也反映了该群落处于纬度和海拔极限条件，还受一定程度热量不足的影响。

在物种多样性上，云南热带季节性雨林具有比典型东南亚低地热带雨林（Kartawinata，1990；Kartawinata et al.，1981；Whitmore & Sidiyasa，1986）低的单位面积种数，但比非洲热带雨林要高（Hall & Swaine，1981）。例如，在1hm²样地面积上，云南热带季节性雨林具有119种DBH > 10cm的树木（Cao et al.，1996)，而在马来西亚沙捞越（Sarawak）同样面积的样地上，记录到214～223种DBH > 10cm的树木（Proctor et al.，1983)，在印度尼西亚的加里曼丹岛记录到129～149种树木（Kartawinata et al.，1981)，在巴布亚新几内亚记录到145～184种树木（Paijmans，1970)。

在生态外貌特征上，云南热带季节性雨林具有东南亚低地的混交龙脑香林的垂直结构特征，具有接近典型赤道热带雨林的生活型谱、叶级谱及叶质、叶型特征，也具有与典型热带雨林接近的种类丰富度、乔木径级分布及种-个体关系，无疑应划归为热带雨林。另外，由于在具有明显干湿变化的热带季风气候下发育，云南热带季节性雨林上层乔木中有一定比例的落叶树种存在，林中附生植物较逊色而藤本植物丰富，乔木树种中的小叶比例也相对较高，这些特点又区别于终年湿润多雨的赤道地区的湿润雨林，但云南热带季节性雨林的所谓"雨林"特征突出，把它作为热带雨林的一种类型——热带季节性雨林，亦即在季风气候下发育的热带雨林，是合适的，这种热带雨林也是真正的热带雨林。

云南的热带雨林是东南亚热带雨林的北部边缘类型，它与东南亚热带雨林在植物区系组成上表现为既相同又有区别，以相同为主。相同是它们同属于亚洲热带雨林群系（广义），在云南的热带雨林中占大多数、具有较多属种的热带和主产热带的科属在东南亚热带雨林中也都是占主要地位和含有丰富属种的科属，在前者中占有少数，仅含少数或个别属种的主产温带或亚热带的科属在后者中大多数也处于同样情况。与具体的东南亚各种热带雨林群落相比较（Kochummen et al.，1990；Lee et al.，2002），云南热带季节性雨林群落单位面积上含乔木树种最多的前 15 个科与大多数东南亚的热带雨林群落类似，在多数科的排名上也接近。在云南热带季节性雨林群落中重要值大的科大多数也在各东南亚热带雨林群落中有相当的地位（Zhu，1997）。

云南的热带季节性雨林与东南亚热带雨林的区别是前者作为后者的热带北缘类型，热带性强的一些科属，如龙脑香科、野牡丹科、藤黄科、棕榈科、桃金娘科、肉豆蔻科、山榄科、五桠果科等在东南亚热带雨林中发展了极其丰富的属种，它们在云南热带季节性雨林植物区系中仅有少数或个别属种。按在相近面积群落中的种数排名，云南热带季节性雨林中杜英科、壳斗科、无患子科、桑科、楝科等的排名较大多数东南亚热带雨林群落偏前；按重要值，樟科、无患子科、壳斗科、楝科、桑科等的比重较大。云南热带雨林植物区系明显表现为东南亚热带雨林的热带北缘类型。

云南的热带雨林，就生态外貌和群落结构而言，类似于：① Beard（1944，1955）所定义的热带美洲常绿季节林（evergreen seasonal forest of tropical America）；② Hall 和 Swaine（1976）所定义的非洲热带雨林的湿润常绿林类型（moist evergreen type of African tropical rain forest）；③ Webb（1959）定义的大洋洲热带雨林的中叶型雨林类型（mesophyll vine forest of Australian rain forest）；④ Walter（1971）定义的半常绿雨林类型（tropical semi-evergreen rain forest）等。然而，云南的热带季节性雨林在多个方面最为等同于 Whitmore（1984，1990）定义的东南亚半常绿雨林类型（tropical semi-evergreen rain forest of southeast Asia）或 Champion（1936）定义的印度-缅甸热带半常绿林（tropical semi-evergreen forest of India-Burma）、Blasco 等（1996）分类的热带低地半常绿雨林（季节性气候地区）（tropical lowland semi-evergreen rain forest）及 Ashton（2014）分类的热带北缘低地季节性雨林（tropical northern lowland seasonal rain forest）。

第7章 云南热带雨林与中国南部其他相近类型植被的比较

云南的热带季节性雨林已处在热带雨林分布的纬度和海拔极限条件，它与中国南部热带北缘的各类森林植被，如广西西南部和海南的热带雨林及中国东南部的南亚热带常绿阔叶林有什么异同，我们进行了如下的比较研究。

7.1 与中国东南部的热带雨林、亚热带常绿阔叶林生态外貌特征的比较

（1）生活型谱的比较

在中国南部的热带雨林、亚热带常绿阔叶林植被的生活型构成方面，尽管已发表了许多研究论文，但因划分归类标准不同及物种统计资料的详略不同，在生活型谱上经常难以直接比较。例如，有的文献未列出藤本植物和附生植物，有的把藤本植物笼统地归在高位芽植物，并未单独列出；在草本植物的生活型划分上，即使是同样的植被类型，林下草本植物或被列为地上芽植物，或被划归为地面芽植物。在生活型的粗分类——生长型上，把群落中物种分为乔木、灌木、草本、藤本植物和附生植物，这样的资料具有更多的可比性。根据资料筛选，我们将一些可供比较的文献中的中国热带北缘-南亚热带地区的一些代表性森林群落的生长型和生活型（刘伦辉和余有德，1980；蒋有绪等，1998；朱守谦，1993；何道泉等，1995；林鹏和丘嘉昭，1986，1987）与云南的热带季节性雨林进行了比较，见表7.1～7.2。

云南南部的龙脑香季节性雨林与云南西南部盈江的龙脑香季节性雨林（刘伦辉和余有德，1980；吴征镒，1987）和广西石灰岩季节性雨林（王献溥等，1998）较接近，它们属于同类型植被，都为热带季节性雨林。它们的共同点是：以高位芽植物为主，其百分比占80%，藤本植物丰富，三者分别占23%、23.5%和20%，附生植物分别占8.3%、6%和7.1%，它们的乔木中均有一定数量的落叶成分存在，表现为干季部分种类落叶的季相，群落有明显的季节性变化。它们的区别是：云南南部的龙脑香季节性雨林乔木层中落叶树种所占比例小，仅7.06%；而云南西南部盈江的龙脑香季节性雨林落叶树种所占比例高达31%；广西石灰岩季节性雨林中落叶树种所占比例也较高，最高可达17.6%（王献溥等，1998）。根据王献溥等（2014），广西的热带季节性雨林中，落叶大高位芽植物占2.4%～4.2%，中高位芽植物占2.1%～4.0%，小高位芽植物占0%～2.1%；在藤本植物中，落叶种类占

表 7.1　云南热带季节性雨林与中国热带北缘 - 亚热带地区代表性森林生长型的比较

Table 7.1　Comparison of growth forms between the tropical seasonal rain forest in Yunnan and representative forests from the northern tropical-subtropical areas of China

代表性森林[*] Representative forest	A	B	C	D	E	F	G	H
生长型 Growth form	种数百分比 Species percentage (%)[**]	种数百分比 Species percentage (%)[**]	种数百分比 Species percentage (%)[**]	种数百分比 Species percentage (%)[**]	种数百分比 Species percentage (%)[**]	种数百分比 Species percentage (%)[**]	种数百分比 Species percentage (%)[**]	种数百分比 Species percentage (%)[**]
乔木 Tree	42.3	38.8	48.2	55.8	42	53.2	53.8	44.4
灌木 Shrub	12.8	17.7	11.8	14.3	26	22.9	20.8	14.4
草本植物 Herbaceous plants	13.6	14.1	12.9	14.3	18	9.3	9.5	16.7
藤本植物 Liana plants	23	23.5	20	12.3	14	14.6	15.1	24.5
附生植物 Epiphyte plants	8.3	6	7.1	3.29	0	0	0.8	0
合计	100	100	100	100	100	100	100	100

*A. 云南南部龙脑香季节性雨林（Dipterocarp seasonal rain forest, southern Yunnan）；B. 云南西南部龙脑香雨林（Dipterocarp rain forest, southwestern Yunnan）（吴征镒，1987）；C. 广西石灰岩季节雨林（Limestone seasonal rain forest, Guangxi）（献薄等，1998）；D. 广西十万大山热带森林（Tropical forest, Shiwandashan, Guangxi）（温远光等，2004）；E. 广东鼎湖山南亚热带季风常绿阔叶林（South subtropical monsoon evergreen broad-leaved forest, Dinghushan, Guangdong）（王铸豪和何道泉，1982）；F. 福建三明典型亚热带常绿阔叶林（Typical subtropical evergreen broad-leaved forest, Sanming, Fujian）（林鹏和丘嘉昭，1986）；G. 粤东南亚热带常绿阔叶林（South subtropical evergreen broad-leaved forest, E Guangdong）（何道泉等，1995）；H. 福建和溪亚热带雨林（Subtropical rain forest, Hexi, Fujian）（林鹏和丘嘉昭，1987）

**表中数字为各生长型的种数百分比（The numbers in the table are the species percentage in different life growth forms）

表 7.2 云南热带季节性雨林与中国热带北缘-亚热带地区代表性森林生活型谱的比较

Table 7.2 Comparison of life form spectra between the tropical seasonal rain forest in Yunnan and representative forests from the northern tropical-subtropical areas of China

代表性森林 Representative forest[*]	A	B	C	D	E	F
生活型 Life form	种数百分比 Species percentage (%)[**]	种数百分比 Species percentage (%)	种数百分比 Species percentage (%)	种数百分比 Species percentage (%)	种数百分比 Species percentage (%)	种数百分比 Species percentage (%)
附生植物 Epiphyte plants	8.3	3.3	0	0	0.8	0
藤本高位芽植物 Liana phanerophyte	23	12	14	11.9	15.1	14.6
大高位芽植物 Megaphanerophyte	7.2	1.7	1	0	0	0
中高位芽植物 Mesophanerophyte	27.1	38.4	25	30.8	23.9	38.6
小高位芽植物 Microphanerophyte	12.1	18.5	16	32	29.9	14.6
矮高位芽植物 Nanophanerophyte	12.5	17.5	26	17	20.8	22.9
地上芽植物 Chamaephyte	7.5	5.7	17	3.5	4.9	0
地面芽植物 Hemicryptogamae	0	5.9	1	2.1	4.6	6.2
地下芽植物 Geophyte	1.9	0	0	1.5	0	2.1
一年生植物 Therophyte	0	0	0	1.2	0	1

*A. 云南南部龙脑香季节性雨林 (Dipterocarp seasonal rain forest, southern Yunnan); B. 广西十万大山热带森林 (Tropical forest, Shiwandashan, Guangxi)（温远光等，2004）; C. 广东鼎湖山南亚热带常绿阔叶林 (South subtropical evergreen broad-leaved forest, Dinghushan, Guangdong)（王铸豪和何道泉，1982）; D. 贵州茂兰南亚热带石灰岩常绿阔叶林 (Subtropical evergreen broad-leaved forest on limestone, Maolan, Guizhou)（朱守谦，1993）; E. 粤东南亚热带常绿阔叶林 (South subtropical evergreen broad-leaved forest, E Guangdong)（何道泉等，1995）; F. 福建三明典型亚热带常绿阔叶林 (Typical subtropical evergreen broad-leaved forest, Sanming, Fujian)（林鹏和丘嘉昭，1986）

** 表中数字为各生活型的种数百分比 (The numbers in the table are the species percentage in different life forms)

1.2%～6%。原因既有气候上的差异，也有土壤基质上的差异。盈江的气候季节性更强，根据海拔 826.7m 的盈江县气象站的资料，盈江县年降雨量 1459.8mm，其中雨季降雨量（5～10 月）1292.4mm，干季降雨量（11 月至次年 4 月）167.4mm，降雨量的季节性非常强（云南省气象局，1983），故此落叶树种所占比例大；云南南部和东南部降雨量的季节性变化相对要小，如南部的勐腊县，年降雨量 1531.9mm，干季（11 月至次年 4 月）降雨量 281.6mm；东南部的河口县，年降雨量 1777.7mm，干季（11 月至次年 4 月）降雨量 329mm（云南省气象局，1983）。广西的石灰岩季节性雨林不仅受到一定的气候季节性变化影响，也受到基质干旱和一定的冬季低温的影响，其热带季节性雨林的落叶树种存在于各亚层，甚至层间藤本植物中，这可能是除气候的季节性干旱影响外，还受石灰岩基质的影响。相比之下，中国东南部的南亚热带常绿阔叶林（广东鼎湖山、粤东）和典型亚热带常绿阔叶林（福建三明）的灌木种类较多（占 20.8%～26%），附生植物几乎未见记录。福建和溪的常绿阔叶林是个例外，文献中称亚热带雨林，灌木种类相对较少，文献中描述藤本植物占 24.5%，这也是一个例外。

在生活型谱的比较上，尽管各类植被生活型的统计在不同文献中差异比较大，对群落中附生植物的调查资料也不全，对草本植物的生活型划分上亦有差异，但基本的特点是：云南的热带季节性雨林具有更多大高位芽植物（高度 30m 以上的散生巨树）、附生植物和藤本植物，广西的热带季节性雨林（就所比较的资料而言）这 3 类生活型相对较少，亚热带常绿阔叶林没有大高位芽植物，通常具有更多的矮高位芽植物（灌木）和更少比例的藤本植物及附生植物。

（2）叶级谱的比较

相对来说，植物的叶级较好识别，大多数文献是针对乔木或乔木层树种进行叶级谱的分析，少数文献针对群落中所有物种。我们筛选了一些对乔木层树种叶级谱分析的文献，进行了叶级谱比较（表 7.3）。

云南的热带季节性雨林叶级谱与广西的热带季节性雨林（包括石灰岩和酸性土山）比较接近，它们的大叶、中叶合计占 70% 以上，但相对来说，广西石灰岩季节性雨林的小叶比例偏高，这可能是它既受季节性干旱、热量不足的影响，又受基质干旱的影响。相比之下，亚热带常绿阔叶林的小叶比例更高，例如，福建三明的中亚热带常绿阔叶林（赤枝栲林）小叶比例可达 38.7%。

（3）叶质、叶缘、叶型谱的比较

叶质、叶缘、叶型谱也是森林群落重要的生态特征，不同的植被类型之间差异明显，但在相近的植被类型或同一植被类型的不同亚型、不同群系间差异不很大。叶质的标准由于不好掌握，即使是同一种植被类型不同的人统计也可能差异

表 7.3 云南南部热带季节性雨林与中国热带北缘-亚热带地区代表森林叶级谱的比较

Table 7.3 Comparison of leaf size spectrums between the tropical seasonal rain forest in southern Yunnan and representative forests from the northern tropical-subtropical areas of China

代表性森林 Representative forest[*]	A	B	C	D	E	F	G	H
叶级 Leaf size	种数百分比 Species percentage (%)[**]	种数百分比 Species percentage (%)	种数百分比 Species percentage (%)	种数百分比 Species percentage (%)	种数百分比 Species percentage (%)	种数百分比 Species percentage (%)	种数百分比 Species percentage (%)	种数百分比 Species percentage (%)
大叶 Macrophyll	8.9	2.7	12	4.5	4	1.3	6	0
中叶 Mesophyll	74.1	73	68	64.5	62	64	57.1	54.8
小叶 Microphyll	16.1	24.3	20	28.3	31	34.7	29.8	38.7
微叶 Nanophyll	0	0	0	2.7	3	0	7.1	6.5

*A. 云南南部龙脑香季节雨林（Dipterocarp seasonal rain forest, southern Yunnan）；B. 广西弄岗石灰岩季节雨林（Seasonal rain forest on limestone, Nonggang, Guangxi）（苏宗明等，1988）；C. 广西酸性土山季节雨林（Seasonal rain forest on acid soil, Xichou, SE Yunnan）（王献溥和胡舜士，1982）；D. 云南东南部西畴南亚热带常绿阔叶林（South subtropical evergreen broad-leaved forest, Xichou, SE Yunnan）；E. 香港南亚热带常绿阔叶林（South subtropical evergreen broad-leaved forest, Hongkong）（王伯荪等，1987）；F. 粤东南亚热带常绿阔叶林（South subtropical evergreen broad-leaved forest, E Guangdong）（阿道泉等，1995）；G. 粤北亚热带常绿阔叶林（Subtropical evergreen broad-leaved forest, N Guangdong）（张金泉，1993）；H. 福建三明典型亚热带常绿阔叶林（Typical subtropical evergreen broad-leaved forest, Sanming, Fujian）（林鹏和丘喜昭，1986）

** 表中数字为叶级种数百分比（The numbers in the table are the species percentage in different leaf sizes）

较大。例如，广西弄岗石灰岩季节性雨林，按苏宗明等（1988）的统计，革质叶占 75.7%，而按胡舜士和王献溥（1980）的统计，则占 52%～60%。叶缘和叶型的统计相对要可靠一些。

云南的热带季节性雨林的全缘、复叶比例较广西石灰岩季节性雨林高，而在南亚热带常绿阔叶林，非全缘叶和单叶的比例显著较高（表 7.4）。

表 7.4　云南南部热带季节性雨林与中国热带北缘-亚热带地区代表性森林叶缘、叶型的比较

Table 7.4　Comparison of leaf margin and leaf type of the tropical seasonal rain forest in southern Yunnan and representative forests from the northern tropical-subtropical areas in China

森林类型 Forest type	叶缘 Leaf margin		叶型 Leaf type	
	全缘 Entire（%）	非全缘 Non-entire（%）	单叶 Simple（%）	复叶 Compound（%）
云南南部龙脑香季节性热带雨林 Dipterocarp seasonal rain forest , southern Yunnan	80	20	78.6	21.4
广西弄岗石灰岩季节性雨林 [1] Limestone seasonal rain forest, Nonggang, Guangxi	64.9	35.1	85.4	15.6
福建和溪亚热带雨林 [2] Subtropical rain forest, Hexi, Fujian	67.1	32.9	81.9	18.1
粤东南亚热带常绿阔叶林 [3] South subtropical evergreen broad-leaved forest, eastern Guangdong	61.5	38.5	96	4
粤北亚热带常绿阔叶林 [4] Subtropical evergreen broad-leaved forest, northern Guangdong	60.7	39.9	90.5	9.5
粤西南亚热带常绿阔叶林 [5] South subtropical evergreen broad-leaved forest, western Guangdong	70.7	29.3	89.9	10.1
贵州南亚热带石灰岩常绿阔叶林 [6] South subtropical limestone evergreen broad-leaved forest, Guizhou	—	—	87.8	12.8
福建典型亚热带常绿阔叶林 [7] Typical subtropical evergreen broad-leaved forest, Fujian	63.5	36.5	89.6	10.4
贵州亚热带山地常绿阔叶林 [8] Subtropical montane evergreen broad-leaved forest, Guizhou	43.9	56.1	91.6	8.4

[1] 苏宗明等，1988；[2] 林鹏和丘嘉昭，1987；[3] 何道泉等，1995；[4] 张金泉，1993；[5] 王伯荪等，1987；[6] 朱守谦，1993；[7] 林鹏和丘嘉昭，1986；[8] 朱守谦和杨业勤，1985

7.2 与海南热带雨林生态外貌特征的比较

海南具有热带雨林，很受关注，为此建立了海南热带雨林国家公园。我们将海南的热带森林植被与云南的热带雨林单独进行了比较。

海南的热带森林植被研究开始比较早，发表的论文也较多。然而，因研究的人较多，不同的人研究的深浅和范围不一样，对海南热带森林的描述和植被类型的划分、称谓差异较大。例如，《广东植被》（广东植物研究所，1976）把海南的主要热带常绿森林植被分为热带雨林（tropical rain forest）和热带季雨林（tropical monsoon forest）两个植被类型，并把海南热带山地的雨林称为山地雨林（montane rain forest），作为与热带（低地）雨林区别的另一植被型。《广东植被》（广东植物研究所，1976）、胡婉仪（1985）、黄全等（1986）把海南低地的非热带雨林的常绿林称为热带常绿季雨林（tropical evergreen monsoon forest），作为与热带雨林不同的一个植被型，这在一定程度上引起了混淆。蒋有绪等（1998）把海南低地的大多数热带常绿林也划归为热带常绿季雨林。胡玉佳和李玉杏（1992）研究了海南的热带常绿森林，把海拔900m以下地区的热带常绿林称为低地雨林（lowland rain forest），把海拔600~1300m山地区的热带常绿林称为山地雨林，这种分类较接近Richards（1952）的经典热带雨林分类（朱华和周虹霞，2002；Zhu，2017a）。海南的热带森林在命名、类型划分和典型性方面有较多争议，也引起了混淆（杨小波等，2021）。由于海南热带森林植被分类一直存在争议，在海南是否存在真正意义的热带低地雨林就是一个问题。

云南南部和海南具有不同的地质历史，比较它们的异同及与亚洲热带雨林的关系，无疑对阐明上述问题和在我国热带雨林生物多样性保护研究中，以及在中国植被地理和植物区系地理研究中有较高的参考价值。

（1）群落垂直结构特征的比较

与海南文献中的所谓热带湿润雨林、常绿季雨林、山地雨林（广东植物研究所，1976）群落垂直结构特征的比较见表7.5。

在垂直结构特征上，云南南部的热带季节性雨林与海南的热带湿润雨林最接近，其次是海南的热带常绿季雨林，而与山地雨林的差异较大。海南的湿润雨林，也称沟谷雨林，被认为是最接近赤道热带雨林的类型。比较显示，云南南部的热带季节性雨林，特别是其中的龙脑香热带季节性雨林在群落结构上与它最接近，应属于同类型的植被。从群落结构特征看，海南存在真正意义的热带低地雨林。

表 7.5　云南热带季节性雨林与海南热带森林群落结构特征的比较

Table 7.5　Comparison of forest profiles between the tropical seasonal rain forest in Yunnan and the tropical forests in Hainan

森林类型 Forest type	海拔 Altitude （m）	乔木分层 Tree stratification	乔木下层高度 Height of lower tree layer (m)	树冠 Crown	乔木中层高 Height of middle tree layer (m)	树冠 Crown	乔木上层高度 Height of upper tree layer (A)（m）	树冠 Crown	林冠构成 Canopy composition	散生巨树 Emergent tree
云南热带季节性雨林 Tropical seasonal rain forest, Yunnan	600~900	不明显	6~20	连续	18~30	连续	30~60	不连续	乔木中层+下层	常见
海南热带湿润雨林 * Tropical wet rain forest, Hainan	<500	不明显	6~15	连续	15~25	连续	25~40	不连续	乔木中层+下层	稀少
海南热带常绿季雨林 * Tropical evergreen monsoon forest, Hainan	<500	不明显	5~8	连续	9~18	连续	18~25	不连续	乔木中层+下层	稀少或无
海南热带山地雨林 * Tropical montane rain forest, Hainan	>600	明显	3~10	不连续	10~18	不连续	25~30	连续	乔木上层	无

* 引自广东植物研究所，1976

（2）生活型谱的比较

海南热带森林的生活型谱，同样因划分归类标准不同及物种统计资料的详略不同，同一植被类型结果差异大。根据筛选，将具有一定可比性的资料（蒋有绪等，1998；胡玉佳，1982；胡玉佳和李玉杏，1992；陈红锋等，2005）与云南南部的热带季节性雨林群落生活型谱进行了比较（表7.6）。

与海南的各热带森林相比，云南的热带季节性雨林藤本植物比例相对较高，大高位芽植物的比例也相对较高。兰国玉等（2010）比较了3600m²取样面积上云南南部的龙脑香林（望天树林）和海南霸王岭的龙脑香林（青梅林）的生活型谱，从比较中看，海南的龙脑香林缺少大高位芽植物。云南龙脑香林的大、中高位芽植物中有一定比例的落叶树种，海南霸王岭的龙脑香林群落的中高位芽植物中落叶树种占群落总种数的4.26%（兰国玉等，2010）。海南霸王岭的龙脑香林体现出具有热带季节性雨林的特征，它与云南的龙脑香季节性雨林很接近。

除山地雨林外，与海南的低地常绿季雨林相比，云南的热带季节性雨林中附生植物、草本高位芽植物和地上芽植物比例较高。

（3）叶级谱的比较

云南热带季节性雨林与海南热带森林群落叶级谱的比较见表7.7。云南热带季节性雨林的叶级谱与海南一些文献中的热带森林，如霸王岭低海拔的龙脑香雨林（兰国玉等，2010），铜铁岭热带低地雨林（陈红锋等，2005），以及尖峰岭的热带山地雨林（黄全等，1986）较接近，它们的中叶和大叶合计占80%以上，海南六连岭的所谓沟谷湿润雨林（低地热带雨林的一种类型）叶级谱的中叶比例高达88.3%（广东植物研究所，1976），这些都符合热带雨林叶级谱的一般特征。

海南所谓的常绿季雨林，包括了以龙脑香科植物青皮（青梅）占优势的群落，不同文献中的叶级谱统计差异较大，如无翼坡垒林按胡玉佳（1982）的统计小叶占53.6%；低地龙脑香林按胡玉佳和李玉杏（1992）的统计小叶占41.4%，但按蒋有绪等（1998）和黄全等（1986）的统计小叶分别占14.5%和13.4%，《广东植被》（1976）中小叶则占28.6%。海南热带森林，特别是所谓的常绿季雨林，文献中反映的数据差异较大。

尽管对海南龙脑香林叶级谱的统计差异大，但一些文献，如兰国玉等（2010）对海南霸王岭的龙脑香林（青梅林）3600m²取样面积上所有生活型植物的叶级谱统计显示，大叶占18.1%，中叶占67%，小叶占13.8%，与云南南部的龙脑香热带季节性雨林比较接近，云南的龙脑香热带季节性雨林按所有生活型植物统计，大叶占7.2%，中叶占67.5%，小叶占23%（朱华，1992）。

文献中对海南山地雨林的统计差异也较大，根据黄全等（1986），海南尖峰岭

表 7.6　云南热带雨林与海南热带森林生活型谱的比较

Table 7.6　Comparison of life form spectra between the tropical rain forests in Yunnan and the tropical forests in Hainan

森林类型 Forest type	生活型 Life form	附生植物 Epiphyte plants	藤本植物 Liana plants	大高位芽 Megaph.	中高位芽 Mesoph.	小高位芽 Microph.	矮高位芽 Nanoph.	草本高位芽 H.Ph.	地上芽 Ch	地面芽 H	地下芽 G
龙脑香季节性雨林，云南南部 Dipterocarp seasonal rain forest, southern Yunnan	种数百分比 Species percentage (%)	8.3	20.3	7.2	27.1	12.1	8.3	4.2	7.5	0	1.9
沟谷季节雨林，云南南部 Ravine seasonal rain forest, southern Yunnan	种数百分比 Species percentage (%)	10.9	18.2	6.7	26.7	13.3	7.9	6.7	9.1	0	0.6
低丘季节性雨林，云南南部 Lower hill seasonal rain forest, southern Yunnan	种数百分比 Species percentage (%)	4.0	18.3	9.7	28	15.4	9.7	4.6	8.6	0	1.9
季节性雨林，云南东南部 Seasonal rain forest, southeastern Yunnan	种数百分比 Species percentage (%)	6.6	15.1	4.8	27.1	12.6	11.4	13.8	6.0	0	1.8
海南龙脑香雨林[3] Dipterocarp rain forest, Hainan	种数百分比 Species percentage (%)	0	6.3	7.3	37.5	33.3	12.5	0	0	2.1	1.1
海南铜铁岭热带低地雨林[4] Tropical lowland rain forest in Tongtieling, Hainan	种数百分比 Species percentage (%)	1.6	20.5	0	24.3	30.23	14.3	—	6.2	—	1.9
海南热带常绿季雨林[1] Tropical evergreen monsoon forest, Hainan	种数百分比 Species percentage (%)	1.2	21.7	1.2	28.9	39.8	7.2	0	0	0	0
海南尖峰岭热带山地雨林[1] Tropical montane rain forest, Jianfengling, Hainan	种数百分比 Species percentage (%)	5.4	13.3	3	46.4	21.1	10.2	0	0	0.6	0
海南霸王岭热带山地雨林[2] Tropical montane rain forest, Bawangling, Hainan	种数百分比 Species percentage (%)	5.5	11.2	11.8	35.8	19.7	7.7	0	4.5	3.1	1.7

[1] 蒋有绪等，1998；[2] 胡玉佳和李玉杏，1992；[3] 胡玉佳，1982；[4] 陈红锋等，2005

表 7.7　云南热带季节性雨林与海南热带森林群落叶级谱的比较

Table 7.7　Comparison of life size spectrums between the tropical seasonal rain forests in Yunnan and the tropical forests in Hainan

森林类型 Forest type[*]	A	B	C	D	E	F
叶级 leaf size	种数百分比 Species percentage（%）[**]	种数百分比 Species percentage（%）	种数百分比 Species percentage（%）	种数百分比 Species percentage（%）	种数百分比 Species percentage（%）	种数百分比 Species percentage（%）
大叶 Macrophyll	8.9	6.5	15.9	5.5	18.1	12
中叶 Mesophyll	74.1	74.2	64.7	56.8	67	70.7
小叶 Microphyll	16.1	19.4	16.3	28.6	13.8	16.2
微叶 Nanophyll	0	0	0.4	9.1	0	0.6

*A. 云南南部沟谷雨林（Ravine rain forest, S Yunnan）（乔木+灌木 Tree+shrub）；B. 云南南部低丘雨林（Lower hill rain forest, S Yunnan）（乔木+灌木 Tree+Shrub）；C. 海南铜铁岭热带低地雨林（Tropical lowland rain forest, Tongtieling, Hainan）（所有生活型 All life forms）（陈红锋等，2005）；D. 海南尖峰岭热带常绿季雨林（Tropical evergreen monsoon forest, Jianfengling, Hainan）（广东植物研究所，1976）；E. 海南霸王岭龙脑香雨林（Dipterocarp rain forest, Bawangling, Hainan）（所有生活型 All life forms）（兰国玉等，2010）；F. 海南尖峰岭热带山地雨林（Tropical montane rain forest, Jianfengling, Hainan）（黄全等，1986）

** 表中数字为叶级种数百分比（The numbers in the table are the species percentage in different leaf sizes）

热带山地雨林的小叶占 16.2%，而胡玉佳和李玉杏（1992）的统计中霸王岭热带山地雨林的小叶占 41.1%。因此，对海南热带雨林、常绿季雨林的类型及界定仍需深入研究，关于海南热带森林的分类问题，详见朱华和谭运洪（2023）。

（4）叶质、叶缘、叶型谱的比较

因叶质判定标准的差异，叶质谱在同一种植被类型不同文献中的统计差异较大。例如，同是海南尖峰岭，热带常绿季雨林的叶质谱按黄全等（1986）的统计，革质（包括厚革质）叶占 57.8%，按胡婉仪（1985）的统计，革质叶占 82%；同样，海南山地雨林叶质谱按黄全等（1986）的统计革质叶占 56.2%，而按胡婉仪统计也占 82%，相差近 30%。叶缘和叶型虽标准清楚，但因统计的种数不一样，结论也不一样。如黄全等（1986）、胡婉仪（1985）和 Hu（1997）的统计结果差异亦较大。因此，在做叶质、叶缘、叶型谱的比较时，尽可能用类似统计标准的文献。

我们筛选了一些海南热带植被的被认为具有一定可比性的文献与云南热带季节性雨林进行了比较，见表 7.8。云南热带季节性雨林在叶质、叶缘、叶型谱上与所比较的这几个文献中的海南热带森林是类似的。

总的来说，与海南各种热带森林植被相比，云南的热带季节性雨林具有最接近海南低地湿润雨林的群落垂直结构和生态外貌特征。

表 7.8　云南热带雨林与海南热带森林叶质、叶缘、叶型谱的比较

Table 7.8　Comparison of leaf texture, leaf margin and leaf type spectra between the tropical rain forests in Yunnan and the tropical forests in Hainan

森林类型 Forest type	叶质 Leaf texture		叶缘 Leaf margin		叶型 Leaf type	
	革质 （包含肉质） Leath. （including succulent） （%）	纸质 （包含膜质） Pap.（including membranous） （%）	全缘 Ent. （%）	非全缘 Non- ent. （%）	单叶 Simp. （%）	复叶 Comp. （%）
云南南部热带季节性雨林 Tropical seasonal rain forest, southern Yunnan	45.5	54.5	80	20	78.6	21.4
海南铜铁岭热带低地雨林[4] Tropical lowland rain forest, Tongtieling，Hainan	59.3	40.7	76.7	23.3	88.4	11.6
海南龙脑香雨林[3] Dipterocarp rain forest, Hainan	53.2	46.8	92.5	7.5	76.4	23.6
海南尖峰岭热带常绿季雨林[1] Tropical evergreen monsoon forest, Jianfengling, Hainan	57.8	42.2	84.8	15.2	81.5	18.5
海南尖峰岭热带山地雨林[2] Tropical montane rain forest, Jianfengling, Hainan	56.2	43.8	80.7	19.3	76.1	23.9

[1,2] 黄全等，1986；[3] 兰国玉等，2010；[4] 陈红锋等，2005

7.3　与中国东南部的热带雨林、南亚热带常绿阔叶林物种丰富度和植物区系的比较

在较小的取样面积群落比较上，云南的各热带雨林群系单位面积物种多样性比较一致，但中国其他热带地区，可能因调查人员对物种识别的差异，出现较多不一样的数据。例如，云南的热带季节性雨林在 2500m² 和 5000m² 取样面积上胸径 5cm 以上的乔木分别有 55～60 和 80 多种（朱华等，1998b）。海南六连岭低地热带雨林 2500m² 面积上有胸径 4cm 以上乔木 52 种（广东植物研究所，1976），海南龙脑香雨林 2000m² 面积上平均有高 1.5m 以上乔木 96 种（Hu，1997），海南热带山地雨林 2500m² 面积上有高 1.5m 以上乔木 71～125 种（彭少麟，1996），5000m² 面积上有胸径 5cm 以上乔木 114～118 种（安树青等，1999；王峥峰等，

1999）。如果这些数据反映了实际情况，则云南热带季节性雨林的物种多样性在小的取样面积（如 2500m²）上要比海南热带雨林的低（朱华和周虹霞，2002）。

在大的取样面积，即永久定位样地的比较上，情况则相反。云南南部龙脑香热带季节性雨林 20hm² 永久样地记录到径级＞1cm 的木本植物 468 种（兰国玉等，2008；Lan et al.，2012），广西弄岗北热带喀斯特季节性雨林 15hm² 样地记录到径级＞1cm 的木本植物 223 种（王斌等，2014），广东鼎湖山南亚热带常绿阔叶林 20hm² 永久样地记录到径级＞1cm 的木本植物 210 种（叶万辉等，2008），而海南热带山地雨林 60hm² 永久样地记录到径级＞1cm 的木本植物 290 种（许涵等，2015）。在＞10cm 径级上，云南南部样地记录到 339 种，海南样地记录到 236 种。这又显示，云南南部的热带季节性雨林在较大的取样面积上，有更大的物种丰富度（表 7.9）。

在群落乔木层重要值较大的科的比较上（表 7.10），云南南部的热带季节性雨林以典型热带和热带性强的科为重要值大的科，广西弄岗北热带喀斯特季节性雨林也主要以热带分布但分布区扩展到亚热带地区的科具有较大重要值，南亚热带常绿阔叶林以热带分布但分布区扩展到亚热带地区的科及以亚热带分布为主的科共同占优势，而海南热带山地雨林除热带分布科外，主要是亚热带甚至温带分布的科，如壳斗科、榆科、山矾科、山茶科、木兰科都在重要值大的前 10 个科之列。

在群落乔木层含种数较多的科的比较上（表 7.11），云南和广西的热带季节性雨林主要是热带分布但分布区扩展到亚热带地区的科占优势，而广东的南亚热带常绿阔叶林和海南热带山地雨林除热带分布科外，还有亚热带至温带分布的科在优势科之列。

在乔木属分布区类型的比较上（表 7.12），云南南部的热带季节性雨林不但热带分布属比例最高，达 94.2%，其热带亚洲分布属比例也最高，达 42.3%，广西的热带季节性雨林和海南热带山地雨林仍以热带亚洲分布属在各分布区类型中比例最高，而广东的南亚热带常绿阔叶林则以泛热带分布属比例最高，这反映了云南南部的热带季节性雨林具有最强的热带亚洲亲缘或特征。

7.4 小　结

与中国南部热带北缘的热带森林和南亚热带常绿阔叶林植被相比，云南的热带季节性雨林在群落结构特征和生态外貌上，接近海南的所谓沟谷湿润雨林和广西的热带季节性雨林。广西石灰岩季节性雨林不仅受季节性干旱及冬季低温的影响，也受基质干旱的影响，乔木上层散生巨树较少，乔木各亚层的树种中都有一定比例的落叶成分，小叶比例，革质、非全缘叶和单叶的比例均较高，偏于向南

表 7.9　云南热带雨林与中国南部热带 - 亚热带森林不同径级乔木种数的比较

Table 7.9　Comparison of the number of species in different DBH classes between the tropical rain forest in Yunnan and the tropical-subtropical forests in southern China

森林类型 Forest type	位置 Location	海拔 Alt. (m)	面积 Area (hm²)	径级 DBH classes				
				>1cm	>10cm	>20cm	>30cm	>40cm
云南南部龙脑香季节性雨林 [1] Dipterocarp seasonal rain forest, southern Yunnan	21°36'N 101°34'E	709～869	20	468*	339	227	215	—
广西弄岗北热带喀斯特季节性雨林 [2] Northern tropical karst seasonal rain forest, Nonggang, Guangxi	22°25'N 106°57'E	180～370	15	223	—	—	—	—
广东鼎湖山南亚热带常绿阔叶林 [3] Southern subtropical evergreen broad-leaved forest, Dinghushan, Guangdong	23°09'N 112°30'E	230～470	20	210	—	—	—	—
海南热带山地雨林 [4] Tropical montane rain forest, Hainan	18°20'～18°57'N 108°41'～109°12'E	866.3～1016.7	60	290	236	206	—	130

* 种数 No. of species。[1]Lan et al., 2012; [2]王斌等，2014; [3]叶万辉等，2008; [4]许涵等，2015

表7.10 云南热带雨林与中国南部热带-亚热带森林乔木层重要值较大的科的比较

Table 7.10 Comparison of the families with higher IVI between the tropical rain forest in Yunnan and the tropical-subtropical forests in southern China

云南南部龙脑香季节性雨林[1] Dipterocarp seasonal rain forest, southern Yunnan		广西弄岗北热带喀斯特季节性雨林[2] Northern tropical karst seasonal rain forest, Nonggang, Guangxi		广东鼎湖山南亚热带常绿阔叶林[3] Southern subtropical evergreen broad-leaved forest, Dinghushan, Guangdong		海南热带山地雨林[4] Tropical montane rain forest, Hainan	
植物科名 Family name	重要值 IVI	植物科名 Family name	重要值 IVI	植物科名 Family name	相对多度 Indiv. (%)	植物科名 Family name	重要值 IVI
茶茱萸科 Icacinaceae	27.88	大戟科 Euphorbiaceae	19.78	樟科 Lauraceae	19.64	樟科 Lauraceae	13.78
樟科 Lauraceae	27.43	马鞭草科 Verbenaceae	8.67	桃金娘科 Myrtaceae	11.52	壳斗科 Fagaceae	9.02
大戟科 Euphorbiaceae	25.51	梧桐科 Sterculiaceae	8.62	茜草科 Rubiaceae	11.20	茜草科 Rubiaceae	6.37
龙脑香科 Dipterocarpaceae	22.11	桑科 Moraceae	6.36	野牡丹科 Melastomataceae	7.54	棕榈科 Arecaceae	5.31
壳斗科 Fagaceae	17.90	椴树科 Tiliaceae	4.63	大戟科 Euphorbiaceae	7.14	榆科 Ulmaceae	3.56
桑科 Moraceae	15.36	茜草科 Rubiaceae	3.35	杜鹃花科 Ericaceae	6.79	山矾科 Symplocaceae	3.32
茜草科 Rubiaceae	13.74	楝科 Meliaceae	3.24	紫金牛科 Myrsinaceae	6.22	山茶科 Theaceae	3.12
番荔枝科 Annonaceae	12.62	番荔枝科 Annonaceae	2.44	山茶科 Theaceae	4.22	大戟科 Euphorbiaceae	2.81
楝科 Meliaceae	11.78	无患子科 Sapindaceae	2.53	蝶形花科 Papilionaceae	3.09	木兰科 Magnoliaceae	2.69
杜英科 Elaeocarpaceae	11.78	蝶形花科 Papilionaceae	2.46	壳斗科 Fagaceae	3.64	无患子科 Sapindaceae	2.65
		柿树科 Ebenaceae	2.36			紫金牛科 Myrsinaceae	2.55
		紫葳科 Bignoniaceae	2.03			桃金娘科 Myrtaceae	2.47
						野牡丹科 Melastomataceae	2.37
						远志科 Polygalaceae	2.21
						冬青科 Aquifoliaceae	2.17

[1] 兰国玉等, 2008; [2] 王斌等, 2014; [3] 叶万辉等, 2008 该文献没有计算重要值, 此处用相对多度也能在一定程度上反映各科的重要程度; [4] 许涵等, 2015

表 7.11　云南热带雨林与中国南部热带-亚热带森林乔木层含种数较多的科的比较

Table 7.11　Comparison of the families with most species-richness between the tropical rain forest in Yunnan and the tropical-subtropical forests in southern China

云南南部龙脑香季节性雨林[1] Dipterocarp seasonal rain forest, southern Yunnan 样地面积 Plot size: 20hm² 乔木树种 (DBH≥1cm): 468 种		广西弄岗北热带喀斯特季节性雨林[2] Northern tropical karst seasonal rain forest, Nonggang, Guangxi 样地面积 Plot size: 15hm² 乔木树种 (DBH≥1cm): 223 种		广东鼎湖山南亚热带常绿阔叶林[3] Southern subtropical evergreen broad-leaved forest, Dinghushan, Guangdong 样地面积 Plot size: 20hm² 乔木树种 (DBH≥1cm): 210 种		海南热带山地雨林[4] Tropical montane rain forest, Hainan 样地面积 Plot size: 1hm² 乔木树种 (DBH≥5cm): 171 种	
植物科名 Family name	种数百分比 Percentage of species (%)	植物科名 Family name	种数百分比 Percentage of species (%)	植物科名 Family name	种数百分比 Percentage of species (%)	植物科名 Family name	种数百分比 Percentage of species (%)
樟科 Lauraceae	11.11	大戟科 Euphorbiaceae	16.14	樟科 Lauraceae	10.0	樟科 Lauraceae	16.96
大戟科 Euphorbiaceae	8.13	桑科 Moraceae	8.07	大戟科 Euphorbiaceae	9.52	壳斗科 Fagaceae	13.45
桑科 Moraceae	6.41	茜草科 Rubiaceae	4.93	茜草科 Rubiaceae	6.67	桃金娘科 Myrtaceae	5.26
茜草科 Rubiaceae	5.98	豆科 Leguminosae	5.38	桑科 Moraceae	5.23	山矾科 Symplocaceae	4.09
楝科 Meliaceae	5.34	马鞭草科 Verbenaceae	4.04	山茶科 Theaceae	4.29	茜草科 Rubiaceae	3.51
豆科 Leguminosae	4.06	楝科 Meliaceae	4.04	桃金娘科 Myrtaceae	4.29	大戟科 Euphorbiaceae	2.92
杜英科 Elaeocarpaceae	3.63	樟科 Lauraceae	3.12	冬青科 Aquifoliaceae	3.81	木犀科 Oleaceae	2.92
番荔枝科 Annonaceae	3.21	漆树科 Anacardiaceae	3.12	杜鹃花科 Ericaceae	3.81	山茶科 Theaceae	2.92
壳斗科 Fagaceae	2.99	番荔枝科 Annonaceae	3.12	杜英科 Elaeocarpaceae	2.86	冬青科 Aquifoliaceae	2.92
桃金娘科 Myrtaceae	2.99	无患子科 Sapindaceae	3.12	蝶形花科 Papilionaceae	2.38	芸香科 Rutaceae	2.92
		紫葳科 Bignoniaceae	2.69			楝科 Meliaceae	2.92
		芸香科 Rutaceae	2.69			木兰科 Magnoliaceae	2.34
		梧桐科 Sterculiaceae	2.24			杜英科 Elaeocarpaceae	2.34
		榆科 Ulmaceae	2.24			蔷薇科 Rosaceae	2.34
		柿树科 Ebenaceae	1.79			蝶形花科 Papilionaceae	1.75

[1]Lan et al., 2012; [2]王斌等, 2016; [3]叶万辉等, 2008; [4]方精云等, 2004

230 | 云南热带雨林的群落生态学与生物地理学研究

表 7.12 云南热带雨林与中国南部热带-亚热带森林乔木属分布区类型的比较

Table 7.12 Comparison of areal-types of genera between the tropical rain forest in Yunnan and the tropical-subtropical forests in southern China

属分布区类型 Areal-type of genera	云南南部龙脑香季节性雨林[1] Dipterocarp seasonal rain forest, southern Yunnan 属数(No. genera): 340 占总属数比例 Percentage of genera (%)	广西弄岗北热带喀斯特季节性雨林[2] Northern tropical karst seasonal rain forest, Nonggang, Guangxi 属数(No. genera): 157 占总属数比例 Percentage of genera (%)	广东鼎湖山南亚热带常绿阔叶林[3] Southern subtropical evergreen broad-leaved forest, Dinghushan, Guangdong 属数(No. genera): 119 占总属数比例 Percentage of genera (%)	海南热带山地雨林[4] Tropical montane rain forest, Hainan 属数(No. genera): 154 占总属数比例 Percentage of genera (%)
1. 世界分布 Cosmopolitan	—	1.27	—	0.64
2. 泛热带分布 Pantropic	19.6	22.93	31.09	22.73
3. 热带亚洲至热带美洲间断分布 Tropical Asia and tropical America disjuncted	4.2	3.82	4.20	5.19
4. 旧世界热带分布 Old world tropic	14.0	14.65	15.12	13.64
5. 热带亚洲至大洋洲分布 Tropical Asia to tropical Australasia	9.3	11.46	8.40	11.69
6. 热带亚洲至热带非洲分布 Tropical Asia to tropical Africa	4.8	5.73	6.27	3.90
7. 热带亚洲分布 Tropical Asia	42.3	28.66	24.37	31.82
热带成分合计 Total tropical elements	(94.2)	(87.25)	(89.45)	(88.97)
8. 北温带分布 North temperate	1.8	3.18	2.52	1.95
9. 东亚和北美间断分布 East Asia and north America disjuncted	1.8	4.46	4.20	5.84

续表

属分布类型 Areal-type of genera	云南南部龙脑香季节性雨林[1] Dipterocarp seasonal rain forest, southern Yunnan 属数（No. genera）: 340 占总属数比例 Percentage of genera（%）	广西弄岗北热带喀斯特季节性雨林[2] Northern tropical karst seasonal rain forest, Nonggang, Guangxi 属数（No. genera）: 157 占总属数比例 Percentage of genera（%）	广东鼎湖山南亚热带常绿阔叶林[3] Southern subtropical evergreen broad-leaved forest, Dinghushan, Guangdong 属数（No. genera）: 119 占总属数比例 Percentage of genera（%）	海南热带山地雨林[4] Tropical montane rain forest, Hainan 属数（No. genera）: 154 占总属数比例 Percentage of genera（%）
10. 旧世界温带分布 Old world temperate	0.3	0	0	0
11. 温带亚洲分布 Temperate Asia	0	0.6	0	0
12. 地中海、西亚至中亚分布 Mediterranean, west Asia to central Asia	0.3	0.6	0	0.64
13. 中亚分布 Central Asia	0	0	0	0
14. 东亚分布 East Asia	1.5	2.55	3.36	1.95
15. 中国特有分布 Endemic to China	0.3	0	0	0.64
温带成分合计 Total temperate elements	（6.0）	（11.39）	（10.08）	（10.02）
总计 Total	100	100	100	100

[1] 朱华, 1993b; [2] 王斌等, 2008; [3] 叶万辉等, 2014; [4] 许涵等, 2015; [1,3] 世界分布属未计

亚热带森林过渡，显然是位于热带-亚热带常绿森林群落交错区（朱华和 Ashton，2021）。南亚热带常绿阔叶林没有大高位芽植物，缺乏散生巨树，林冠趋于平整，通常具有更多的矮高位芽植物（灌木）和更少比例的藤本植物及附生植物。海南的常绿季雨林群落高度明显较矮，小叶比例通常较高，革质叶比例亦较高，群落具有一定的旱生特点。海南的山地雨林是热带雨林在山地垂直带上的变型，生态外貌特征的各项指标比较接近低地雨林。云南的热带季节性雨林群落高大，分层不明显，通常乔木中层为主要的林冠层，散生巨树常见，具有低地热带雨林的结构特征；生活型谱中的大、中高位芽植物相对较多；乔木以中叶、纸质、全缘和复叶比例较高为特征。

云南南部的龙脑香热带季节性雨林的群落高度最大，结构最复杂，有明显的散生巨树，雨林特征突出，种类组成丰富，具有显著的热带亚洲植物区系特点。

第 8 章　云南热带雨林的生物地理分异

云南的热带雨林在西南部、南部与东南部有明显的植物区系分异。云南东南部的热带雨林植物区系，虽然仍以热带亚洲成分比例最高，但它具有种数相对丰富的亚热带、温带科，如木兰科（Magnoliaceae）、山茶科（Theaceae）、山茱萸科（Cornaceae）、山矾科（Symplocaceae）、忍冬科（Caprifoliaceae）、冬青科（Aquifoliaceae）等以及一些东亚和喜马拉雅的特征科，如岩梅科（Diapensiaceae）、十齿花科（Dipentodontaceae）、领春木科（Eupteleaceae）、茶藨子科（Grossulariaceae）等的物种，尽管它们主要分布在紧邻热带雨林群落分布的沟谷山地，但从植物区系角度，显示了它们与东亚植物区系渊源上的联系（Zhu & Yan，2009）。在科层面，中国云南东南部、广西西南部和贵州南部，以及越南北部特有单种科马尾树科（Rhoipteleaceae）、寡种科鞘柄木科（Toricelliaceae）（仅含 2 种），均为东亚特有科，它们存在于云南东南部热带雨林区域，但在云南南部、西南部未见。在云南南部、西南部热带雨林区域，却有单种科节蒴木科（Borthwickiaceae），该科仅有节蒴木（*Borthwickia trifoliata*）1 种，局限分布在缅甸中东部至中国云南西南部、南部（Su et al.，2012）。在属层面，在云南东南部的热带雨林分布区域及其山地，有 349 属未见于云南南部热带雨林地区，包括 57 个东亚分布属、53 个北温带分布属、2 个中国特有分布属及 17 个东亚-北美间断分布属（Zhu，2013）。例如，穗花杉属（*Amentotaxus*）为东亚分布属，从越南、中国云南东南部分布到中国东部地区；十齿花属（*Dipentodon*）为中国-喜马拉雅分布属。有些属仅分布于云南东南部、广西西南部，或也到贵州南部、广东等，以及越南北部，如单种属任豆属（*Zenia*），分布于中国云南东南部、广西西南部、广东，以及越南北部；寡种属鼠皮树属（*Rhamnoneuron*）2 种，其中 1 种分布于越南，1 种分布于中国云南东南部和越南北部；梭子果属（*Eberhardtia*）2 种，分布于中国东南部及越南和老挝，在云南东南部热带雨林中有 2 种；棱果树属（*Pavieasia*）3 种，分布于中国东南部及越南北部，其中 2 种分布于云南东南部和广西西南部的热带雨林；仪花属（*Lysidice*）2 种，分布于中国南部和越南北部，是云南东南部热带雨林的优势树种；蒜头果属（*Malania*）1 种，云南东南部和广西西南部特有；半枫荷属（*Semiliquidambar*）3 种，中国亚热带特有分布；壳菜果属（*Mytilaria*）1 种，分布于中国东南部和越南；秀柱花属（*Eustigma*）3 种，分布于中国东南部和越南北部。新近发表的异齿豆属（*Ohashia*）分布于中国云南东南部、贵州南部、广西西部，以及越南北部（Zhang et al.，2021）。亦有部分热带亚洲分布属或热带亚洲-大洋洲分布属见于云南东南部的热带雨林，未见于云南南部，如琼榄属（*Gonocarym*）、东京桐属（*Deutzianthus*）、龙脑香属（*Dipterocarpus*）、坡垒属（*Hopea*）、无忧花属（*Saraca*）、细子龙属（*Amesiodendron*）、桄榔属（*Arenga*）、兰花蕉属（*Orchidantha*）、马蹄荷属（*Exbucklandia*）、红花荷属（*Rhodoleia*）、木花生属（*Madhuca*）、轴榈属（*Licuala*）等，有意思的是东京桐属、龙脑香属、无忧花属在云南西南部热带雨林中又出现。云南西南部和东南部有许多共有属，它们在云南南部没有出现，这一现象有生物地理学意义。

我们以古老的苏铁属植物为例来探讨云南南部和东南部的生物地理分异。云南东南部热带地区有苏铁属植物 6 种，云南南部仅有 2 种，它们在相当于云南李仙江的地方分界，云南东南部与南部之间无共有种，云南东南部与南部之间也是苏铁属植物 2 个组 sect. Stangorioides 与 sect. Indosinenses 的分界线（Hill, 2008；Hill et al., 2004），这一格局很清楚地显示了云南东南部与南部之间存在生物地理隔离。

云南南部与东南部热带地区的植物区系在属层面的相似性达 70%，但在种层面，相似性仅 39%（Zhu & Yan, 2002），尽管它们在属的各地理成分构成比例上比较接近，如云南南部植物区系中热带成分合计占 78.3%，其中热带亚洲成分占 30.2%，为最高比例的地理成分；云南东南部植物区系中热带成分合计占 68.8%，其中热带亚洲成分占 27.3%，也是最高比例。地理成分（分布区类型）相同，反映了地理属性相同，都被划归为热带植物区系（Wu &Wu, 1996），但同样的地理成分并非同样的属种，可能是由亲缘关系疏远的属种构成的，地理成分类似，并不反映它们有密切亲缘关系（朱华，2011b）。另外，有些虽是同一属，但在云南南部和东南部则为不同的种，如肿荚豆属（*Antheroporum*），它是一个大陆东南亚-中国南部分布属，包括 5 种，中国有 2 种，一种产自中国云南南部和泰国北部（粉叶肿荚豆 *Antheroporum glaucum*），另一种产自中国云南东南部、广西西南部、贵州南部，以及越南北部（肿荚豆 *Antheroporum harmandii*），这在种层面上也反映了云南南部与东南部的生物地理分异。

云南南部植物区系有 237 属，在云南东南部热带地区并没有发现，它们更多的是热带亚洲成分，如裸花属（*Gymnanthes*）、盾苞藤属（*Neuropeltis*）、蚁花属（*Mezzettiopsis*）、荷包果属（*Xantolis*）、歧序安息香属（*Bruinsmia*）等。

如果按照在植物区系分析上提出的科的代表性，即用该科植物在地区植物区系中的种数除以它在世界上的总种数，按数值大小排名，排名在前的被认为具有发生学或起源意义（张宏达，1962），在云南南部植物区系中，防己科（Menispermaceae）、楝科（Meliaceae）、姜科（Zingiberaceae）、夹竹桃科（Apocynaceae）、番荔枝科（Annonaceae）、芸香科（Rutaceae）、梧桐科（Sterculiaceae）、萝藦科（Asclepiadaceae）等有较强的代表性，它们均为泛热带分布科。在云南热带东南部植物区系中，则以东亚亚热带-温带植物区系的代表科为主，如木兰科、山茱萸科、菝葜科（Smilacaceae）、山茶科、安息香科（Styracaceae）、山矾科、忍冬科、冬青科、卫矛科（Celastraceae）、紫金牛科（Myrsinaceae）等。这种差异也意味着云南南部与热带东南部植物区系在起源背景上不同（朱华，2011b）。

云南南部与东南部热带地区具有类似的热带季风气候、热带雨林植被，依据植物区系地理成分（地理属性）在植物区系分区上共同被归为古热带植物区系，上述的这些显示出它们可能具有不同的起源背景和历程，这应归结为云南南部与东南部在地质历史上隶属于不同的地质板块：云南南部、西南部属于掸邦-泰国地质板块（Fortey & Cocks，1998；Feng et al.，2005；Metcalfe，2006；Lepvriere et al.，2008），而云南东南部主要隶属于中国华南地质板块或华南古陆，以致我们提出在它们之间存在生物地理分界（朱华，2011b；Zhu，2013）。

云南古地理图显示了云南南部与云南东南部之间有一个古深断裂，云南南部完全成为陆地环境的历史较晚，这与其受热带亚洲植物区系的渗透和影响更为强烈的结果相印证（云南地质矿产局，1995）。

在我们对云南热带地区植物区系的研究中，也注意到许多分布在云南东南部热带地区的种类，如中国无忧花（Saraca dives）、龙眼参（Lysidice rhodostegia）、细子龙（Amesiodendron chinense）、东京桐（Deutzianthus tonkinensis）、任豆（Zenia insignis）、金丝李（Garcinia paucinervis）等，它们在云南东南部热带雨林中为群落优势树种，它们向西只分布到李仙江。云南苏铁属植物的地理分异也以李仙江为界线，这些反映了云南南部与云南东南部热带地区的生物地理分界线可能与李仙江大致符合。故此，我们提出，云南南部与云南东南部热带地区之间可能存在一条生物地理线，这条线的位置与走向大致与云南的李仙江一致。

在群落层面，云南西南部、南部和东南部的热带季节性雨林，在科、属、种相似性上，它们的科组成基本一致，但在属、种组成上已有分异。云南南部与西南部的热带季节性雨林虽然距离较远，但在属和种上具有更大的相似性，而云南南部与东南部的热带季节性雨林，尽管相距较近，它们在属和种上的相似性却较低，反映了云南热带雨林在南部与东南部之间存在明显分异。

刘颖颖和朱华（2014）比较了云南南部的西双版纳龙脑香林和云南东南部马关古林箐的龙脑香林植物区系，它们在属的地理成分上接近，都以热带分布属占优势，前者占 93.22%，分别占 72.49%；其中又以热带亚洲分布属在各地理成分中比例最高，分别占 36.59% 和 24.92%，在植物区系性质上都是热带性质的植物区系，并且都受热带亚洲植物区系的强烈影响。但西双版纳龙脑香林植物区系中北温带分布属仅占 1.63%，东亚和北美间断分布占 2.98%，东亚分布属占 1.36%，中国特有分布属占 0.27%；云南东南部马关古林箐的龙脑香林植物区系中北温带分布属占 10.03%，东亚和北美间断分布占 4.26%，东亚分布属占 6.84%，中国特有分布属占

1.67%，反映了云南东南部的热带植物区系明显受东亚、喜马拉雅植物区系的影响。从云南南部龙脑香林与东南部马关古林箐龙脑香林植物区系科、属、种的相似性比较来看，它们之间科的相似性为79%，属的相似性为43%，种的相似性仅为15%（刘颖颖和朱华，2014），这些反映了它们尽管在属的各地理成分的占比上有相似之处，在性质上都为热带植物区系，并有热带亚洲特点，但由于由不同的属、种组成，它们在植物区系上的分异是明显的。

第9章　云南热带雨林的起源与演化

9.1　喜马拉雅-青藏高原的隆升、季风气候的形成影响了云南植被和植物区系的演化

印度板块北移，与欧亚板块在新生代早期（约 50Ma[①] 前）碰撞，导致喜马拉雅形成与隆升（Jain，2014）。随着喜马拉雅的隆升，印度支那地质板块受挤压向东南亚逃逸（Tapponnier et al.，1982，1990；Schärer et al.，1990；Lee & Lawver，1995；Leloup et al.，1995；Morley，2002），直到晚中新世（Late Miocene，10Ma）才结束（Hall，1998）。与此同时，位于云南的思茅-兰坪地质板块与印度支那板块一起向东南逃逸，并发生了顺时针旋转（约 30°）（Sato et al.，2001，2007），其结果是该地质板块向东南错位了 800km，顺时针旋转和向东南的逃逸也持续到中新世（Chen et al.，1995；Schärer et al.，1990；Morley，2002）。这些地质事件影响了云南植物区系和植被的形成与演化（Zhu，2012；朱华，2018a，2022a；Zhu & Tan，2022）。

古植物学研究揭示了云南自渐新世以来的古植被与现在化石产地的植被在植物区系组成上很接近（Tang et al.，2020；Ding et al.，2020），表明云南现代主要植被面貌可能在渐新世就已形成。第四纪冰期对云南主要的植被和植物区系组成没有产生明显影响，现在的植被经历了远古植被的承袭渐变，但没有发生巨变。尽管伴随喜马拉雅形成与隆升的地质历史事件主要发生在中新世以前，但古植物学和地质历史研究揭示了这些地质历史事件影响了云南现代植被与植物区系的形成与演化（Zhu，2012，2013，2015，2019b；朱华，2018a；Zhu et al.，2020；Zhu & Tan，2022）。

喜马拉雅-青藏高原的隆升影响晚新生代以来全球气候和大范围的环境变化（Raymo & Ruddimen，1992；施雅风等，1999；施雅风，1998）。在南亚低空发生的西南季风由于青藏高原的隆起才形成，它对印度、中南半岛及中国西南的热带植被的发育具有决定性作用（刘东升等，1998）。云南热带雨林植被的形成与演化，更多地受西南季风的直接影响，而其热带雨林植物区系的形成与演化显然受地质历史事件影响。

关于喜马拉雅隆升、东南亚及东亚季风气候形成的时间，目前有很大争议。

[①]Ma. 百万年

过去的主流观点认为，在始新世晚期，印度板块与欧亚板块相碰，融合成一体，但此后喜马拉雅-青藏高原并未随之强烈隆起，而是经历了一个漫长的抬升与夷平过程，长期处于较低的海拔（1000~2000m）。直到第四纪初，于3.4Ma或2.5Ma以前才强烈隆升到现在的高度（潘裕生，1998；施雅风，1998）。根据Su等（2019）、Liu等（2019）等对西藏古植物学的研究，提出青藏高原应隆升得更早。Su等（2020）认为4700万年前虽青藏高原已隆升，但在青藏高原中部存在一个东西向中央谷地（峡谷），在这个谷地存在热带-亚热带性质的森林植被。施雅风（1998）认为，在青藏高原强烈隆升以前，虽有主要受海陆分布影响的古季风，但很弱，直到240万年前，青藏高原强烈隆升到相当高度，东亚现代季风气候才形成。在喜马拉雅隆升达到相当海拔（6000m）以上时，南来的暖湿气流受高大山脉的阻挡，造成南坡降水丰富，在较低海拔处形成温暖湿润的亚热带、热带气候，并对中南半岛及中国西南的热带植被的发育起到了决定性作用（施雅风，1998；刘东升等，1998）。Li等（2021）基于晚渐新世古地理数据的模拟，认为青藏高原北部从古近纪到新近纪的隆升增强了东亚季风气候系统，驱动了东亚以常绿阔叶林为主的湿润、半湿润植被类型的形成。毫无疑问的是，喜马拉雅的形成及青藏高原的强烈隆升，极大地驱动了西南季风的形成与加强（Spicer et al.，2020）。

地区的地质历史直接影响了植物区系和植被的形成与演化。古植物学研究的发现能为探讨喜马拉雅隆升、季风气候形成的时间提供依据，也是解开地区植物区系和植被演化历史的一把钥匙。Jacques等（2014）的研究揭示了云南中部和中南部中新世的古植被与现在的亚热带、南亚热带的常绿阔叶林很接近，但与此同地质时期，中国东南部，如在福建南部中新世中期具有低地热带成分，如有较大量的龙脑香科植物（Shi & Li，2010；Jacques et al.，2015），推测那时福建南部具有东南亚的热带雨林植被（Wang et al.，2021）。在中新世，中国西南部与东南部的古植物学揭示的植被情况还不一样，意味着中国西南部与东南部应有不同的地质历史和气候历史。

我们的研究也认为云南植物区系和植被的形成及演化与喜马拉雅隆升、季风气候形成以及相伴随的各种地质事件等密切相关（Zhu，2012，2013，2015，2019b；Zhu & Tan，2022；朱华，2018a）。伴随喜马拉雅隆升而发生的兰坪-思茅地质板块顺时针旋转和向东南的逃逸，以及印度支那地质板块向东南亚的逃逸应是直接影响云南热带植物区系形成与演化的主要地质事件，而相伴随的西南季风的形成与加强是云南热带雨林发生的直接因素。

9.2 云南南部的地质历史背景

根据地质资料（云南省地质局，1976；云南地质矿产局，1995），云南南部地区在中生代仍以海洋环境为主。到白垩纪末,该地区大部分还是与海水相通的内陆湖盆,气候炎热干燥。自第三纪始新世以来,伴随喜马拉雅的形成与隆升,云南南部地区形成了近南-北向的褶皱带,地壳转为上升阶段,奠定和逐步形成了现代山脉和地势的轮廓。古新世到始新世,该地区地壳主要处于上升侵蚀阶段,气候十分干燥,形成大量石盐;渐新世,初步形成南-北向及北-西向山脉的地貌景观,地形高差不断增大。到了中新世,地壳局部又复下沉,形成一系列大体呈南-北向排列的湖盆,气候变得温暖潮湿,为本区主要的聚煤时期,并持续到上新世。第四纪时,该区地壳处于间歇性的上升隆起阶段,河流下切,逐步形成高差较大的现代地貌和季风气候。

在古植物学上,晚白垩纪晚期至早第三纪早期,通过对勐腊县磨歇孢粉组合的研究,认为这一时期有大量石盐沉积,反映了干旱的气候条件(孙湘君,1979)。根据 Liu 等(1986)对勐遮盆地晚更新世孢粉组合的分析,这个时期该地的气候经历了 4 次湿润与干燥期的更替变化,大体上与我国冰期和间冰期的变化相符合,这个时期的植被面貌是亚热带性质的以罗汉松科(Podocarpaceae)占优势的湿性针阔混交林及以松科和壳斗科占优势的干性松栎林交替出现。从渐新世直到上新世,云南南部没有古植物学研究报道。

在勐腊县磨歇晚白垩纪晚期到早第三纪早期的孢粉组合中(孙湘君,1979),有反映干旱气候的榆粉和麻黄粉;有裸子植物的铁杉粉(*Tsugaepollenites*)、南美杉粉(*Araucariacites*)、杉粉(*Taxodiaceaepollenites*)、单束松粉(*Abietineaepollenites*)、双束松粉(*Pinuspollenites*)等;以被子植物的花粉占优势,有黄杞粉(*Engelhardtioidites*)、山毛榉粉(*Faguspollenites*)、冬青粉(*Ilexpollenites*)、山矾粉(*Symplocospollenites*)、鼠李粉(*Rhamnacidites*)、栗粉(*Cupuliferuipollenites*)、忍冬粉(*Caprifoliipites*)、栎粉(*Quercoidites*)、白蜡树粉(*Fraxinoipollenites*)、枫香粉(*Liquidambarpollenites*)等,推测当时该地区的代表植被是偏干性的亚热带山地常绿阔叶林。由于中新世到上新世云南南部无古植物学资料,参看邻近地区,印度东北部中新世为亚热带气候(宋之琛等,1983;宋之琛,1984),滇东南开远小龙潭晚中新世植物群为亚热带季风常绿阔叶林(王伟铭,1996),中国云南景谷(《中国新生代植物》编写组,1978)、泰国北部(Penny,2001)都带有亚热带常绿阔叶林特点。我们推测,这个时期云南南部的森林植被,仍主要是南亚热带-亚热带性质的常绿阔叶林。根据勐遮盆地晚更新世的材料(Liu et al.,1986),这个时期的植被是亚热带性质的湿性针阔混交林和干性松栎林交替出现。我们推测云南南部的热带雨林植被应是在带有亚热带性质的植被以后才在这一地区出现的。

无论西南季风的形成与加强在时间上是否有争议,我们都认为云南热带雨林的形成与西南季风的形成与加强是密切相关的。根据地史资料(云南地质矿产局,1995),云南南部虽在渐新世初步形成南-北向及北-西向山脉的地貌景观,但到了第四纪，该区地壳处于间歇性的上升隆起阶段，河流下切，逐步形成高差较大的现代地貌和季风气候。如果云南南部的现代地貌和季风气候形成与加强是在第四纪，那么它的热带雨林的发育也应在第四纪。

我们的研究揭示，云南的热带雨林显然是在热带季风气候下发育，在水分、热量和海拔达到极限条件下的热带雨林。云南南部的特殊地势和山原地貌在其低海拔的局部地区创造了热带雨林能够生存的条件，这样的条件无疑是当喜马拉雅隆升到一定高度，季风气候形成以后才具备的。云南南部的情况，显然与中国东南部不同，如在福建南部，在中新世中期就已出现东南亚类型的热带雨林植被，而云南南部的热带雨林植被发生的时代一定较晚，应是在晚第三纪的晚期或第四纪现代地貌和西南季风气候形成和加强以后才出现（朱华，2022b）。

9.3 云南南部植被近代的演化线索

现在云南南部的热带雨林中，有海岸红树林的残余成分及一些近缘种存在，如红树林植物卤蕨（*Acrostichum aureum*）和抱树莲（*Drymoglossum piloselloides*）；红树科的竹节树属植物（*Carallia brachiata*、*C. garciniifolia*、*C. diplopetala*）和山红树（*Pellacalyx yunnanensis*）；红树林的近缘成分梭果玉蕊（*Barringtonia macrostachya*），使君子科的油榄仁（毗黎勒）（*Terminalia bellirica*），藤黄科的云南胡桐（*Calophyllum polyanthum*），爵床科的刺苞老鼠簕（*Acanthus leucostachyus*），以及露兜科的分叉露兜（*Pandanus urophyllus*）等。山红树还保留有一定的红树林特有的胎生现象，并有较低的遗传多样性，它是云南南部热带雨林特有的孑遗植物（苏志龙等，2015）。我们推测，云南南部在历史上可能有过红树林植被存在。

云南的热带雨林中，除上层乔木有一定比例的落叶树种外，在热带雨林分布区域，还有一些与较干旱生境相关的树种和植物群落。例如，在西双版纳小橄榄坝（现在称思茅港）一带的澜沧江河谷成片生长着具有印-缅一带半干旱地区特征的植被——榆绿木（*Anogeissus acuminata*）单优群落（王洪和朱华，1990），这种单优群落显然是在较现在更为干热的气候下发展起来的。同样，有着干旱起源的大叶蒲葵（*Livistona saribus*）单优群落（王洪和冯耀昆，1993）及木棉（*Bombax ceiba*）单优群落（李保贵等，1993）也较普遍分布在澜沧江两岸及山地。与干旱生境，如与萨王纳植被（干热性稀树草原）相关的物种，如虾子花（*Woodfordia fruticosa*）、余甘子（*Phyllanthus emblica*）、灰毛浆果楝（*Cipadessa cinerascens*）、厚皮树（*Lannea coromanderica*）、毛果扁担杆（*Grewia eriocarpa*）、钝叶黄檀（*Dalbergia obtusifolia*）、清香木（*Pistacia weinmannifolia*）、山芝麻（*Helicteres angustifolia*）、火索麻（*Helicteris isora*）、毛紫薇（*Lagerstroemia pinnata*）及合欢属（*Albizia*）、火绳树属（*Eriolaena*）、金合欢属（*Acacia*）、苏铁属（*Cycas*）、龙血树属（*Dracaena*）等，也在云南热带雨林分布区域广泛存在，这也暗示了该地区曾有过干旱环境（Zhu et al.，2020）。

同样，在现在的云南南部热带雨林分布地区，有适应干旱的硬叶常绿阔叶林特征树种铁橡栎（*Quercus cocciferoides*）（标本记载）、澜沧栎（*Q. kingiana*）、易武栎（*Q. yiwuensis*），并在局部生境形成单优群落（硬叶常绿阔叶林），这也佐证了现在的热带雨林分布地区，在近代地质历史上曾存在较干旱的气候。

云南南部地区自第四纪全新世以来，可能经历了 6 个时期的温—湿/凉—干气候变迁、11 次的干旱和冷凉的气候事件以及 12 次相应的火灾（Gu et al.，2008），这些事件均会引起云南热带植被结构和物种组成的改变，也会导致在现存各植被类型中出现物种的掺和及成分的混杂。

西南季风是东喜马拉雅南坡热带低地雨林和山地雨林发育的必要条件。云南的热带雨林，显然是在季风气候下发生，在水分、热量和海拔达到极限条件下的热带雨林类型。它们主要分布在云南西南到东南部的热带北缘地区的低海拔局部生境，这样的条件是喜马拉雅山隆升到一定高度，季风气候形成以后才具备的。因此，云南的热带雨林植被发生的时代应该较晚。

9.4　云南热带雨林植物区系的形成与演化

云南的热带雨林作为东南亚热带雨林北缘类型，在群落特征和区系组成上均表现出向中国西南部亚热带森林交错过渡（朱华和 Ashton，2021）。亚洲热带和亚热带植物区系在发生和发展上有密切联系，这一论点已有共识（吴征镒，1965；张宏达，1980；Axelrod et al.，1996；Kubitzki & Krutzsch，1996）。因此，云南热带雨林植物区系的形成、演化与热带亚洲和东亚植物区系的形成、演化息息相关。

我们通过对云南热带雨林植物区系主要的地理成分构成进行分析，探讨它们的形成与演化。

以前述的云南南部龙脑香热带季节性雨林植物区系为例，在种层面，它包括 5 个分布区类型，即 5 个地理成分，其中热带亚洲分布种占总种数的 73.3%，占绝对优势，分布到云南热带边缘地区的云南特有种、中国特有种合计占 23.5%。从起源角度，热带亚洲分布种基本上包括三类发生（起源）成分：印度-马来西亚分布和大陆东南亚-马来西亚分布种（相当于表 5.4 中种分布区类型的印度-泛马来西亚+大陆东南亚-马来西亚分布变型及其亚变型的种类）（占总种数的 28.9%）、大陆东南亚-中国南部分布种（相当于表 5.4 中种分布区类型的大陆东南亚至中国南部分布变型及其亚变型的种类）（占 23.1%）、南亚-大陆东南亚分布种（相当于表 5.4 中种分布区类型的南亚-大陆东南亚分布变型及其亚变型的种类）（占总种数的 21.3%）。

（1）印度-马来西亚分布和大陆东南亚-马来西亚分布种类

这类成分的分布区或贯穿整个热带亚洲，或偏于热带亚洲的一部分，但共同点是通常以西马来西亚为分布的地理中心。它们中的大多数种所隶属的属，甚至科也都以西马来西亚地区为现代分布中心。这类植物如阔叶肖榄（*Platea latifolia*）（茶茱萸科）、红光树（*Knema furfuracea*）（肉豆蔻科）、隐翼（*Crypteronia paniculata*）（隐翼科）、拟兰（*Apostasia odorata*）（拟兰科），前几种为云南热带雨林的乔木树种，后一种为林下的草本植物。它们所隶属的科均为典型热带科，属则为热带亚洲分布属。又如大叶白颜树（*Gironniera subaequalis*）（榆科）、毛荔枝（*Nephelium lappaceum* var. *pallens*）（无患子科），也为云南热带雨林的乔木树种，它们所隶属的科为热带-亚热带分布（无患子科）和热带到温带分布（榆科），所隶属的属仍为热带亚洲分布属。无论这些种类的科的分布如何，这些属、种均以热带亚洲为分布中心和多样性中心。尽管物种的现代分布中心和多样性中心不一定就是其起源地，但像这样具有明显分布中心和连续分布区的属和种，它们的现代分布中心有最大可能也是起源地。

还有一些种为典型的热带亚洲分布，如梭果玉蕊（*Barringtonia macrostachya*）（玉蕊科）、五桠果（*Dillenia indica*）（五桠果科），但它们的属为古热带分布，科为泛热带分布，它们在属层面可能是古南大陆起源，但它们的种多样性中心在西马来西亚。

也有少数种类为热带亚洲分布种，如阿丁枫（*Altingia excelsa*）（金缕梅科蕈树属植物），则可能是中南半岛北部至中国南部起源。据研究（张宏达，1962，1980；张志颖和路安民，1995），中国南部和中国半岛北部不仅具有最多的该科属种，也集中了最多的原始类型，可能为该科植物发源地。这类植物可能是在历史时期沿大陆东南亚的山脉扩展进入马来西亚地区的（Steenis，1962，1964）。

（2）大陆东南亚-中国南部分布种类

这类成分绝大多数种都以中南半岛北部和毗邻的中国南部为地理分布中心，尽管它们更老的祖先类群不一定在此地，但就这些种的分化形成地而言，可能就是中南半岛北部至中国南部。例如，假海桐（*Pittosporopsis kerrii*），它是云南热带季节性雨林乔木下层的优势树种，它分布于中南云南南部至东南部，缅甸东部，以及泰国及越南和老挝北部。假海桐为茶茱萸科假海桐属，该属为单种属，仅假海桐一个种。尽管茶茱萸科以马来西亚为多样性中心，但假海桐属本身在大陆东南亚北部的有限分布显示了它就是在这个地区分化形成的。裂果金花（*Schizomussaenda henryi*），属于茜草科的单种属植物，分布于中国云南南部至广西西南部、缅甸、泰国北部、老挝及越南北部至中部，也应是在中南半岛北部分化形成的。征镒木属为新近发表的番荔枝科新单种属，仅征镒木（*Wuodendron praecox*）一种，分布于大陆东南亚至云南西南到东南部（Xue et al.，2018）。柄翅果属（*Burretiodendron*）有 4 种，分布于缅甸、泰国和中国南部。节蒴木（*Borthwickia trifoliata*）局限分布在缅甸中东部至中国云南西南部、南部，其被提升为一个单种科（Su et al.，2012），该科是在本地分化形成的。孔药花属（*Porandra*）（鸭石草科）为典型的大陆东南亚-中国南部分布，包括 3 种，其中 2 种为中国南部特有种，另一种分布在云南南部到大陆东南亚（Hong，2000），它们都是云南热带雨林占优势的草本植物，应是本地起源的成分。大陆东南亚在地质历史上主要由印度支那地质板块和掸邦-泰国地质板块构成，印度支那地质板块是一个与扬子板块或称中国华南板块相连接的古老板块，以中南半岛东北部和毗邻的中国南部地区为分布中心的种类，大多数应该就是在这一地区分化形成的。例如，肿荚豆属（*Antheroporum*）为大陆东南亚-中国南部分布属，分子生物学研究揭示，它与中国西南部分布的异齿豆属（*Ohashia*）在系统发育上互为姐妹群（Zhang et al.，2021），反映了大陆东南亚与中国西南部有密切的植物区系发生与演化上的联系。

　　也有相当一部分大陆东南亚-中国南部分布种，在属层面上，则为热带亚洲分布属或古热带分布属。例如，橄榄（*Canarium album*）为典型的越南至中国云南及华南分布种，但橄榄属有 75 种，为古热带分布属，种的现代分化形成中心在马来西亚。再如，五膜草（*Pentaphragma sinense*），分布于中国云南南部、东南部、广西西南部，以及越南北部，它所隶属的五膜草属有 25 种，为大陆东南亚至马来西亚分布，以西马来西亚为多样性中心。对于那些属为大陆东南亚-中国南部分布，种也是地方局域分布的种类，可以判定它们就是本地起源。而对于那些在属层面上为热带亚洲分布或古热带分布的属，在种层面上为大陆东南亚-中国南部分布的种类，它们或是由印度板块带来的类群演化，或是由马来西亚的类群演化而来。

（3）南亚-大陆东南亚分布种类

　　这类成分通常以喜马拉雅南坡、印度东北部及缅甸北部一带为分布中心。喜马拉雅南坡、印度东北部及缅甸北部从地史上看，是在第三纪印度板块与亚洲大陆相碰撞，喜马拉雅崛起形成或在喜马拉雅隆升过程中伴随升起形成的。Spicer 等（2020）的研究提出青藏高原是由不同的地块，在不同的地质时期拼接形成的，青藏高原大致可以划分为喜马拉雅、高原腹地和横断山（青藏高原东南缘），其中喜马拉雅形成的时间相对较晚。这意味着喜马拉雅南坡相对来说是年青的，其植物区系固然也不会古老。以喜马拉雅南坡、印度东北部及缅甸北部一带为分布中心的种类，大多数应是在这一地区分化形成的，其祖先类群可能主要来自两个方面，即东面的越南-中国华南植物区系成分和南面的马来西亚植物区系成分。属于这类分布型的种类，从它们所隶属的属甚至科来看，或以马来西亚为现代分布中心，或以中南半岛北部至中国华南为分布中心，基本上没有以喜马拉雅南坡或至印缅一带为分布中心的属，也几乎没有特有属。例如，橄榄科的多花白头树（*Garuga floribunda* var. *gamblei*），从印度半岛东部、喜马拉雅南坡、印度东北部分布至我国云南南部及海南，它所隶属的嘉榄属有 4 种及一个变种，另一种羽叶白头树（*G. pinnata*）亦有类似分布。该属植物以中南半岛北部和中国云南南部为现代分布中心，在云南的元江和金沙江流域间断分布有一种——白头树（*G. forrestii*），故该属植物可能起源于中南半岛北部和中国云南南部一带。橄榄科的滇榄（*Canarium strictum*），间断分布于印度半岛西部和印度东北部至中国云南南部，另一个种方榄（*Canarium bengalense*）从印度东北部、孟加拉国，分布到我国云南南部至广西西南部，以及缅甸、泰国和老挝北部，但是它们所隶属的橄榄属是热带亚洲至热带非洲分布属，并以马来西亚为现代分布（多样化）中心，它们有可能是由马来西亚的近缘类群演化而来的。

壳斗科栲属（*Castanopsis*）植物除 1 种（*C. chrysophylla*）产于北美外，其余均产于东亚和东南亚地区，并以中南半岛及中国华南地区为现代分布中心和分化中心（李建强，1996）。其中有 6 种，即银叶栲（银叶锥）（*Castanopsis argyrophylla*）、杯状栲（枹丝锥）（*C. calathiformis*）、短刺栲（*C. echinocarpa*）、思茅栲（*C. ferox*）、红锥（*C. hystrix*）和印度栲（*C. indica*），它们从喜马拉雅南坡、印度东北部分布到中国西藏东南部、云南西南至东南部或达华南，以及到大陆东南亚，从区系地理角度，它们应是在喜马拉雅隆升过程中，由东亚和东南亚地区的近缘类群分化形成的。

构成云南热带雨林的主体，即印度-马来西亚、大陆东南亚-马来西亚分布种，大陆东南亚-中国南部分布种和南亚-大陆东南亚分布种。从地质历史角度看，大陆东南亚-中国南部分布种的地质基础主要是印度支那地质板块和中国华南板块，它们在一起也称华南古陆，华南古陆是十分古老且很早就已稳定存在的古陆，在该古陆上可能曾发生从种子蕨到被子植物区系的持续演化（张宏达，1980）。由于该地区地质历史的古老性，大陆东南亚-中国南部分布种所隶属的相关属及科大多数是在系统上较原始的科属，并且有很多是单种属或少种属，这类区系成分具有古老和原始性。

马来西亚成分演化的地质基础是巽他古陆，巽他古陆约在第三纪存在，第四纪更新世以后海平面上升而解体成马来半岛、婆罗洲、爪哇岛、苏门答腊岛等。属于西马来西亚成分的种类，大多数属于在系统上较为进化的属及科，这些属及科显示它们在第三纪在马来西亚地区有大量的发展。例如，龙脑香科是亚洲热带雨林的特征科，它是一个泛热带分布科，计有 17 属约 550 种，在热带亚洲有 13 属约 472 种，这 13 属均为典型热带亚洲分布（Ashton，1982）。亚洲龙脑香科植物的祖先可能生长在东冈瓦纳的热带地区（热带非洲东部），于渐新世到达东南亚后迅速分化发展，并在西马来西亚形成现在的多样性中心（Ashton，1982；Bansal et al.，2022）。中国有 5 属 11 种，这 5 属均以西马来西亚为种多样性中心，这 11 种多为大陆东南亚或越南北部至中国西南热带地区分布种，它们都是中国热带北缘雨林的特征种。在亚洲，最早的龙脑香科化石发现于广东茂名始新系晚期地层（Feng et al.，2013），然后是婆罗洲渐新世（Banaroft，1933；Prakash，1965），以及中国福建漳浦（24°12′N，117°53′E）的中中新世（middle Miocene）地层（Shi & Li，2010）。福建漳浦中中新世化石群指示了在那里曾有热带雨林存在（Jacques et al.，2015；Wang et al.，2021），在过去历史上，中国东南部热带湿润气候地区比现在更靠北（Morley，1998，2002）。亚洲最早的龙脑香科化石出现在古新世的印度（Bansal et al.，2022）和始新系晚期的中国南部（Feng et al.，2013），故龙脑香科植物被认为是印度板块从冈瓦纳带过来的（Bansal et al.，2022），但现在西马来西亚为其物种多样性中心，这暗示了现在的热带亚洲植物区系并非亚洲古老的植物区系。

又如，单室茱萸科（Mastixiaceae）在马来西亚有充分的发展，但该科的原始类群八蕊单室茱萸亚属（subgenus *Manglesia*）却间断分布在大陆东南亚北部和苏门答腊岛（Zhu，2004；李耀利等，2002），与该科最近缘的山茱萸科为北温带分布科，近缘的紫树科（Nyssaceae）为东亚-北美间断分布科，而珙桐科（Davidiaceae）和桃叶珊瑚科（Acubaceae）为东亚特有科。单室茱萸科的化石种 *Mastixioides* 是在意大利的第三纪渐新世地层发现的（Martinetto，2011），与龙脑香科同样，单室茱萸科这个以西马来西亚为种多样性中心的科，从更高层面上追溯它们的起源，则不应是在马来西亚，马来西亚是它们后来的发展中心。因此，所谓的马来西亚成分，在被子植物系统发育水平上，通常不是最古老和最原始的。

大量热带地区的化石花粉研究显示，热带地区的气候自更新世以来发生过惊人的变化。赤道地区的低地热带雨林在最近的地质时期也是发生过变化的（Flenley，1981）。更新世冰期，热带地区的植被虽未像温带地区那样遭受毁灭性改变，但由于干旱和一定程度的温度下降的影响，仍发生过一定范围的移动及涨缩（Morley & Flenley，1987）。在热带亚洲，至少在中新世马来西亚植物区系成分曾向北迁移进入亚洲大陆，甚至到达日本南部（Morley & Flenley，1987），其中很多类群在东亚进一步分化形成新种（朱华和 Ashton，2021）。反之，大陆东南亚至中国南部成分（核心为越南-中国华南植物区系成分）也曾南迁至马来西亚，有些亦在马来西亚分化形成新物种。这样，就造成现在的马来西亚区系和大陆东南亚至中国南部或东亚植物区系中你中有我、我中有你。在种级水平上，印度-马来西亚分布种中有大陆东南亚和中国南部亲缘的种类；同样，在大陆东南亚至中国南部分布种中也有马来西亚亲缘的种类。

东喜马拉雅南坡热带成分尽管可能是在该地区分化形成的，但由于东喜马拉雅南坡地区在地史上的年青性，以及属于该类成分的种类中的大多数，它们所隶属的更高分类等级的分布中心不是在中南半岛至中国南部就是在马来西亚，因此，该类成分无疑主要由后两者衍生。

Morley（2018）研究了东南亚和南亚的植物区系与地质板块和气候的关系，认为印度支那板块在早第三纪印度板块碰撞到亚洲板块之前是一个不受外界事件影响的被子植物演化地区，古新世地貌以山地为主，气候可能是季节性干旱气候，在山地为耐霜的针叶林，在低地有东亚植物区系成分；印度板块在始新世漂移到亚洲低纬度湿润地区，把冈瓦纳古陆起源的成分带到东南亚，这些成分在41Ma以后成功地在东南亚扩散，反之，那些古老的东南亚、东亚成分进入印度的不多。大陆东南亚在渐新世被认为是一个干旱气候占优势的时期。在中中新世最热期，东南亚常绿成分进入印度北部，但到了晚中新世，印度季风加强，季节性干旱在印度和印度支那地区扩展，印度半岛常绿阔叶林消失（Morley，2018）。我们上述的云南热带雨林的这三大地理成分，即印度-马来西亚分布和大陆东南亚-马来西亚分布种、大陆东南亚-中国南部分布种和南亚-大陆东南亚分布种可能的起源与演化的推论与 Morley（2018）对东南亚古植物学的研究比较符合。

霜冻是制约热带雨林林冠树种分布的温度因素（朱华和 Ashton，2021），从热带亚洲的古气候历史看，根据 Morley（2018）的研究，20Ma 前霜线在印度支那中部一带；15Ma 前（中新世最热期）北移到中国南部北回归线以北；10Ma 前在中国退回到北回归线以南；5Ma 前～3Ma 前，在中国云南东南部以东，仍在北回归线以南，但云南东南部以西上升到北回归线以北；更新世冰期再次南退。这也支持我们认为的云南热带雨林植被发生的时代应该较晚（可能是 5Ma 前～3Ma 前）这一结论（朱华，2022b）。

云南的热带雨林是在西南季风形成和加强的条件下发育的，它仅分布在云南的西南部到东南部的热带边缘地区，并且更多地是在沟谷生境，它是一种处于水分和热量极限条件下的热带雨林。现在的云南热带雨林，不仅林冠上层有一定比例的落叶乔木，还有一些半干旱地区的成分，或它与热带落叶林形成镶嵌分布，暗示了这些地区过去曾有过干旱环境。中新世到上新世云南现在的热带地区无古植物学资料，我们虽不清楚这个时期云南热带地区是否已有热带雨林发育，但有一点是肯定的，即云南的热带雨林是在西南季风形成和加强的条件下发育的，由于现在仍有较多半干旱生境的植物区系成分在云南的热带雨林分布地区存在或在一些地段与热带雨林混生，云南的热带雨林本身又处于水分和热量的极限条件下，现在所看到的云南的热带雨林植被，尽管可能发生过小范围的扩展收缩变化，但它的发生与云南南部地区季风气候形成密切相关。

云南西南部的热带雨林虽然已额外地远离赤道及处在一个相对高的海拔上，但并不是热带雨林的最北类型，因为在印度和缅甸均记录到分布在 27°30′N 处的热带雨林类型（Kingdon-Ward，1945；Proctor et al.，1998）。云南热带雨林在分布上从西南部到东南部呈倾斜分布格局，在西南部可达 25°N，这与印度板块同亚洲板块相撞、北移及喜马拉雅山隆升过程中缅甸发生了向北移动（北移了约 1000km）（Mitchell，1993）有关，南部、东南部则由于思茅-印度支那板块向东南逃逸而发生了南移。

结　语

　　云南低地的热带雨林具有与东南亚低地的热带雨林几乎一样的垂直结构特征，接近的生活型谱、叶级谱及叶质、叶型特征和种类丰富度及种-个体关系，无疑应划归为热带雨林。另外，由于发生在季风热带纬度和海拔的极限条件下，云南低地的热带雨林不仅受到干季降雨不足的影响，也受到热量不足的影响。云南低地热带雨林的上层乔木中有一定比例的落叶树种存在，林中附生植物较逊色而藤本植物丰富，乔木树种中的小叶比例也相对较高，这些特点又区别于终年高温湿润多雨的赤道地区的低地湿润雨林，但毕竟云南低地热带雨林的雨林特征显著，将它作为热带雨林的一种类型——热带季节性雨林，亦即在季风气候下发育的低地热带雨林，是适合的。

　　云南热带雨林在植物区系组成上约 80% 的科、90% 的属和多于 80% 的种均为热带成分，热带性质非常明显。它的植物区系具有与东南亚的热带雨林几乎完全共同的科，大多数的属也与后者共有，特别是在乔木层的科的组成及数量特征上，与后者非常类似。云南热带雨林植物区系具有占总属数 40% 的热带亚洲分布属和占总种数 70% 以上的热带亚洲分布种，这些特点反映了云南热带雨林植物区系属于东南亚热带雨林植物区系的一部分。云南热带雨林毕竟发生在东南亚热带北缘，组成其植物区系的大多数热带科属已处于它们分布区的北部边缘，它们的种的多样性中心大多数在马来西亚地区；一些热带亚洲雨林中有充分发展的热带性较强的科属，在云南却仅有少数属种，而在热带亚洲核心地区才具有的纯热带科属，在云南则无代表，云南热带雨林植物区系明显表现为东南亚热带雨林的热带北缘类型。

　　云南的热带雨林在西南部、南部与东南部有明显的植物区系分异。云南东南部的热带雨林具有相对多的亚热带、温带分布的科属的物种，如木兰科、山茶科、金缕梅科等，并包括一些东亚和喜马拉雅分布的特征成分，显示了它与东亚植物区系有渊源上的联系。在云南东南部的热带雨林中还包括了较多的仅分布于中国云南东南部、广西西南部、海南，以及越南北部的局域特有物种。云南南部、西南部的热带雨林则具有更多的热带亚洲属种。这归结为云南西南部、南部与东南部在地质历史上隶属于不同的地质板块，云南西南部、南部主要属于掸邦-泰国地质板块，云南东南部则是在印度支那地质板块与中国华南地质板块的交会处，它们的植物区系经历了不同的起源背景和历程。云南东南部的热带雨林在植物区系组成上亦有热带亚洲与东亚植物区系的融合特征，而云南南部热带雨林植物区系则有明显热带亚洲植物区系特点。

西南季风是东喜马拉雅地区热带低地雨林和山地雨林发育的必要条件，云南的热带雨林在很大程度上也是由西南季风维持的。云南的地形地貌特殊，造成气候相当大的立体分异。尽管云南的热带雨林的分布在纬度和海拔上偏高，但横断山-滇中高原在一定程度上阻挡了西北方向来的冷气流，乌蒙山系阻挡了东北方向的冷气流，使得云南热带雨林分布地区的最冷月均温并不低（不会低于15℃），弥补了积温的不足；低山沟谷及低丘上，冬季有浓雾，加上沟谷土壤湿润，又弥补了降水的不足。同时冬季浓雾的存在也起到一定的保暖作用，减小了低温给热带雨林树种带来的影响，在局部地区仍能形成较地区性气候更为湿润的小气候，使热带雨林发育。这样的条件无疑是当喜马拉雅隆升到一定高度，季风气候形成以后才具备的。很明显，云南的热带雨林分布主要受制于局部生境，并非地区性气候条件，它们是该地区局部生境条件的产物。

参 考 文 献

安树青, 朱学雷, 王峥峰, 等. 1999. 海南五指山热带山地雨林植物物种多样性研究. 生态学报, 19(6): 803-809.

陈红锋, 严岳鸿, 秦新生, 等. 2005. 海南铜铁岭热带低地雨林群落特征研究. 西北植物学报, 25(1): 103-112.

陈勇. 2010. 西双版纳和铜壁关自然保护区龙脑香林种子植物区系的较研究. 西南林业大学硕士学位论文.

党承林, 王宝荣. 1997. 西双版纳沟谷热带雨林的种群动态与稳定性. 云南植物研究, 增刊IX: 77-82.

方精云, 李意德, 朱彪, 等. 2004. 海南岛尖峰岭山地雨林的群落结构、物种多样性以及在世界雨林中的地位. 生物多样性, 12: 29-43.

广东植物研究所. 1976. 广东植被. 北京: 科学出版社: 41-97.

何道泉, 敖惠修, 刘世忠, 等. 1995. 粤东鸿图嶂西南坡的南亚热带常绿阔叶林. 热带亚热带植物学报, 4(1): 36-42.

胡舜士. 1979. 广西亚热带常绿阔叶林的群落学特点. 植物学报, 24(4): 361-369.

胡舜士, 王献溥. 1980. 广西石灰岩地区季节性雨林的群落学特点. 东北林业大学学报, (4): 11-26.

胡婉仪. 1985. 海南岛尖峰岭的植被垂直带及林型. 植物生态学与地植物学丛刊, 9(4): 286-296.

胡玉佳. 1982. 海南岛的无翼坡垒林. 热带亚热带森林生态系统研究, 第一集: 251-271.

胡玉佳, 李玉杏. 1992. 海南岛热带雨林. 广州: 广东高等教育出版社.

黄全, 李意德, 郑德璋, 等. 1986. 海南岛尖峰岭地区热带植被生态序列的研究. 植物生态学与地植物学丛刊, 10(2): 90-105.

蒋有绪, 郭泉水, 马娟, 等. 1998. 中国森林群落分类及其群落学特征. 北京: 科学出版社: 234-293.

金振洲. 1983. 论云南热带雨林和季雨林的基本特征. 云南大学学报, (1 & 2): 197-207.

金振洲, 欧晓昆. 1997. 西双版纳热带雨林植被的植物群落类型多样性特征. 云南植物研究, 增刊4: 1-30.

兰国玉, 陈伟, 陶忠良, 等. 2010. 海南与西双版纳龙脑香热带雨林比较研究. 西北植物学报, 30(4): 806-812.

兰国玉, 胡跃华, 曹敏, 等. 2008. 西双版纳热带森林动态监测样地: 树种组成与空间分布格局. 植物生态学报, 32: 287-298.

李保贵, 王洪, 朱华. 1993. 西双版纳勐罕的木棉林. 云南植物研究, 15(2): 191-195.

李宏伟, 何长斌, 陈广文, 等. 1999. 西双版纳大果人面子群落的植物群落学研究. 云南植物研究, 21(3): 333-345.

李建强. 1996. 山毛榉科植物的起源与地理分布. 植物分类学报, 34: 376-396.

李耀利, 朱华, 王洪. 2002. 滇东南热带雨林种子植物区系的初步研究. 广西植物, 22(4): 320-326.

李耀利, 朱华, 杨俊波. 2002. 从 rbcL 序列探讨单室茱萸属的系统位置. 云南植物研究, 24(3): 353-358.

梁畴芬. 1988. 广西弄岗自然保护区综合调查报告. 广西植物, 增刊 1: 1-293.

林鹏, 丘嘉昭. 1986. 福建三明瓦坑的赤枝栲林. 植物生态学与地植物学学报, 10(4): 241-253.

林鹏, 丘嘉昭. 1987. 福建南靖和溪的亚热带雨林. 植物生态学与地植物学学报, 11(3): 161-169.

刘东升, 张新时, 袁宝印. 1998. 高原隆起对周边地区的影响//孙鸿烈, 郑度. 青藏高原形成演化与发展. 广州: 广东科技出版社: 179-230.

刘伦辉, 余有德. 1980. 云南的龙脑香林. 云南植物研究, 2(4): 451-458.

刘颖颖, 朱华. 2014. 云南不同地区和生境代表性热带植物区系的物种组成比较. 植物科学学报, 32(6): 594-601.

潘裕生. 1998. 高原岩石圈结构、演化和动力学//孙鸿烈, 郑度. 青藏高原形成演化与发展. 广州: 广东科技出版社: 1-72.

彭少麟. 1996. 南亚热带森林群落动态. 北京: 科学出版社: 96-98.

曲仲湘. 1960. 云南热带亚热带自然保护区植被专号. 云南大学学报 (自然科学版)(云南自然保护区植被专号), 1: 1-4.

施国杉, 刘峰, 陈典, 等. 2021. 云南纳板河热带季节雨林 20ha 动态监测样地的树种组成与群落分类. 生物多样性, 29(1): 10-20.

施雅风. 1998. 高原隆升与环境演化//孙鸿烈, 郑度. 青藏高原形成演化与发展. 广州: 广东科技出版社: 73-138.

施雅风, 李吉均, 李炳元, 等. 1999. 晚新生代青藏高原的隆升与东亚环境变化. 地理学报, 54(1): 10-21.

宋之琛. 1984. 东亚中新世植物地理区//中国科学院南京地质古生物研究所. 地层和古生物学. 13. 南京: 中国科学院南京地质古生物研究所 (内刊).

宋之琛, 李浩敏, 郑亚慧. 1983. 中国中新世植物区系分区//古生物学基础理论丛书编委会. 中国古生物地理区系. 北京: 科学出版社: 178-184.

苏志龙, 殷寿华, 吴成军, 等. 2015. 濒危物种山红树居群遗传结构的 RAPD 分析. 云南植物研究, 27(2): 181-186.

苏宗明, 李先琨, 丁涛, 等. 2014. 广西植被. 北京: 中国林业出版社.

苏宗明, 赵天林, 黄庆昌. 1988. 弄岗自然保护区植被调查报告. 广西植物, 增刊 1: 185-214.

孙湘君. 1979. 中国晚白垩世-古新世孢粉区系的研究. 植物分类学报, 17(3): 8-21.

塔赫他间 A L. 1978. 世界植物区系. 黄观程, 译. 北京: 科学出版社.

王斌, 黄俞淞, 李先琨, 等. 2014. 弄岗北热带喀斯特季节性雨林 15ha 监测样地的树种组成与空间分布. 生物多样性, 22: 141-156.

王斌, 黄俞淞, 李先琨, 等. 2016. 广西弄岗喀斯特季节性雨林: 树种及其分布格局//马克平. 中国森林生物多样性监测网络. 北京: 中国林业出版社.

王伯荪, 陆阳, 张宏达, 等. 1987. 香港岛黄桐森林群落分析. 植物生态学与地植物学学报, 11(4): 241-250.

王伯荪, 张炜银. 2002. 海南岛热带森林植被的类群及其特征. 广西植物, 22(2): 107-115.

王达明, 杨绍增, 朱荣兴. 1985. 云南的龙脑香. 植物生态学与地植物学丛刊, 9(1): 32-45.

王洪, 冯栩昆. 1993. 滇南香蒲葵群落的初步研究// 热带植物研究论文报告集 (第二集). 昆明: 云南大学出版社.

王洪, 朱华. 1990. 滇南榆绿木群落的初步研究. 云南植物研究, 12(1): 67-74.

王洪, 朱华, 李保贵. 2001. 西双版纳勐宋山区山地雨林的群落学研究. 广西植物, 21(4): 303-314.

王伟铭. 1996. 云南开远小龙潭盆地晚第三纪孢粉植物群. 植物学报, 38(9): 743-748.

王献溥, 郭柯, 温远光. 2014. 广西植被志要. 北京: 高等教育出版社.

王献溥, 胡舜士. 1982. 广西酸性土地区季节性雨林的群落学特点. 西北植物学报, 2(2): 69-86.

王献溥, 孙世洲, 李信贤, 等. 1998. 广西石灰岩季节性雨林分类的研究. 植物研究, 18(4): 428-460.

王峥峰, 安树青, Campell D G, 等. 1999. 海南吊罗山山地雨林物种多样性. 生态学报, 19(1): 61-65.

王铸豪, 何道泉. 1982. 鼎湖山自然保护区的植被. 热带亚热带森林生态系统研究, 1: 77-141.

望天树协作组. 1977. 云南发现稀有珍贵树种: 望天树. 植物分类学报, 15(2): 10-21.

温远光, 和太平, 谭伟福. 2004. 广西热带和亚热带山地的植物多样性及群落特征. 北京: 气象出版社.

吴征镒. 1965. 中国植物区系的热带亲缘. 科学通报, (1): 25-33.

吴征镒. 1980. 中国植被. 北京: 科学出版社.

吴征镒. 1987. 云南植被. 北京: 科学出版社.

吴征镒. 1991. 中国种子植物属的分布区类型. 云南植物研究, 增刊Ⅳ: 1-139.

吴征镒, 王荷生. 1983. 中国自然地理: 植物地理 (上册). 北京: 科学出版社.

吴征镒, 周浙昆, 李德铢, 等. 2003. 世界种子植物科的分布区类型系统. 云南植物研究, 25(3): 245-257.

吴征镒, 周浙昆, 孙航, 等. 2006. 种子植物分布区类型及其起源和分化. 昆明: 云南科技出版社.

肖明昆, 杜凡, 杨锦超, 等. 2019. 牛洛河自然保护区东京龙脑香林群落特征研究. 广西植物, 39(9): 1261-1270.

许涵, 李意德, 林明献, 等. 2015. 海南尖峰岭热带山地雨林 60ha 动态监测样地群落结构特征. 生物多样性, 23(2): 192-201.

许建初. 2002. 云南金平分水岭自然保护区综合科学考察报告集. 昆明: 云南科技出版社.

许建初. 2003. 云南绿春黄连山自然保护区. 昆明: 云南科技出版社.

岩香甩, 杜凡, 陈勇, 等. 2013. 铜壁关自然保护区龙脑香林种子植物区系研究. 西南师范大学学报 (自然科学版), 38(1): 72-78.

杨小波, 陈宗铸, 李东海. 2021. 海南植被分类体系与植被分布图. 中国科学: 生命科学, 51: 321-333.

杨宇明, 杜凡. 2004. 中国南滚河国家级自然保护区. 昆明: 云南科技出版社.

杨宇明, 杜凡. 2006. 云南铜壁关自然保护区科学考察研究. 昆明: 云南科技出版社.

杨宇明, 陆元昌, 李立俊, 等. 1997. 云南龙脑香林及其地理分布. 西南林学院学报, 17(1): 1-9.

叶万辉, 曹洪麟, 黄忠良, 等. 2008. 鼎湖山南亚热带常绿阔叶林 20 公顷样地群落特征研究. 植物生态学报, 32(2): 274-286.

云南地质矿产局. 1995. 云南岩相古地理图集. 昆明: 云南科技出版社: 1-228.

云南省地质局. 1976. 中华人民共和国区域地质调查报告. 勐腊幅、勐海幅 (内部资料).

云南省气象局. 1983. 云南省农业气候资料. 昆明: 云南人民出版社.

张国成, 施济普, 周仕顺, 等. 2006. 西双版纳勐养山地雨林的群落生态学研究. 应用与环境生物学报, 12(6): 761-765.

张宏达. 1962. 广东植物区系的特点. 中山大学学报 (自然科学版), (1): 1-34.

张宏达. 1980. 华夏植物区系的起源与发展. 中山大学学报 (自然科学版), (1): 89-98.

张金泉. 1993. 广东乳阳八宝山自然保护区的植被特点. 生态科学, (1): 41-46.

张志颖, 路安民. 1995. 金缕梅科: 地理分布、化石历史和起源. 植物分类学报, 33(4): 313-339.

郑征, 李佑荣, 张树斌, 等. 2007. 西双版纳海拔变化对水湿状况的影响. 山地学报, 25(1): 33-38.

中国新生代植物编写组. 1978. 中国植物化石 第三册 中国新生代植物. 北京: 科学出版社: 177-182.

周虹霞, 朱华, 王洪, 等. 2001. 滇东南李仙江大黑山热带季节性雨林番龙眼群落研究. 云南植物研究, 23(1): 55-66.

朱华. 1992. 西双版纳望天树林的群落生态学研究. 云南植物研究, 14 (3): 237-258.

朱华. 1993a. 西双版纳龙脑香林植物区系研究. 云南植物研究, 15(3): 233-252.

朱华. 1993b. 望天树林与相近类型植被结构的比较研究. 云南植物研究, 15(1): 34-46.

朱华. 1993c. 西双版纳青梅林的群落学研究. 广西植物, 13(1): 48-60.

朱华. 1994. 西双版纳龙脑香林与热带亚洲和中国热带北缘地区植物区系的关系. 云南植物研究, 16(2): 97-106.

朱华. 2005. 滇南热带季雨林的一些问题讨论. 植物生态学报, 29(1): 170-174.

朱华. 2007. 论滇南西双版纳的森林植被分类. 云南植物研究, 29(4): 377-387.

朱华. 2011a. 云南热带季雨林及其与热带雨林植被的比较. 植物生态学报, 35(4): 463-470.

朱华. 2011b. 云南一条新的生物地理线. 地球科学进展, 26(9): 916-925.

朱华. 2017. 中国南部热带植物区系. 生物多样性, 25(2): 204-217.

朱华. 2018a. 云南热带森林植被分类纲要. 广西植物, 38(8): 984-1004.

朱华. 2018b. 中国热带生物地理北界的建议. 植物科学学报, 36(6): 893-898.

朱华. 2018c. 云南植物区系的起源与演化. 植物科学学报, 36(1): 32-37.

朱华. 2020. 论中国海南岛的生物地理起源. 植物科学学报, 38(6): 839-843.

朱华. 2022a. 云南植被多样性研究. 西南林业大学学报, 42(1): 1-12.

朱华. 2022b. 云南热带雨林: 特征、生物地理起源与演化. 热带亚热带植物学报, 30(4): 575-591.

朱华, Ashton P. 2021. 中国热带-亚热带常绿阔叶林群落交错区. 科学通报, 66(28-29): 3732-3743.

朱华, 李保贵, 邓少春, 等. 2000b. 思茅菜阳河自然保护区热带季节雨林及其生物地理意义. 东北林业大学学报, 28(5): 87-93.

朱华, 李保贵, 王洪, 等. 1998b. 滇南热带雨林物种多样性取样面积探讨. 生物多样性, 6(4): 241-247.

朱华, 王洪, 李保贵. 1998a. 西双版纳热带季节雨林的研究. 广西植物, 18 (4): 371-384.

朱华, 王洪, 李保贵. 2004. 滇南勐宋热带山地雨林的物种多样性与生态学特征. 植物生态学报, 28(3): 351-360.

朱华, 王洪, 李保贵, 等. 2015. 西双版纳森林植被研究. 植物科学学报, 33(5): 641-726.

朱华, 王洪, 肖文祥. 2007. 滇东南马关古林箐热带雨林望天树群落的研究. 广西植物, 27(1): 62-70.

朱华, 许再富, 王洪, 等. 2000a. 西双版纳片断热带雨林的结构、物种组成及其变化的研究. 植物生态学报, 24(5): 560-568.

朱华, 赵见明, 李黎, 等. 2006. 瑞丽莫里热带雨林种子植物区系的初步研究. 广西植物, 26(4): 400-405.

朱华, 周虹霞. 2002. 西双版纳热带雨林与海南热带雨林的比较研究. 云南植物研究, 24(1): 1-13.

朱华, 谭运洪. 2023. 中国热带雨林的群落特征、研究现状及问题. 植物生态学报, DOI: 10.17521/cjpe.2022.0260.

朱守谦. 1993. 喀斯特森林生态研究 (I). 贵阳: 贵州科学技术出版社: 1-51.

朱守谦, 杨业勤. 1985. 贵州亮叶水青冈林的结构和动态. 植物生态学与地植物学丛刊, 9(3): 183-190.

Ashton P. 1982. Dipterocarpaceae. *In*: van Steenis C G G J. Flora Malesiana, Series I. Spermatophyta, vol. 9. Hague: Martinus-Nijhoff Publications: pp. 237-552.

Ashton P. 2003. Floristic zonation of tree communities on wet tropical mountains revisited. Perspectives in Plant Ecology Evolution & Systematics, 6: 87-104.

Ashton P. 2014. On the Forests of Tropical Asia. London: The Board of Trustees of the Royal Botanic Gardens, Kew.

Ashton P, Zhu H. 2020. The tropical-subtropical evergreen forest transition in East Asia: An exploration. Plant Diversity, 42(4): 255-280.

Aubréville A. 1938. La forêt coloniale; les foréts de l'Afrique occidentale francaise. Ann Acad Sci, Coloniale 9.

Audley-Charles M G. 1987. Dispersal of Gondwanaland: relevance to evolution of the angiosperms. *In*: Whitmore T C. Biogeographical Evolution of the Malay Archipelago. Oxford: Clarendon Press.

Axelrod D I, Shehbaz A I, Raven P H. 1996. History of the modern flora of China. *In*: Zheng A L, Wu S G. Floristic Characteristics and Diversity of East Asian Plants. Beijing: China Higher Education & Springer Asia: pp. 43-55.

Banaroft H. 1933. A contribution to the geological history of the Dipterocarpaceae. Geol Foren Forhandl, 55: 59-100.

Bansal M, Morley J R, Nagaraju S K, et al. 2022. Southeast Asian dipterocarp origin and diversification driven by Africa-India floristic interchange. Science, 375: 455-460.

Beard J S. 1944. Climax vegetation in tropical America. Ecology, 25: 127-158.

Beard J S. 1955. The classification of tropical American vegetation types. Ecology, 36: 359-412.

Blasco F, Bellan M F, Aizpuru M. 1996. A vegetation map of tropical continental Asia at scale 1: 5 million. J Veg Sci, 7: 623-634.

Braun-Blanquet J. 1932. Plant Sociology, the Study of Plant Communities. London: McGraw-Hill Comp.: 438 pp.

Brown W H, Mathews D M. 1914. Philippine dipterocarp forests. Philipp Journ Sci, 9(5): 413-560.

Cain S A, Oliveira-Castro G M. 1959. Manual of Vegetation Analysis. New York: Harper & Brothers Pub.: pp. 255-284.

Cao M. 1994. A preliminary report on the species diversity of *Shorea chinensis* forest in southwest China. Journ Trop For Sci, 6(1): 1-7.

Cao M, Zhang J H. 1997. Tree species diversity of tropical forest vegetation in Xishuangbanna, SW China. Biodivers Conserv, 6: 995-1006.

Cao M, Zhang J H, Feng Z L, et al. 1996. Tree species composition of a seasonal rain forest in Xishuangbanna, Southwest China. Tropical Ecology, 37(2): 183-192.

Champion H G. 1936. A preliminary survey of the forest types of India and Burma. Indian Forest Records (New Series), Sylviculture 1. No.1. New Delni, I: 1-286.

Chen H H, Dobson J, Heller F, et al. 1995. Paleomagnetic evidence for clockwise rotation of the Simao region since the Cretaceous, A consequence of India-Asia collision. Earth Planet Sc Lett, 134: 203-217.

Clements F E. 1916. Plant Succession: An Analysis of the Development of Vegetation. Washington: Carnegie Inst.: 512 p.

Corlett R T. 2005. Vegetation. The Physical Geography of Southeast Asia. Oxford: Oxford University Press.

Curtis J T, McIntosh R P. 1951. An upland forest continuum in the prairie-forest border region of Wisconsin. Ecology, 32: 467-496.

Ding W N, Ree R H, Spicer R A, et al. 2020. Ancient orogenic and monsoon-driven assembly of the world's richest temperate alpine flora. Science, 369: 578-581.

Drees E M. 1954. The minimum area in tropical rainforest with special reference to some types in Bangka (Indonesia). Vegetatio, 5-6: 517-523.

Fedorov An A. 1957. The flora of southwestern China and its significance to the knowledge of the plant world of Eurasia (in Russia). Komarov Chten, 10: 20-50.

Fedorov An A. 1958. The tropical rain forest of China. Botanicheskii Zhurnal S.S.S.R., 43: 1385-1480.

Feng Q L, Chonglakmani C, Helmcke D, et al. 2005. Correlation of Triassic stratigraphy between the Simao and Lanpang-Phrae Basins: implications for the tectonopaleogeography of Southeast Asia. J Asian Earth Sci, 24: 777-785.

Feng X, Tang B, Kodrul T M, et al. 2013. Winged fruits and associated leaves of *Shorea* (Dipterocarpaceae) from the Late Eocene of South China and their phytogeographic and paleoclimatic implications. Am J Bot, 100: 574-581.

Flenley J R. 1981. The Equatorial Rain Forest: A Geological History. London: Butterworths.

Fortey R A, Cocks L R M. 1998. Biogeography and palaeogeography of the *Sibumasu terrane* in the Ordovician: A review. *In*: Hall R, Holloway J D. Biogeography and Geological Evolution of SE Asia. Leiden: Backbuys Publishers: 43-56.

Givinish T J. 1978. On the adaptive significance of compound leaves, with particular reference to tropical trees. *In*: Tomlison P B, Zimmerman M H. Tropical Trees as Living Systems. London: Cambridge Univ. Press: pp. 351-380.

Grubb P J. 1971. Interpretation of the "Massenerhebung" effect on tropical mountains. Nature, 229(1): 44-45.

Grubb P J, Lloyd J R, Pennington T D, et al. 1964. A comparison of montane and lowland rain forest in Ecuador. I. The forest structure, physiognomy and floristics. J Ecol, 51: 567-601.

Gu Y S, Pearsall D M, Xie S C, et al. 2008. Vegetation and fire history of a Chinese site in southern tropical Xishuangbanna derived from phytolith and charcoal records from Holocene sediments. J Biogeogr, 35: 325-341.

Hall J B, Swaine M D. 1976. Classification and ecology of closed-canopy forest in Ghana. J Ecol, 64: 913-953.

Hall J B, Swaine M D. 1981. Distribution and ecology of vascular plant in a tropical rain forest-Forest vegetation in Ghana. *In*: Werger M J A. Geobotany 1. London: Dr. W. Junk Publishers.

Hall R. 1998. The plate tectonics of Cenozoic SE Asia and the distribution of land and sea. *In*: Hall R, Holloway J D. Biogeography and Geological Evolution of SE Asia. Leiden: Backbuys Publishers: pp. 99-131.

Hill K D. 2008. The genus *Cycas* (Cycadaceae) in China. Telopea, 12(1): 71-118.

Hill K D, Hiep T N, Loc P. 2004. The genus *Cycas* (Cycadaceae) in Vietnam. Bot Rev, 70(2): 134-193.

Hill R B. 1979. South-East Asia: A Systematic Geography. Kuala Lumpur: Oxford Univ. Press.

Hong D Y. 2000. Porandra. Flora of China, 24: 23-24.

Hu Y J. 1997. The dipterocarp forest of Hainan Island, China. J Trop For Sci, 9(4): 477-498.

Hubbell S P, Foster R B. 1986. Commonness and rarity in a neotropical forest: implications for tropical tree conservation. *In*: Soulé M. Conservation Biology: Science of Scarcity and Diversity. Sunderland: Sinauer Press.

Jacques F M B, Shi G L, Su T, et al. 2015. A tropical forest of the middle Miocene of Fujian (SE China) reveals Sino-Indian biogeographic affinities. Rev Palaeobot Palynol, 216: 76-91.

Jacques F M B, Su T, Spicer R A, et al. 2014. Late Miocene southwestern Chinese floristic diversity shaped by the southeastern uplift of the Tibetan Plateau. Palaeogeogr Palaeocl, 411: 208-215.

Jain A K. 2014. When did India-Asia collide and make the Himalaya? Current Science, 106: 254-266.

Kartawinata K. 1990. A review of natural vegetation studies in Malesia with special reference to Indonesia. *In*: Baas P, Kalkman K, Geesink R. The Plant Diversity of Malesia. The Netherlands:

Kluwer Academic Publishers: pp. 121-132.

Kartawinata K, Abdulhadi R, Partomihardjo T. 1981. Composition and structure of a lowland dipterocarp forest at Wanariset, East Kalimantan. Malayan Forester, 44: 397-406.

Kingdon-Ward F. 1945. A sketch of the botany and geography of north Burma. J Bombay Nat Hist Soc, 45: 16-30.

Kochummen K M, Lafrankie J V J, Manokara N. 1990. Floristic composition of Pasoh forest reserve, a lowland rain forest in Peninsular Malaysia. J Trop For Sci, 3(1): 1-13.

Kubitzki K, Krutzsch W. 1996. Origins of east and south east Asia plant diversity. *In*: Zheng A L, Wu S G. Floristic Characteristics and Diversity of East Asian Plants. Beijing: China Higher Education & Springer Asia: pp. 56-70.

Lan G Y, Hu Y H, Cao M, et al. 2011. Topography related spatial distribution of dominant trees species in a tropical seasonal rain forest in China. Forest Ecol Manag, 262: 1507-1513.

Lan G Y, Zhu H, Cao M. 2012. Tree species diversity of a 20-ha plot in a tropical seasonal rain forest in Xishuangbanna, southwest China. J For Res, 17: 432-439.

Lan G Y, Zhu H, Cao M, et al. 2009. Spatial dispersion patterns of tree in a tropical rainforest in Xishuangbanna, southwest China. Ecol Res, 24: 1117-1124.

Lee H S, Davies S J, Lafrankie J V J. 2002. Floristic and structural diversity of mixed dipterocarp forest in Lambir Hills National Park, Sarawak, Malaysia. J Trop for Sci, 14(3): 379-400.

Lee T Y, Lawver L A. 1995. Cenozoic plate reconstruction of Southeast Asia. Tectonophysics, 251: 85-138.

Leloup P H, Laeassin R, Tapponnier P, et al. 1995. The Ailao Shan-Red River shear zone (Yunnan, China), Tertiary transform boundary of Indochina. Tectonophysics, 251: 3-8.

Lepvriere C, Vuong N V, Maluski H, et al. 2008. Indosinian tectonics in Vietnam. C.R. Geoscience, 340: 94-111.

Li S F, Valdes P J, Farnsworth A, et al. 2021. Orographic evolution of northern Tibet shaped vegetation and plant diversity in eastern Asia. Science Advances, 7: eabc7741.

Liu J L, Tan L Y, Qiao Y, et al. 1986. Late Quaternary vegetation history at Menghai, Yunnan Province, southwest China. J Biogeogr, 13: 399-418.

Liu J, Su T, Spicera R A, et al. 2019. Biotic interchange through lowlands of Tibetan Plateau suture zones during Paleogene. Palaeogeogr Palaeocl, 524: 33-40.

Liu S Y, Zhu H, Yang J. 2017. A phylogenetic perspective on biogeographical divergence of the flora in Yunnan, southwestern China. Scientific Reports, 7: 43032.

Mabberley D J. 1997. The Plant-Book, A Portable Dictionary of the Vascular Plants. 2nd ed. United Kingdom: Cambridge University Press.

Martinetto E. 2011. The first mastixioid fossil from Italy and its palaeobiogeographic implications. Rev Palaeobot Palynol, 167: 222-229.

Meijer W. 1959. Plant sociological analysis of montane rain forest near Tjibodas, West Java. Acta Bot Neerl, 8: 277-291.

Metcalfe I. 2006. Palaeozoic and Mesozoic tectonic evolution and palaeogeography of East Asian crustal fragments: The Korean Peninsula in context. Gondwana Research, 9: 24-46.

Mitchell A H G. 1993. Cretaceous-Cenozoic tectonic events in the western Myanmar (Burma)-Assam region. Journal of the Geological Society, 150: 1089-1102.

Morley C K. 2002. A tectonic model for the Tertiary evolution of strike-slip faults and rift basins in SE Asia. Tectonophysics, 347: 189-215.

Morley J R, Flenley R. 1987. Late Cenozoic vegetational and environmental changes in the Malay Archipelado. *In*: Whitmore T C. Biogeographical Evolution of the Malay Archipelago. Oxford: Clarendon Press: pp. 50-59.

Morley J R. 1998. Palynological evidence for Tertiary plant dispersals in the SE Asian region in relation to plate tectonics and climate. *In*: Hall R, Holloway J D. Biogeography and Geological Evolution of SE Asia. Leiden: Backbuys Publishers: pp. 221-234.

Morley J R. 2018. Assembly and division of the south and south-east Asian flora in relation to tectonics and climate change. J Trop Ecol, 34: 209-234.

Paijmans K. 1970. An analysis of four tropical rain forest sites in New Guinea. J Ecol, 58(1): 77-101.

Penny D A. 2001. 40,000 year palynological record from north-east Thailand; implications for biogeography and palaeo-environmental reconstruction. Palaeogeogr Palaeocl, 171: 97-128.

Penny van Oosterzee. 1997. Where Worlds Collide—The Wallace Line. London: Cornell University Press: 233 p.

Prakash U. 1965. A survey of the fossil dicotyledonous woods from India and far east. J Palaeont, 39 (5): 815-827.

Proctor J, Anderson J M, Chai P, et al. 1983. Ecological studies in four contrasting rain forests in Gununm Mulu National Park, Sarawak. I. Forest environment, structure and floristics. J Ecol, 71: 237-360.

Proctor J, Haridasan K, Smith G W. 1998. How far north does lowland evergreen tropical rain forest go? Global Ecol Biogeogr Lett, 7: 141-146.

Raymo M, Ruddimen W. 1992. Tectonic forcing of late Cenozoic climate. Nature, 359: 117-122.

Richards P W. 1952. The Tropical Rain Forest. London: Cambridge University Press: pp. 450.

Richards P W. 1983. The tree dimensional structure of tropical rain forest. *In*: de Sutto S L. Tropical Rain Forest: Ecology and Management. Oxford: Blackwell Sci. Pub.: pp. 3-10.

Richards P W. 1996. The Tropical Rain Forest: An Ecological Study. 2nd ed. London: Cambridge University Press.

Robbins R G. 1968. The biogeography of tropical rain forest in SE Asia. *In*: Misra R, Gopal B. Proceedings of the Symposium in Recent Advances in Tropical Ecology. Varansi: International

Society for Tropical Ecology, Banaras Hindu University: pp. 531-535.

Sato K, Liu Y Y, Wang Y B, et al. 2007. Paleomagnetic study of *Cretaceous* rocks from Pu'er, western Yunnan, China, evidence of internal deformation of the Indochina block. Earth Planet Sci Lett, 258: 1-15.

Sato K, Liu Y Y, Zhu Z C, et al. 2001. Tertiary paleomagnetic data from northwestern Yunnan, China, further evidence for large clockwise rotation of the Indochina block and its tectonic implications. Earth Planet Sci Lett, 185: 185-198.

Schärer U, Tapponnier P, Lacassin R, et al. 1990. Intraplate tectonics in Asia: A precise age for large-scale Miocene movement along the Ailao Shan-Red River shear zone, China. Earth Planet Sci Lett, 97: 65-77.

Schimper A F W. 1903. Plant-geography upon a Physiological Basis. Oxford: Oxford University Press.

Shi G, Li H. 2010. A fossil fruit wing of *Dipterocarpus* from the Middle Miocene of Fujian, China, and its palaeoclimatic significance. Rev Palaeobot Palyn, 162: 599-608.

Spicer M E, Mellor H, Carson W P. 2020. Seeing beyond the trees: a comparison of tropical and temperate plant growth forms and their vertical distribution. Ecology, 101(4): e02974.

Spicer R A, Farnsworth A, Su T. 2020. Cenozoic topography, monsoons and biodiversity conservation within the Tibetan Region: An evolving story. Plant Diversity, 42: 229-254.

Steenis C G G J van. 1962. The mountain flora of the Malaysian tropics. Endeavour, (1962): 183-193.

Steenis C G G J van. 1964. Plant geography of the mountain flora of Mt. Kinabalu. Proc. Royal Soc. B., 161: 7-38.

Su J X, Wang W, Zhang L B, et al. 2012. Phylogenetic placement of two enigmatic genera, *Borthwickia* and *Stixis*, based on molecular and pollen data, and the description of a new family of Brassicales, Borthwickiaceae. Taxon, 61(3): 601-611.

Su T, Farnsworth A, Spicer R A, et al. 2019. No high Tibetan Plateau until the Neogene. Sci Adv, 5: eaav2189.

Su T, Spicer R A, Wu F X, et al. 2020. Middle Eocene lowland humid subtropical "Shangri-La" ecosystem in central Tibet. PNAS, 117: 32989-32995.

Tang H, Li F S, Su T, et al. 2020. Early Oligocene vegetation and climate of southwestern China inferred from palynology. Palaeogeogr Palaeocl, 560(12): 109988.

Tansley A G. 1920. The classification of vegetation and the concepts of development. J Ecol, 8: 118-149.

Tapponnier P, Lacassin R, Leloup P H, et al. 1990. The Ailao Shan/Red River metamorphic belt: Tertiary left-lateral shear between Indochina and South China. Nature, 343: 431-437.

Tapponnier P, Pelter G, Armijo R, et al. 1982. Propagation extrusion tectonics in Asia: new insights from simple experiments with plasticine. Geology, 10: 611-616.

Vareschi V. 1980. Vegetationsokologie der tropen. Stuttgart, Eugen. Ulmer.: 141-148.

Walter H. 1971. Ecology of Tropical and Subtropical Vegetation. Edinburgh: Oliver & Boyd.: pp. 207-236.

Wang B, Shi G, Xu C, et al. 2021. The mid-Miocene Zhangpu biota reveals an outstandingly rich rainforest biome in East Asia. Sci Adv, 7: eabg0625.

Wang C W. 1939. A preliminary study of the vegetation of Yunnan. Bulletin of the Fan Memorial Institute of Biology, 9(2): 65-125.

Warming E. 1909. Oecology of Plants: An Introduction to the Study of Plant Communities. London: Oxford University Press: 422 p.

Webb L J. 1959. A physiognomic classification of Australian rain forests. J Ecol, 47: 551-570.

Whitford H N. 1906. The vegetation of the Lamao Forest Reserve. Philipp Journ Sci, 1906: 373-431.

Whitmore T C. 1982. Fleeting impressions of some Chinese rain forests. Commonwealth Forestry Review, 61: 51-58.

Whitmore T C. 1984. Tropical Rain Forest of the Far East. 2nd ed. Oxford: Clarendon Press.

Whitmore T C. 1989. Canopy gaps as the major determinants of forest dynamics and the two major groups of forest tree species. Ecology,70: 536-538.

Whitmore T C. 1990. An Introduction to Tropical Rain Forests. Oxford: Clarendon Press.

Whitmore T C, Sidiyasa K. 1986. Composition and structure of a lowland rainforest at Toraut, northern Sulawesi. Kew Bullet, 41: 747-755.

Whitmore T C. 1975. Tropical Rain Forests of the Far East. Oxford: Clarendon Press.

Wu S H, Hseu Z Y, Shih Y T, et al. 2011. Kenting Karst Forest Dynamics Plot: Tree Species Characteristics and Distribution Patterns. Taipei: Taiwan Forestry Research Institute: 1-306.

Wu Z Y. 1965. The tropical floristic affinity of the flora of China. Chinese Science Bulletin, (1): 25-33.

Wu Z Y, Wu S G. 1996. A proposal for a new floristic kingdom (realm): The Asiatic kingdom, its delineation and characteristics. *In:* Zhang A L, Wu S G. Floristic Characteristics and Diversity of East Asian Plants. Beijing: China Higher Education & Springer Press: pp. 3-42.

Xue B, Tan Y H, Thomas D C, et al. 2018. A new Annonaceae genus, *Wuodendron*, provides support for a post-boreotropical origin of the Asian-Neotropical disjunction in the tribe Miliuseae. Taxon, 67(2): 250-266.

Zhang R P, Huang Y F, Zhu X Y. 2021. *Ohashia*, a new genus of Derris-like Millettioid legumes (Leguminosae, Papilionoideae) as revealed by molecular phylogenetic evidence. Taxon, 70(6): doi.org/10.1002/tax.12564.

Zhu H. 1992. Tropical rain forest vegetation in Xishuangbanna. Chinese Geogra Sci, 2(1): 64-73.

Zhu H. 1994. The floristic characteristics of the tropical rain forest in Xishuangbanna. Chinese Geogra Sci, 4 (1): 174-185.

Zhu H. 1997. Ecological and biogeographical studies on the tropical rain forest of south Yunnan, SW China with a special reference to its relation with rain forests of tropical Asia. J Biogeogr, 24: 647-662.

Zhu H. 2004. A tropical seasonal rain forest at its altitudinal and latitudinal limits in southern Yunnan, SW China. Gard Bull Singapore, 56: 55-72.

Zhu H. 2006. Forest vegetation of Xishuangbanna, south China. For Stud China, 8(2): 1-58.

Zhu H. 2008a. Advances in biogeography of the tropical rainforest in southern Yunnan, southwestern China. Trop Conserv Sci, 1: 34-42.

Zhu H. 2008b. The tropical flora of southern Yunnan, China, and its biogeographical affinities. Ann Mo Bot Gard, 95: 661-680.

Zhu H. 2012. Biogeographical divergence of the flora of Yunnan, southwestern China initiated by the uplift of Himalaya and extrusion of Indochina block. PLoS One, 7(9): e45601.

Zhu H. 2013. The floras of southern and tropical southeastern Yunnan have been shaped by divergent geological histories. PLoS One, 8(5): e64213.

Zhu H. 2015. Geographical patterns of Yunnan seed plants may be influenced by the clockwise rotation of the Simao-Indochina geoblock. Front Earth Sci, 3: 53.

Zhu H. 2017a. The tropical forests of southern China and conservation of biodiversity. Bot Rev, 83: 87-105.

Zhu H. 2017b. A biogeographical study on tropical flora of southern China. Ecol Evol, 7: 10398-10408.

Zhu H. 2019a. Floristic divergence of the evergreen broad-leaved forests in Yunnan, southwestern China. Phytotaxa, 393(1): 1-20.

Zhu H. 2019b. An introduction to the main forest vegetation types of mainland SE Asia (*Indochina peninsula*). Guihaia, 39(1): 62-70.

Zhu H, Ashton P, Gu B J, et al. 2021. Tropical deciduous forest in Yunnan, southwestern China: implications for geological and climatic histories from a little-known forest formation. Plant Diversity, 43: 444-451.

Zhu H, Cao M, Hu H B. 2006a. Geological history, flora, and vegetation of Xishuangbanna, southern Yunnan, China. Biotropica, 38(3): 310-317.

Zhu H, Roos M C. 2004. The tropical flora of S China and its affinity to Indo-Malesian flora. Telopea, 10(2): 639-648.

Zhu H, Shi J P, Zhao C J. 2005. Species composition, physiognomy and plant diversity of the tropical montane evergreen broad-leaved forest in southern Yunnan. Biodivers Conserv, 14: 2855-2870.

Zhu H, Tan Y H. 2022. Flora and vegetation of Yunnan, southwestern China: diversity, origin and evolution. Diversity, 14: 340.

Zhu H, Tan Y H, Yan L C, et al. 2020. Flora of the savanna-like vegetation in hot dry valleys, southwestern China with implications to their origin and evolution. Bot Rev, 86: 281-297.

Zhu H, Wang H, Li B G. 2006b. Floristic composition and biogeography of tropical montane rain forest in southern Yunnan of China. Gard Bull Singapore, 58: 81-132.

Zhu H, Wang H, Li B G, et al. 2003. Biogeography and floristic affinity of the Limestone flora in southern Yunnan, China. Ann Mo Bot Gard, 90: 444-465.

Zhu H, Xu Z F, Wang H, et al. 2004. Tropical rain forest fragmentation and its ecological and species diversity changes in southern Yunnan. Biodivers Conserv, 13: 1355-1372.

Zhu H, Yan L C. 2009. Biogeographical affinities of the flora of southeastern Yunnan, China. Bot Stud, 50(4): 467-475.

Zhu H, Yan L C. 2002. A discussion on biogeographical lines of the tropical-subtropical Yunnan. Chinese Geogra Sci, 12(1): 90-96.